U0365766

21世纪高职高专规划教材·公共基础系列

仪器分析

主　编　张俊霞　范文斌
副主编　达林其木格　那仁高娃　李　蓉

清华大学出版社
北京交通大学出版社
·北京·

内 容 简 介

本书紧紧围绕着职业教育的理念，在“工学结合”办学思想的指导下，对于基础理论贯彻“实用、必需、够用”的原则，密切结合专业实际和岗位需求，注重实际问题的解决和技能的培养。本书分为仪器分析技术基础、光学分析法、电化学分析法、色谱分析法、其他分析法五个模块。本书编写力求内容准确、条理清晰、方法合理、技术先进、分析科学，为了增强学生对各类仪器分析技术的综合应用能力和分析技术的先进性、前沿性，设置了项目小结、实训项目、练习题等内容。

本书适合高职高专生物技术及相关类专业的学生作为教材使用。

图书在版编目（CIP）数据

仪器分析 / 张俊霞，范文斌主编. —北京：北京交通大学出版社：清华大学出版社，2019.6（2021.12 重印）

ISBN 978-7-5121-3947-3

Ⅰ. ① 仪… Ⅱ. ① 张… ② 范… Ⅲ. ① 仪器分析–高等职业教育–教材 Ⅳ. ① O657

中国版本图书馆 CIP 数据核字（2019）第 129263 号

仪器分析
YIQI FENXI

责任编辑：田秀青
出版发行：清 华 大 学 出 版 社　　邮编：100084　　电话：010-62776969　　http://www.tup.com.cn
　　　　　北京交通大学出版社　　邮编：100044　　电话：010-51686414　　http://www.bjtup.com.cn
印 刷 者：艺堂印刷（天津）有限公司
经　　销：全国新华书店
开　　本：185 mm×260 mm　　印张：16.75　　字数：418 千字
版 印 次：2019 年 6 月第 1 版　　2021 年 12 月第 2 次印刷
定　　价：42.00 元

本书如有质量问题，请向北京交通大学出版社质监组反映。对您的意见和批评，我们表示欢迎和感谢。
投诉电话：010-51686043，51686008；传真：010-62225406；E-mail：press@bjtu.edu.cn。

编 委 会

编写人员名单

主　编　张俊霞　范文斌

副主编　达林其木格　那仁高娃　李　蓉

参　编　高海英　牛红军　闫宁怀

　　　　范　静　赵　丽　李利花

　　　　冯　雪

主　审　王　利

前　言

《仪器分析》是高等院校制药、食品、生物技术、环境、化学等专业学生的重要课程，该课程具有知识面广、理论深度高、实践要求强等特点。作为研究物质的组成、状态及结构的分析测试手段，仪器分析具有灵敏度高、准确度高、自动化程度高、分析速度快、样品用量少等优点。在科学技术和生产快速发展的今天，仪器分析技术在诸多领域的科学研究、分析检测、质量控制等工作中发挥着越来越重要的作用，已成为分析化学的主要组成部分，近年来发展十分迅速。

高等职业教育旨在培养应用技术型人才，为适应高等职业院校人才培养方案，本书紧紧围绕着职业教育的理念，在“工学结合”办学思想的指导下，对于基础理论贯彻“实用、必需、够用”的原则，密切结合专业实际和岗位需求，从实际分析测试任务出发，结合多年的教学实践，我们编写了本教材。本书可作为高职高专学生的教材，也可作为各行业从事仪器分析人员的操作技能培训教材和工具参考书。

本书共五大模块，第 1 模块为仪器分析技术基础，第 2 模块为光学分析法，第 3 模块为电化学分析法，第 4 模块为色谱分析法，第 5 模块为其他分析法。重点介绍了各项分析技术的基本原理、仪器的构造、实验技术和经典的分析检测项目。为了使抽象理论与具体实践紧密联系，每一仪器分析技术安排了针对性强的实际工作任务操作实训，学生通过实训操作可加深对仪器分析技术基本原理的理解，做到理论和实践的有机结合。

参加本书编写的有：项目 1 由张俊霞（呼和浩特职业学院）、李蓉（呼和浩特职业学院）和赵丽（信阳农林学院）编写；项目 2 由张俊霞和李利花（广东食品药品职业学院）编写；项目 3 由达林其木格（呼和浩特职业学院）编写；项目 4 由那仁高娃（呼和浩特职业学院）和范静（内蒙古化工职业学院）编写；项目 5 由高海英（呼和浩特职业学院）和牛红军（天津现代职业技术学院）编写；项目6由王利（内蒙古医科大学）编写；项目7由张俊霞编写；项目8由那仁高娃（呼和浩特职业学院）和闫宁怀（内蒙古化工职业学院）编写；项目9由张俊霞编写。本书编写过程中得到了呼和浩特职业学院教务处的大力支持，在此表示衷心的感谢。内蒙古常盛制药有限公司刘志国工程师和呼和浩特职业学院范文斌对实训项目给予了技术指导。全书由张俊霞、范文斌统稿，王利主审，本书所引用的资料和参考的文献均已列入参考文献，在此向原著作者表示诚挚的谢意。

由于编者水平有限，书中错误和欠妥之处恳请读者提出宝贵意见。

编　者
2019年5月

目 录

第1模块　仪器分析技术基础

第2模块　光学分析法

第3模块　电化学分析法

第 4 模块　色谱分析法

第 5 模块　其他分析法

第1模块

仪器分析技术基础

项目 1

概 论

任务 1.1 仪器分析法简介

1.1.1 仪器分析的特点和任务

分析化学是研究物质的分离、组成、含量、结构、测定方法、测定原理及其多种信息的多学科、综合性的科学。分析化学包括化学分析和仪器分析。

近些年来，由于生命科学、材料科学、能源科学、环境科学等学科的发展，进一步促进了分析化学的发展，一些用于复杂体系、超痕量组分、特殊环境和特殊要求的测量方法不断在研究和建立之中。经过 100 多年的发展与变革，分析化学已经从一个经典的化学分析发展成为由许多密切相关的分支学科交织起来的学科体系，各种仪器分析手段不断出现。

仪器分析是从化学分析发展起来的一门学科，仪器分析作为分析化学的重要组成部分，采用各种先进的分析方法和手段，可以对复杂试样进行准确、快速分析。仪器分析是以测量物质的物理性质或物理化学性质为基础来确定物质的化学组成、含量以及化学结构的一类分析方法，由于这类方法需要比较复杂或特殊的仪器设备，故称为仪器分析。

随着现代仪器分析技术与各种专业技术的结合，特别是计算机技术在仪器分析中的应用，使仪器分析理论和方法得到迅猛发展，并广泛应用于生物、医药、食品、环境等诸多领域，已成为各种专业研究工作中不可或缺的重要组成部分。由于仪器分析理论和方法涉及化学、物理、数学、计算机及自动化等方面的相关知识，所以在学习过程中对学生综合知识运用能力和分析解决问题能力的提高具有十分重要的意义。

化学分析和仪器分析都是随着科学研究和技术进步而发展起来的，它们各有所长、各有特点。仪器分析法与化学分析法相比主要具有以下特点：

① 灵敏度高，试样用量少。仪器灵敏度的提高，使试样用量由化学分析的 mL 级、mg 级下降到 μL 级、μg 级，甚至 ng 级，更适用于试样中微量、半微量乃至超微量组分的分析。

② 重现性好，分析速度快。飞速发展的计算机技术在分析仪器上的应用，使仪器的自动化程度大大提高，不仅操作更加简便，而且随着仪器体量的不断减小，更方便携带，易于实现在线分析和远程分析。

③ 用途广泛，能适应各种分析要求。仪器分析方法众多、功能各不相同，不仅可以进行定性、定量分析，还能进行分子结构分析、形态分析、微区分析、化学反应有关参数测定等。这使仪器分析不仅是重要的分析测试方法，而且是强有力的科学研究手段，这是一般化学分

析难以实现的。

④ 可实现对复杂样品的成分分离和分析。化学分析通常要对试样进行溶解或分离等繁复的处理；而仪器分析可以在试样的原始状态下进行，实现对试样的无损分析以及表面、微区、形态等的分析。

虽然仪器分析比化学分析具有显著的优点，但是也有不足之处，比如大型精密仪器的价格昂贵，构造复杂。仪器分析是一种相对分析方法，需要与标准物质或标准数据进行比对。另外，仪器分析的相对误差较大，一般为3%～5%，不适合样品中常量及以上成分的测定。

应该清楚的是，仪器分析方法的发展和分析仪器的更新是非常迅速的，在学习过程中，不能只注重现有仪器的使用操作，而是应该注重对分析方法原理和应用的理解和掌握，这样才能跟上仪器分析的发展速度。

1.1.2 仪器分析方法

根据仪器的分析原理，仪器分析方法主要分为光学分析法、电化学分析法、分离分析法、热分析法和质谱法、放射化学分析法等。表 1－1 列出了主要的仪器分析方法和相应的测量参数。

表 1－1 仪器分析方法的分类

分类	测量参数或相关性质	分析方法举例
光学分析法	辐射的散射	比浊法，如浊度测定法、Raman 光谱法
	辐射的折射	折射法，如干涉衍射法
	辐射的衍射	X 射线法、电子衍射法
	辐射的旋转	偏振法、旋光色散法、圆二色谱法
	辐射的吸收	原子吸收光谱法，分光光度法（X 射线、紫外线、可见光、红外线），核磁共振波谱法
	辐射的发射	原子发射光谱法，火焰光度法，荧光，磷光和化学发光法（X 射线、紫外线、可见光）
电化学分析法	电导	电导分析法
	电位	电位分析法、计时电位分析法
	电流	安培法，如电流滴定法
	电流－电压	伏安法，如极谱分析法
	电荷量	库仑分析法
分离分析法	组分在两相间的分配	气相色谱法、液相色谱法、超临界流体色谱法、离子交换色谱法等
其他仪器分析方法	质荷比	质谱法
	反应速度	反应动力学方法
	热性质	热重法、差热分析法、热导法
	放射性	放射化学分析法

1. 光学分析法

光学分析法是基于被分析组分和电磁辐射相互作用产生辐射的信号与物质组成和结构的关系所建立的分析方法。根据物质和电磁辐射作用性质的不同，光学分析法又分为光谱法和非光谱法两大类。光谱法是测量物质与电磁辐射作用时量子化能级跃迁吸收或发射电磁波的性质或强度的分析方法；非光谱法是测量物质与电磁辐射相互作用时某些性质（如折射、散射、干涉、衍射、偏振等）变化的分析方法。

2. 电化学分析法

电化学分析法是应用电化学原理和技术，利用化学电池内被分析溶液的组成及含量与其电化学性质的关系而建立起来的一类分析方法。根据测量的电信号不同，电化学分析法可分为电位法、电解法、电导法和伏安法等。

3. 分离分析法

分离分析法是指组分分离和测定一体化的分析方法或分离分析仪器的方法，主要是以气相色谱、高效液相色谱、毛细管电泳等为代表的分离分析技术。

4. 其他仪器分析方法

其他仪器分析方法主要包括质谱法、热分析法和放射化学分析法等。

质谱法是将样品转化为运动的带电气态离子碎片，根据磁场中质荷比不同进行分析的一种方法；热分析法是利用物质的质量、体积、热导或反应热等与温度的关系进行分析的方法；放射化学分析法是利用放射性同位素进行分析的方法。

1.1.3 分析仪器的组成

分析仪器是分析工作者实现快速、准确、实时和动态等分析目的的基本工具。现代分析测试技术，已经从过去的成分分析和一般的结构分析，发展到从微观层面上探索物质的外在表现与物质结构之间的内在联系，所以对分析仪器的性能不断提出更高的要求。尽管现代分析仪器种类繁多、型号多变、结构各异，计算机应用和智能化程度差别很大，但在分析过程中对信息的采集、数据的处理和分析结果的表述等方面还有许多相似或相同之处。分析仪器一般都由信号发生器，检测装置和数据处理工作站等几部分组成。由于各种仪器分析方法的原理、样品的处理要求以及分析流程等差异，所以不同文献对分析仪器基本组成单元的划分也各不相同。

1.1.4 分析仪器的性能指标

1. 精密度和准确度

精密度（precision）是指在相同条件下对同一样品进行多次平行测定所得结果之间的符合程度。同一操作者在相同条件下的分析结果的精密度称为重复性；不同操作者在各自条件下的分析结果的精密度称为再现性。根据国际纯粹与应用化学联合会（IUPAC）的规定，精密度通常用标准偏差（s）或相对标准偏差（RSD）来表示：

$$s=\sqrt{\frac{\sum_{i}^{n}(x_i-\overline{x})^2}{n-1}} \qquad (1-1)$$

$$\mathrm{RSD}=\frac{s}{\overline{x}}\times 100\% \tag{1-2}$$

式中：x_i为个别测定值；$\overline{x}$为n次平行测定的平均值：

$$\overline{x}=\frac{1}{n}\times\sum_{i=1}^{n}x_i \tag{1-3}$$

精密度可以用重复性实验进行评价，即在一个相当短的时间内，用选用的方法对同一份样品进行多次（一般最少3次）重复测定，要求其相对标准偏差小于5%。

准确度（percent of accuracy）是指多次测定结果的平均值与真实值的符合程度，通常用误差或相对误差来表示。准确度可用回收实验进行评价，即将被测物的标准溶液加入待测试样中作为回收样品，原待测样品中加入等量的无被测物的溶剂作为基础样品，然后同时用所选方法对两试样进行测定，通过以下公式计算出回收率（回收率$=\frac{回收浓度}{加入浓度}\times 100\%$），要求回收率为95%～105%。

2. 灵敏度

灵敏度（sensitivity）是指被测组分在低浓度区，当浓度有一个单位的微小改变时所引起的测定信号的改变值，它与校准曲线的斜率和仪器设备自身的精密度有关。在相同精密度的两种分析方法中，校准曲线斜率较大的分析方法的灵敏度较高；而当两种分析方法的校准曲线斜率相等时，仪器精密度好的分析方法灵敏度高。根据IUPAC的规定，灵敏度的定义是指在浓度测定的线性范围内校准曲线的斜率，各种分析方法的灵敏度可通过测定一系列标准溶液来求得。

3. 线性范围

校准曲线的线性范围（linear range）是指定量测定的最低浓度到符合线性相应关系的最高浓度之间的范围。在实际分析工作中，分析方法的线性范围至少应有两个数量级，有些分析方法的适用浓度范围可达5～6个数量级。分析方法的线性范围越宽，样品浓度测定的适用性越强。

4. 选择性

选择性（selectivity）是指分析方法不受试样自身共存组分干扰的程度。到目前为止，还没有哪一种分析方法是可以绝对不受试样共存其他组分干扰的。因此，在选择分析方法时，必须充分考虑可能出现的各种干扰因素。当然，分析方法使用时受到的干扰越小，分析结果的准确度就越高。

1.1.5 仪器分析的应用及发展趋势

众所周知，人类社会的进步依赖科学技术的发展，而各种分析技术的应用是促进科学技术发展的前提和基础。同时，随着现代科学技术的发展，各学科相互渗透、相互促进、相互结合，一些新兴的领域不断开拓，使仪器分析的使用领域越来越广泛，仪器分析方法渗透在人们生活的方方面面，如在食品安全、生命科学、环境保护、新材料科学等方面起着重要的作用。

现代分析技术以仪器分析为主，仪器分析的发展趋势主要表现在以下几个方面。

1. 仪器分析的综合性

仪器分析是一门综合性学科，现代科学技术的发展早已打破了传统学科间的界限，现代分析仪器更是集多种学科技术于一身，特别是与计算机技术的相互融合和相互促进，使分析仪器的信息化速度、自动化速度以及网络化速度更快。

2. 仪器分析技术的创新

当今世界的各个尖端科学技术如信息技术、新材料技术、新能源技术、生物技术、海洋技术和空间技术等的发展都离不开现代分析测试技术。现代分析测试技术的分析对象已经从过去简单的成分分析和一般的结构分析，发展到了从微观和亚微观结构的层面上去探索物质的外在表现与物质结构之间的内在联系，寻找物质分子间相互作用的微观反应规律。

3. 仪器分析的微型化、智能化、自动化及在线分析检测

今天，人们的日常生活更是与分析测试技术的应用密不可分，比如在食品安全、医疗诊断、环境监测等领域，都离不开现代分析测试技术。分析仪器进一步的微型化、自动化和智能化，不仅能够对复杂体系、动态体系进行实时快速、准确的定性和定量分析，而且使在线分析和远程分析变得更方便。

4. 分析仪器操作的专业化

分析仪器操作是信息的源头，它包含许多基础科学和应用学科方面的内容，更涉及许多边缘科学、交叉学科的实验技能知识，这就对分析测试技术人员的专业素质提出了更高的要求。不能熟练掌握分析理论和实际操作技能的专业人员，就不能充分高效地利用已有的技术条件服务于各个专业发展的需要。

5. 仪器联用技术

随着现代科学技术的发展，试样的复杂性、测量难度、信息量及响应速度对仪器分析不断提出新的挑战与要求。仅采用一种分析方法往往不能满足这些要求。各类分析仪器的联用，特别是分离仪器与检测仪器的联用，使分离仪器的分离功能和与各种检测仪器的检测功能很好地结合，有利于发挥各种分析仪器的优点，逐步适应社会对仪器分析方法的新的需求。

总之，仪器分析在过去半个世纪取得了巨大的进步，为推动经济发展和科技进步做出了难易估量的贡献，成为当代最富有活力的学科之一。仪器分析应用广泛，更新换代的速度也越来越快，正向着样品用量小、痕量无损分析、活体动态分析、高灵敏度、高选择性、微型化、智能化、网络化、专用化、现场实时在线分析、多技术联用等方向快速发展。

任务1.2 仪器分析法基本技术基础

1.2.1 玻璃器皿的洗涤

玻璃器皿的清洁与否直接影响实验结果的准确度与精密度，因此，玻璃器皿的洗涤是一项非常重要的操作步骤。洗涤的目的是去除污垢，在洗涤的同时必须注意不能带入任何干扰物质。洗涤后的玻璃器皿应清洁、透明，内外壁能被水均匀地润湿且不挂水珠，晾干后不留水痕。

1. 玻璃器皿的常用洗涤方法

有些玻璃器皿（如烧杯、试剂瓶、锥形瓶、量筒、试管、离心管等）可用毛刷蘸洗涤剂、去污粉或肥皂直接刷洗，然后用自来水冲洗干净，再用蒸馏水冲洗内壁 3 次。

具有精度刻度的器皿（如移液管、容量瓶、吸量管、刻度比色管等），为了保证容量的准确性，不宜用毛刷刷洗，可用 1%～3%的洗涤剂溶液浸泡。

1）铬酸洗液洗涤

洗涤时尽量将待洗涤玻璃器皿内壁的水沥干，再倒入适量的铬酸溶液，转动玻璃器皿使其内壁均被洗液浸润。如果玻璃器皿内污垢严重，可用洗液浸泡一段时间，再用自来水冲洗干净。使用过的洗液倒回原盛放瓶内以备再用（如果洗液颜色变绿，则不可再用）。如果用热的洗液洗涤，则去污能力更强。铬酸洗液具有强酸性和强氧化性，对各种污渍均有较好的去污能力。它对衣服、皮肤、橡皮等有腐蚀作用，使用时应特别小心。

铬酸洗液配置一般称取 20 g 重铬酸钾，置于 40 mL 水中加热使其溶解，放冷；缓缓加入 360 mL 浓硫酸（顺序不可颠倒），边加边用玻璃棒搅拌。浓硫酸不可加得太快，防止因剧烈放热而发生意外。冷至室温，装入试剂瓶中备用。

储存的洗液应随时盖好器皿盖，以免吸收空气中的水分而逐渐析出 CrO_3 降低洗涤效果。新配置的洗液呈暗红色，氧化能力很强；如果经长时间使用或吸收过多水分而变成墨绿色，则表明已经失效不宜再用。

2）酸洗液洗涤

根据污垢性质，如属水垢和无机盐结垢，可直接使用不同浓度的盐酸、硝酸或硫酸溶液对器皿进行浸泡和洗涤，必要时适当加热，但加热的温度不宜太高，以免酸挥发或分解。灼烧过沉淀的瓷坩埚，用 1+1（指浓盐酸和蒸馏水的体积比，有时还可写成 1:1 的形式）的盐酸浸泡后去污极有效。酸洗液适用于洗涤附在玻璃器皿上的金属（如银、铜等）、铅盐和一些荧光物质。常用的酸洗液为 1+1 的盐酸溶液、硫酸溶液和硝酸溶液。根据需用量，量取一定体积的水放入烧杯中，再取等体积酸缓慢倒入水中即可。

盐酸－乙醇（1+2）混合溶液（将盐酸和乙醇按 1:2 体积比混合即可）也是一种很好的洗涤液，适用于被有色物质污染的比色皿、吸量管、容量瓶等玻璃器皿的洗涤。

3）碱洗液洗涤

碱洗液多为浓度 10%以上的氢氧化钠溶液、氢氧化钾溶液或碳酸钠溶液。碱洗液适于洗涤油脂和有机物，可采用浸泡和浸煮的方法。高浓度碱洗液对玻璃有腐蚀作用，接触时间不宜超过 20 min。氢氧化钠（钾）的乙醇溶液洗涤油脂的效率比有机溶剂高，但注意不能与器皿长时间接触。配制氨氧化钠－乙醇洗液时，称取 120 g 氢氧化钠，溶解在 100 mL 水中，再用 95%的乙醇稀释至 1 L。

4）有机溶剂洗涤

有机溶剂适用于洗涤聚合体、油脂和其他有机物。根据污物的性质，选择适当的有机溶剂。常用的有丙酮、乙醚、苯、二甲苯、乙醇、三氯甲烷、四氯化碳等，可浸泡或擦洗。

无论采用上述哪种方法洗涤玻璃器皿，最后都必须用自来水将洗涤液彻底冲洗干净，再用蒸馏水或去离子水洗涤 3 次。

5）超声波清洗器洗涤

超声波清洗器是一种新型的清洗仪器的工具，在实验室中的应用越来越广泛。其工作原理是超声波清洗器发出超声频振荡信号，通过换能器转换成超声频机械振动，传播到介质清洗液中，使液体流动而产生数以万计的微小气泡，这些气泡在超声波传播过程中会破裂并产生能量极大的冲击波（相当于瞬间产生上千个大气压的高压），这一现象被称为“空化作用”。超声波清洗器正是用液体中的气泡产生的冲击波，不断冲击物体表面及缝隙，从而达到全面清洗效果的。

用超声波清洗器洗涤玻璃器皿时，应先用自来水初步清洗，然后进行超声波清洗。玻璃器皿内要充满洗涤液体，避免局部“干烧”造成器皿破裂。

用超声波清洗器洗涤玻璃器皿具有以下优点。

① 无孔不入。由于超声波作用是发生在整个液体内，所有能与液体接触的物体表面都能被清洗，尤其适用于形状复杂、缝隙多的玻璃器皿。

② 无损洗涤。传统的人工或化学清洗常会产生机械磨损或化学腐蚀，而用超声波正确清洗不会使玻璃器皿受到损伤。

2. 玻璃器皿的干燥

根据玻璃器皿类型和使用要求的不同，采用不同的干燥方法，包括晾干、烘干、用气流烘干器干燥、用有机溶剂干燥等。

① 晾干。适用于当前不使用或不能加热的玻璃器皿，可以放在干净架子或专用橱柜内，自然晾干。

② 烘干。将洗净的玻璃器皿置于烘箱（105～120 ℃）内烘 1 h，烘厚壁玻璃器皿、实心玻璃塞时应缓慢升温。

③ 用气流烘干器干燥。气流烘干器有加热和吹干双重作用，干燥快速，无水渍，使用方便。试管、量筒等适合用气流烘干器干燥。气流烘干器分为恒温和可调温两种类型，可调温型气流烘干器一般可在 40～120 ℃控温。

④ 吹干。适用于要求快速干燥的玻璃器皿，按需要用吹风机热风或冷风吹干。

⑤ 用有机溶剂干燥。适用于不宜加热，需要快速干燥的器皿。有些有机溶剂可以和水相溶，用有机溶剂将水带出，然后有机溶剂挥发。最常用的有机溶剂是乙醇，向容器内加入少量乙醇，将容器倾斜转动，器壁上的水与乙醇混合，然后倒出乙醇和水，让残余乙醇挥发干。若需要可重复操作一次，并向容器内吹风，加快有机溶剂挥发。

1.2.2 容量器皿的使用

1. 移液管和吸量管

移液管是用于准确移取一定体积溶液的量出式玻璃量器，正规名称应为“单标线吸量管”。它的中部有一膨大部分（称为球部），球部的上部和下部均为较细窄的管径，管径上部刻有标线，球部标有它的容积和标定时的温度。常用的移液管有 5 mL、10 mL、25 mL、50 mL 等规格。

吸量管是带有分刻度线的玻璃管，一般用以移取非整数的小体积溶液。常用的吸量管有 1 mL、2 mL、5 mL、10 mL 等规格。

1）移液管和吸量管的润洗

移取溶液前，移液管和吸量管必须用少量待移溶液润洗内壁 2～3 次，以保证溶液吸取后的浓度不变。润洗时，先用吸水纸将管尖内外的水除去（避免稀释待移溶液），用右手拇指和中指拿住管径标线以上的部位，无名指和小指辅助拿住管，管尖插入液面以下。左手拿洗耳球（拇指或食指在洗耳球上方），先把洗耳球中的空气压出，然后将洗耳球的尖端接在管口上，慢慢放松洗耳球，吸入溶液至管总体积约 1/3 处（不能让溶液回流，以免稀释待移溶液）。从管口移走洗耳球，立即用食指按紧管口，将移液管或吸量管从溶液中移出，平放转动，使溶液充分润洗至标线以上内壁，润洗后的溶液从管尖放出，弃掉。重复润洗操作 2～3 次。

2）移液管和吸量管移取溶液的操作

将润洗过的移液管或吸量管适度插入待移溶液中，按润洗时的操作方法吸入溶液至管径标线以上，迅速移去洗耳球，立即用右手食指紧按管口，左手改拿待移溶液的容器，然后将管取出液面。将容器倾斜约 45°，右手垂直地拿住移液管或吸量管，使管尖紧贴液面以上的容器内壁，用拇指和中指微微旋转移液管或吸量管，食指轻微减压，直到液面缓缓下降到与标线相切时再次按住管口，使溶液不再流出。然后移开待移液容器，左手改拿接收溶液的容器并倾斜 45°，此时移液管或吸量管应垂直，接收容器内壁与管尖紧贴，松开食指让溶液自然流下，待液面下降到管尖，再停 15 s，靠接收容器内壁转动一下管尖再取出移液管或吸量管，注意要把残留在管尖的液体吹出，因为在校准移液管或吸量管体积的时候没有把这部分液体算在内。

移液管和吸量管使用完毕后，应及时冲洗干净，放回移液管架上。

2. 定量及可调移液器

1）定量及可调移液器的构造和规格

移液器是量出式量器，分定量和可调两种类型。定量移液器是指移液器的容量是固定的，而可调移液器的容量在其标定容量范围内连续可调。可调移液器由连续可调的机械装置和可替换的吸头组成，不同型号的移液器吸头有所不同，实验室常用的移液器根据最大吸用量有 2 μL、10 μL、20 μL、200 μL、500 μL、1 000 μL 等规格。

2）定量及可调移液器的使用

根据实验精度选择适当量程的移液器，当取用体积与量程不一致时，可采用稀释液体，增加取用体积的方法来减少误差；调节移液器吸量体积时，切勿超过最大或最小量程；吸量时将吸头套在移液器的吸杆上，然后将吸量按钮调至 1 挡，将吸头垂直插入待取液体中，深度以刚浸没吸头尖端为宜，然后慢慢释放吸量按钮以吸取液体；释放所吸液体时，先将吸头垂直接触在受液容器壁上，慢慢按压吸量按钮调至 1 挡，停留 1～2 s 后，调至 2 挡以排出所有液体；更换吸头时轻轻按下枪头卸却按钮，吸头就会自动脱落。微量移液器吸取液体过程如图 1－1 所示，微量移液器结构图如图 1－2 所示。

3）微量进样器

微量进样器也叫微量注射器，一般有 1 μL、5 μL、20 μL、25 μL、50 μL、100 μL 等规格，是进行微量分析，特别是色谱分析实验中必不可少的取样、进样工具。

微量进样器是精密量器，易碎易损，使用时应细心，否则会影响其准确度。使用前要用溶剂洗净，以免干扰样品分析；使用后立即清洗，以免样品中的高沸点组分沾污微量进样器。

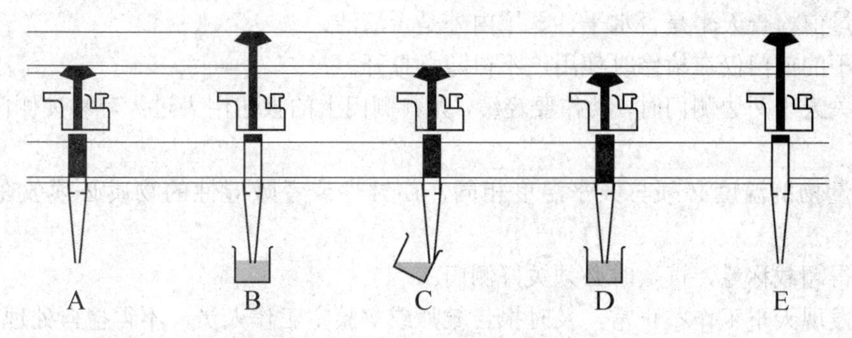

图 1－1 微量移液器吸取液体过程

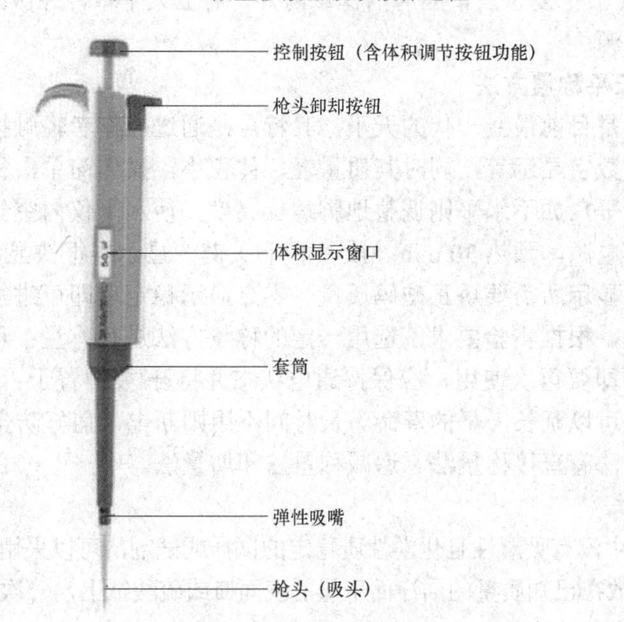

图 1－2 微量移液器结构图

使用微量进样器时应注意：每次取样前先抽取少许试样再排出，如此重复几次，以润洗微量进样器；为保证精密度，每次进样体积都应不小于微量进样器总体积的 10%；为排除微量进样器内的空气，可将针头插入样品中反复抽排几次，“抽慢排快”；取样时应多抽些试样于微量进样器中；取好样后，用无水的纤维纸将针头外壁所黏附的样品擦掉，注意切勿使针头的样品流失。

1.2.3 称量

称量是仪器分析实验中的基本操作之一，称量常用的仪器是分析天平，它属于精密贵重的仪器，通常要求能准确称量至 0.000 1 g，其最大载量一般为 100～200 g。

为了能得到准确的称量结果，称量通常在专用天平室中进行。实验室常用的分析天平有电光分析天平和电子分析天平，目前主要使用的是电子分析天平。

在使用前必须了解分析天平的使用规则和称量方法。

1. 分析天平的使用规则

① 称量前检查天平是否水平，框罩内外是否清洁。

② 天平的前门仅在检修时使用，不得随意打开。

③ 开关天平两边侧门时，动作要轻缓，尤其侧门上的扳钮用力过大容易使侧门玻璃裂缝而损坏。

④ 称量物的温度必须与天平温度相同，腐蚀性或者吸湿性的物质必须放在密闭容器中称量。

⑤ 不得超载称量，读数时必须关好侧门。

⑥ 如发现天平工作不正常，及时报告教师或实验室工作人员，不得擅自处理。

⑦ 称量完毕，天平复位后，应清洁框罩内外，盖上天平罩，并做好使用记录。长时间不使用时，应切断电源。

2. 电子分析天平称量方法

电子分析天平是目前最新一代的天平，其特点是通过操作者轻触按键可自动调零、自动校准、扣除皮重、数字显示等，同时其质量轻，体积小，操作简单，称量速度快。称量的基本规则为：检查水平，如不水平则调整地脚螺旋高度，使水平仪内空气池位于圆环中央，达到水平状态：接通电源，预热 30 min；按一下开/关键，显示屏很快显示“0.000 0 g”；校准，按矫正键，天平将显示所需要矫正砝码质量。零点显示稳定后即可进行称量；称量时根据需要可以使用除皮键，根据实验要求，选用一定的称量方法进行称量；称量完毕，天平自动回零。如短期时间内即要再次使用，应保持通电状态并将开/关键置于“关”，使天平处于保温状态，这样的操作可以延长天平的寿命。长时间不用则断电，盖好防尘罩。

常用的称量方法有直接称量法、递减称量法和增量法。

1）直接称量法

对某些在空气中没有吸湿性且化学性质稳定的试样或试剂，可以采用此法。用药匙或镊子取经干燥好的试样，放在已知质量的洁净而干燥的表面皿或硫酸纸上，一次称取一定质量的试样。

2）递减称量法

这是指称取的试样量是由两次称量之差求得。这种称量法适用于一般的颗粒状、粉末状及液态样品。由于这种称量方法用到的容器称量瓶（固体粉末状样品适用）或滴瓶（液体样品适用）都有磨口瓶塞，适合较易吸湿、氧化、挥发的试样的称量。操作方法如下：用 1 cm 宽的纸条套住瓶身中部，左手捏紧纸条尾部将称量瓶放到天平称量盘的正中位置，准确称量并记录读数。取出称量瓶，在承接样品的容器上方打开瓶盖，并用瓶盖的下面轻敲瓶口的上沿，使样品缓缓流入容器。估计倾出的样品接近需要量时，再边敲瓶口边将瓶身扶正，盖好瓶盖后方可离开容器的上方，再次准确称量。注意：在敲出样品的过程中，要保证样品没有损失，边敲边观察样品的转移量，切勿在没有盖上瓶盖时就将瓶身和瓶盖都离开容器上口，因为瓶口边沿处可能粘有样品，容易损失。如果称出的试样量大大超过需要量，则弃之重称，但要尽量避免此种情况的发生，以免造成不必要的浪费。

3）增量法

增量法也称固定量称量法。仪器分析实验中，当需要用直接法配制一定浓度的标准溶液时，常常用增量法来称取标准物质。此法只适用于称取不易吸湿、不与空气中各组分发生作用和性质稳定的粉末状物质，不适用于块状物质的称量。具体操作如下：调整好电子分析天平使其处于称量状态，用金属镊子将清洁、干燥的深凹型小表面皿放到称量盘正中位置，按除皮键，然后用药匙向小表面皿内逐渐加入试样，同时注意天平读数，接近所需质量时用食指轻弹药匙柄，让药匙里的试样以非常缓慢的速度抖入小表面皿，直至显示屏显示所需要质量为止。然后取出小表面皿，将试样直接转入接受容器。若试样为可溶性盐类，粘在小表面皿上的少量试样粉末可以用蒸馏水吹洗入接受容器。

1.2.4 实验室用水的规格和制备

仪器分析实验室用于溶解、稀释和配制溶液的水，都必须先经过纯化，分析要求不同，对水的纯度的要求也不同。故应根据不同要求，采用不同纯化方法制得纯水。

一般实验室用的纯水有蒸馏水、二次蒸馏水、去离子水、无二氧化碳蒸馏水、无氧蒸馏水等。

1. 实验室用水级别

仪器分析实验室用水分为三个级别：一级水、二级水和三级水。一级水用于有严格要求的仪器分析实验，包括对颗粒有要求的实验，如高效液相色谱用水。一级水可用二级水经石英设备蒸馏或离子交换混合床处理后，再经 0.2 μm 微孔滤膜过滤来制取。二级水用于无机痕量分析等实验，如原子吸收光谱分析用水。二级水可用多次蒸馏或离子交换等方法制取。三级水用于一般化学分析实验。三级水可用蒸馏或离子交换等方法制备。实际工作情况是：由于各种化学实验对纯水的需求量都是客观的，一般监测站或者实验室，为了实验的准确性和工作效率的提高，都配备纯水制备的仪器，实验技术人员只需要到纯水仪处取用纯水即可。

通常普通蒸馏水保存在玻璃容器中，去离子水保存在聚乙烯塑料容器中。用于痕量分析的高纯水，如二次石英亚沸蒸馏水，则需要保存在石英或聚乙烯塑料容器中。

2. 各种纯水的制备

① 蒸馏水。将自来水在蒸馏装置中加热气化，然后将蒸汽冷凝即可得到蒸馏水。由于绝大部分无机盐都不挥发，因此蒸馏水较纯净，可达到三级水的标准，但不能完全除去水中溶解的气体杂质，适用于一般溶液的配制。

② 二次石英亚沸蒸馏水。为了获得比较纯净的蒸馏水，可进行重蒸馏，并在准备重蒸馏的蒸馏水中加入适当的试剂以抑制某些杂质的挥发。如加入甘露醇能抑制硼的挥发，加入碱性高锰酸钾可以破坏有机物并防止二氧化碳蒸出，二次蒸馏水一般可达到二级水标准。第二次蒸馏通常采用石英亚沸蒸馏器，其特点是在液面上方加热，使液面始终处于亚沸状态，可使蒸汽带出杂质减至最少。

③ 去离子水。去离子水是使自来水或普通蒸馏水通过离子树脂交换柱后所得的水。制备时，一般将水一次通过阳离子树脂交换柱、阴离子树脂交换柱、阴阳离子树脂混合交换柱。这样得到的水纯度比蒸馏水纯度高，质量可达到二级水或一级水标准，但对非电解质及胶体物质无效，同时会有微量的有机物从树脂溶出，因此，根据需要可将去离子水进行重蒸馏以得到高纯水。

3. 特殊用水的制备

① 无氨水。每升蒸馏水中加 2 mL 浓硫酸，再重蒸馏，即得无氨蒸馏水。

② 无二氧化碳蒸馏水。煮沸蒸馏水，直至煮去原体积的 1/4 或 1/5，隔离空气，冷却即得无二氧化碳蒸馏水，此蒸馏水应存储于连接碱石灰吸收管的瓶中。

③ 无氯蒸馏水。将蒸馏水在硬质玻璃蒸馏器中先煮沸，再进行蒸馏，收集中间馏出部分。

第 2 模块

光学分析法

项目 2

紫外-可见光谱分析技术

知识目标

- 熟悉紫外-可见分光光度计的结构和紫外光谱、可见光谱的产生及影响因素。
- 了解紫外-可见光谱法测定条件。
- 掌握紫外-可见分光光度法的定性、定量分析方法。
- 掌握紫外-可见光谱仪的日常维护与保养。

能力目标

- 能熟练操作紫外-可见分光光度计。
- 能设置紫外-可见光谱法测定条件。
- 能测定并绘制吸收曲线、标准曲线。
- 能正确使用并维护紫外-可见光谱仪。

任务 2.1　紫外-可见光谱法基本原理

2.1.1　光的基本特性

紫外-可见分光光度法（ultraviolet-visible absorption spectrophotometry，UV-Vis）是基于物质分子对 200～780 nm 光吸收而建立起来的分析方法。由于各种物质具有各自不同的分子、原子和不同的分子空间结构，其吸收光能量的情况也就不会相同。因此，每种物质都有其特有的、固定的吸收光谱曲线，可根据吸收光谱上的某些特征波长处的吸光度的高低判别或测定该物质的含量，这就是分光光度定性和定量分析的基础。

用于测定溶液中物质对紫外光或可见光的吸收程度的仪器称为紫外-可见分光光度计，也可简称为分光光度计。

光具有波粒二象性，既具有波动性，又具有粒子性。

光的波动性是指光具有波的性质，光的反射、折射、偏振、干涉和衍射等现象，证明了光具有波动性。用波长 λ、频率 ν 及波数 σ 等主要参数来描述。在真空中波长、频率或波数的

相互关系为

$$\nu = \frac{c}{\lambda} \quad (2-1)$$

$$\sigma = \frac{1}{\lambda} = \frac{\nu}{c} \quad (2-2)$$

式中：c 是光在真空中的传播速度，$c = 3 \times 10^{10}\ \mathrm{m \cdot s^{-1}}$。

光的吸收、发射以及光电效应等证明了光具有粒子性。光波是由一颗颗连续的光子构成的粒子流。光子是量子化的，有一定的能量，不同波长的光子具有不同的能量。光子的能量 E 和光波的频率（波数）或波长有以下关系。

$$E = h\nu = \frac{hc}{\lambda} = hc\sigma \quad (2-3)$$

式中：h 是普朗克（Planck）常量，其值为 $6.63 \times 10^{-34}\ \mathrm{J \cdot s}$。

式（2－3）中能量 E 反映的是光的粒子性，ν 或 c/λ 反映的是光的波动性，因此该式通过普朗克常数把光的粒子性和波动性定量地联系起来了，是光的波粒二象性的统一表达式。

2.1.2　光吸收定律

1. 物质对光的选择性吸收

物质结构不同，其分子能级的能量（各种能级能量总和）或能量间隔就不同，因此不同物质将选择性地吸收不同波长或能量的外来光，吸收光子后产生的吸收光谱就会不同，物质的颜色就是基于物质对光选择性吸收的结果。当一束白光通过某溶液时，如果该溶液物质对可见光区各波长的光都不吸收，即入射光全部通过，这时看到的是溶液是无色透明的；若该溶液对各波长的光全部吸收，则看到该溶液呈黑色；若选择性地吸收了某波长的光，则该溶液呈现出被吸收光的互补色光的颜色。例如 $KMnO_4$ 溶液呈紫色是由于 $KMnO_4$ 溶液吸收了白光中的绿色光，而使与绿色光互补的紫色光透过溶液的缘故。光的互补色示意图如图 2－1 所示。

物质对光的选择性吸收的特性，可以用吸收曲线来进行描述。将不同波长的单色光透过某一固定浓度和厚度的某物质的溶液，测量每一波长下溶液对光的吸光度 A，然后以波长 λ 为横坐标，吸光度 A 为纵坐标进行作图，所得到的曲线即为该物质的吸收曲线，也称吸收光谱，它描述了溶液对不同波长光的选择性吸收程度。图 2－2 为不同浓度的邻菲罗啉亚铁溶液的吸收曲线。

图 2－1　光的互补色示意图

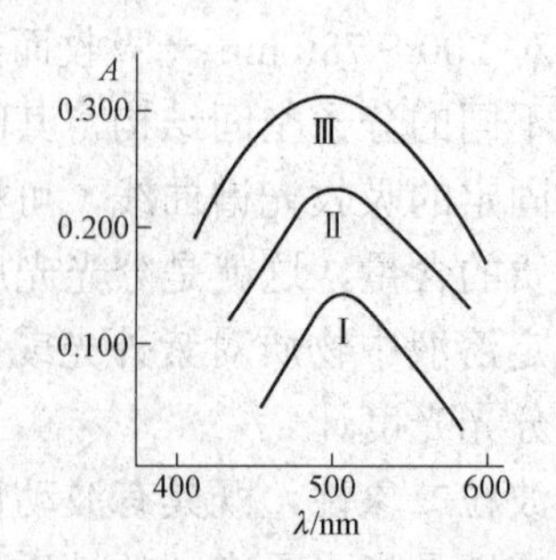

图 2－2　不同浓度的邻菲罗啉亚铁溶液的吸收曲线
（Ⅰ—0.2 mg·L^{-1}，Ⅱ—0.4 mg·L^{-1}，Ⅲ—0.6 mg·L^{-1}）

研究不同物质的吸收曲线可以发现它具有以下特征：一是不同物质的吸收曲线的形状和最大吸收波长不同，说明光的吸收与溶液中的物质的结构有关，根据这一特性可用于物质的初步定性分析。二是不同浓度的同一物质，吸收曲线的形状相似，λ_{max} 相同，但吸光度值却不同（如图 2－2 所示）。在任一波长处，溶液的吸光度随浓度的增加而增大。实验证明，稀溶液对光的吸收符合比尔－朗伯定律，即稀溶液的吸光度与浓度成正比关系，这是分光光度法定量分析的依据。为了获得较高的测定灵敏度，一般选用最大吸收波长 λ_{max} 的光作为入射光。

2. 透光率和吸光度

当一束平行光通过均匀的溶液介质时，光的一部分被吸收，一部分被器皿反射，一部分透过去（如图 2－3 所示）。设入射光强度为 I_0，吸收光强度为 I_a，透射光强度为 I_t，反射光强度为 I_r，则

$$I_0 = I_a + I_t + I_r \tag{2-4}$$

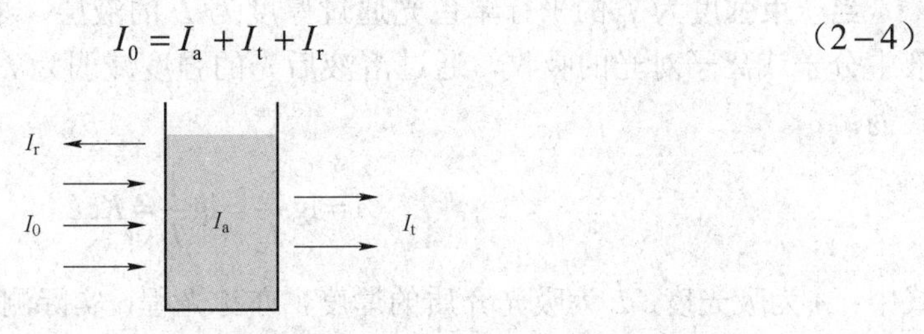

图 2－3　光通过溶液示意图

在进行吸收光谱测量时，被测溶液和参比溶液是分别放在同样材料及厚度的两个吸收池中，让强度同为 I_0 的单色光分别通过两个吸收池，用参比池调节仪器的零吸收点，再测量被测溶液的透射光强度 I_t，所以反射光的影响 I_r 可以从参比溶液中消除，则上式可简写为

$$I_0 = I_a + I_t \tag{2-5}$$

透射光强度与入射光强度之比称为透射比（也称透光率，transmittance），用 T 表示。

$$T = \frac{I_t}{I_0} \times 100\% \tag{2-6}$$

从式（2－6）可看出，溶液的透光率越大，表示溶液对光的吸收越少；反之，透光率越小，表示溶液对光的吸收越多。

透光率的倒数反映了物质对光的吸收程度，取它的对数 lg(1/T)称为吸光度(absorbance)，用 A 表示。

$$A = \lg\frac{I_0}{I_t} = \lg\frac{1}{T} = -\lg T\text{，}\ T = 10^{-A} \tag{2-7}$$

透光率 T 和吸光度 A 都是表示物质对光的吸收程度的一种量度。

3. 比尔－朗伯定律

比尔－朗伯（Beer－Lambert）是定律光吸收的基本定律，俗称光吸收定律，是分光光度法定量分析的依据和基础。当入射光波长一定时，溶液的吸光度 A 是吸光物质的浓度 c 及吸收介质厚度 L（吸收光程）的函数。朗伯（Lambert）和比尔（Beer）分别于 1760 年和 1852

年研究了这三者的定量关系，朗伯的结论是，当用适当波长的单色光照射一固定浓度的均匀溶液时，A 与 L 成正比，其数学表达式为：

$$A=K'L \tag{2-8}$$

其中，K' 称为比例系数。

而比尔的结论是，当用适当波长的单色光照射一固定液层厚度的均匀溶液时，A 与 c 成正比，其数学表达式为：

$$A=K''c \tag{2-9}$$

其中，K'' 称为比例系数。

二者结合称为比尔－朗伯定律，是光吸收的基本定律，其数学表达式为：

$$A=KLc \tag{2-10}$$

当一束强度为 I_0 的平行单色光通过厚度为 L 的液层、浓度为 c 的均匀溶液时，由于溶液中分子或离子对光的吸收，通过溶液后光的强度减弱为 I_t（如图 2－3 所示），其数学表达式为：

$$A=\lg\frac{I_0}{I_t}=\lg\frac{1}{T}=KcL \tag{2-11}$$

式中：A 为吸光度；L 为吸光介质的厚度，亦称光程，实际测量中为吸收池厚度，单位为 cm；c 为吸光物质的浓度，单位为 $mol \cdot L^{-1}$、$g \cdot L^{-1}$ 或百分浓度；K 为比例常数。

式（2－11）表明，当一束平行单色光通过均匀、无散射现象的溶液时，在单色光强度、溶液温度等条件不变的情况下，溶液吸光度与溶液浓度及液层厚度的乘积成正比。这是吸光光度法进行定量分析的理论基础。

比尔－朗伯定律不仅适用于有色溶液，也适用于无色溶液及气体和固体的非散射均匀体系；不仅适用于可见光区的单色光，也适用于紫外和红外光区的单色光。

1）比例常数

在比尔－朗伯定律 $A=KLc$ 中，比例常数 K 也称为吸光系数（absorption coefficient），其物理意义是吸光物质在单位浓度、单位液层厚度时的吸光度，为吸光物质的特征参数，与物质的性质、入射光波长、温度及溶剂等因素有关，其值随 c 的单位不同而不同，在一定条件下为常数。根据浓度单位不同，K 值含义也不尽相同，一般有摩尔吸光系数 ε 和百分吸光系数 $E_{1cm}^{1\%}$ 之分。

① 摩尔吸光系数，指波长一定，溶液浓度为 $1\ mol \cdot L^{-1}$，液层厚度为 1 cm 时的吸光度。用 ε 表示，单位为 $L \cdot mol^{-1} \cdot cm^{-1}$。此时比尔－朗伯定律为

$$A=\varepsilon cL \tag{2-12}$$

摩尔吸光系数，反映了吸光物质对光的吸收能力，也反映了用吸光光度法测定该吸光物质的灵敏度，是选择显色反应的重要依据。摩尔吸光系数值愈大，表示吸光质点对某波长的光吸收能力越强，光度法测定的灵敏度就越高。

② 百分吸光系数，也称比吸光系数，它是指在波长一定时，溶液浓度为 1%［$g \cdot (100\ mL)^{-1}$］，液层厚度为 1 cm 时的吸光度，用 $E_{1cm}^{1\%}$ 表示，单位为 $mL \cdot g^{-1} \cdot cm^{-1}$。此时式（2－12）改为

$$A = E_{1cm}^{1\%} cL \tag{2-13}$$

摩尔吸光系数与百分吸光系数的关系为

$$\varepsilon = E_{1cm}^{1\%} \frac{M}{10} \tag{2-14}$$

式中：M 为被测物质的摩尔质量。ε 与 $E_{1cm}^{1\%}$ 均为吸光物质的特征参数。

［例 2－1］ 以二苯硫腙光度法测定铜，100 mL 溶液中含铜 50 μg，用 1.00 cm 比色皿，在分光光度计 550 nm 波长处测得其透光率为 44.3%，计算铜二苯硫腙配合物在此波长处的吸光度、百分吸光系数和摩尔吸光系数。

解：铜的浓度：

$$A = -\lg T = -\lg 0.443 = 0.354$$

$$c = \frac{50 \times 10^{-6} \times 1\,000}{100 \times 63.55} = 7.87 \times 10^{-6}\ \text{mol} \cdot \text{L}^{-1}$$

$$\varepsilon = \frac{A}{bc} = \frac{0.354}{1.00 \times 7.87 \times 10^{-6}} = 4.50 \times 10^{4}\ \text{L} \cdot \text{mol}^{-1} \cdot \text{cm}^{-1}$$

$$E_{1cm}^{1\%} = \frac{\varepsilon \times 10}{M} = \frac{4.50 \times 10^{4} \times 10}{63.55} = 7.08 \times 10^{3}\ \text{mL} \cdot \text{g}^{-1} \cdot \text{cm}^{-1}$$

2）偏离比尔－朗伯定律的因素

在定量分析时，通常液层的厚度 L 是相同的，吸光系数 K 为常数。按照式（2－12），可知浓度 c 与吸光度 A 之间的关系应是一条通过原点的直线。而实际工作中，特别是当溶液浓度较高时，会出现偏离标准曲线的弯曲现象，如图 2－4 所示，此时若仍按式（2－12）进行计算，将会引起较大的测定误差。

若溶液的实际吸光度比理论值大，称正偏离比尔－朗伯定律；实际吸光度比理论值小，称负偏离比尔－朗伯定律。

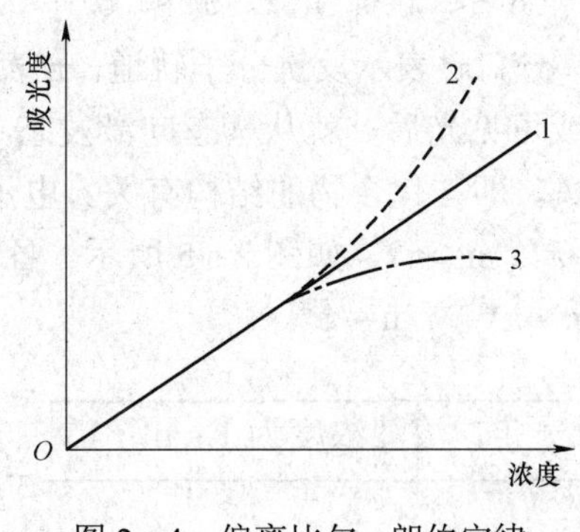

图 2－4 偏离比尔－朗伯定律

1—无偏离；2—正偏离；3—负偏离

这是因为，推导比尔－朗伯定律时有两个基本假设：入射光是单色光；吸光粒子是独立的，彼此间无相互作用（一般溶液能很好服从该定律）。导致偏离比尔－朗伯定律的主要因素有以下几个方面。

① 单色光不纯引起的偏离。比尔－朗伯定律只适用于单色光，但实际上单波长的光不能得到。一般的分光光度计只能获得近乎单色的狭窄光带，难以获得纯的单色光。单色光的纯

度越差，偏离比尔–朗伯定律的程度越严重。在实际工作中，若使用精度较高的分光光度计，可获得较纯的单色光。

② 介质不均匀引起的偏离。比尔–朗伯定律的应用前提是溶液均匀、非散射。当被测溶液是胶体溶液、悬浊液或乳浊液时，入射光通过溶液，一部分光将会产生散射而损失，使得实测吸光度比没有散射现象时的吸光度增大，使工作曲线发生正偏离。

③ 与测定溶液有关的因素。通常只有在稀溶液（$c<10^{-2}$ mol·L^{-1}）时才符合比尔–朗伯定律。当溶液浓度 $c>10^{-2}$ mol·L^{-1} 时，吸光质点间的平均距离缩小，质点相互影响电荷分布，吸光质点间可能发生缔合等相互作用，直接影响了对光的吸收，导致对比尔–朗伯定律的偏离。

当溶液中存在离解、聚合、光化反应、互变异构及配合物的形成等作用时，也会使被测组分的吸收曲线发生明显改变，从而偏离比尔–朗伯定律。

2.1.3 紫外吸收光谱

物质在紫外光区（200～400 nm）所产生的吸收光谱称为紫外吸收光谱，研究物质紫外吸收光谱的分析方法称为紫外吸收光谱（UV）。紫外吸收光谱产生的基本原理与可见吸收光谱相似：物质吸收紫外光后，引起物质内部分子、原子或电子运动状态的变化，使透过光的强度降低，产生紫外吸收光谱。

1. 紫外吸收光谱的产生

紫外吸收光谱是分子中价电子能级的跃迁产生的，因此，这种吸收光谱决定于分子中价电子分布和结合情况。按分子轨道理论，在有机化合物中有三种不同性质的价电子：形成单键的 σ 电子、形成双键的 π 电子和未形成键的 n 电子（孤电子或 p 电子）。根据分子轨道理论，这三种电子的能级顺序为：

$$\sigma < \pi < n < \pi^* < \sigma^*$$

（σ、π 表示成键分子轨道，σ*、π*表示反键分子轨道，n 表示非键分子轨道）

当外层价电子吸收紫外光或可见光后，就从基态向激发态（反键轨道）跃迁。分子中的价电子跃迁方式与键的性质有关，即与化合物的结构有关。电子跃迁（electron transition）主要类型有：σ→σ*、n→σ*、π→π*、n→π*，如图 2–5 所示。各种电子跃迁所需能量 ΔE 大小顺序为：σ→σ* ＞ n→σ* ＞ π→π* ＞ n→π*。

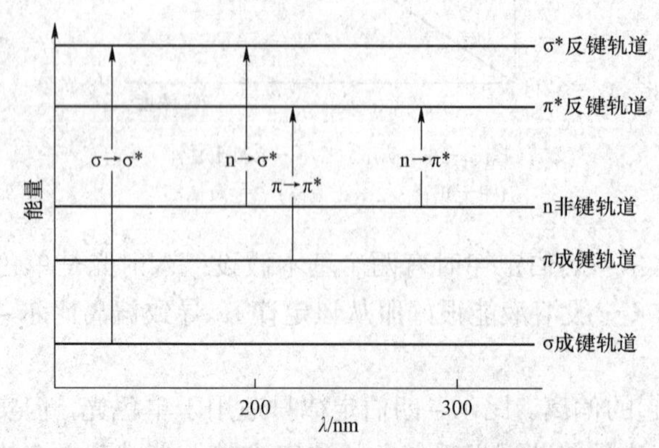

图 2–5 电子能级及电子跃迁示意图

1）σ→σ*跃迁

由单键构成的化合物，如饱和碳氢化合物，由于只有 σ 电子，只能发生 σ→σ*跃迁。σ→σ*跃迁所需能量在所有跃迁类型中最大，所吸收的辐射波长最短，其吸收发生在远紫外区，波长小于 200 nm。有机饱和烃中 C—C 属于这类跃迁，例如，甲烷的最大吸收波长 λ_{max} 为 125 nm，乙烷的最大吸收波长 λ_{max} 为 135 nm。由于仅能产生 σ→σ*跃迁的物质在 200 nm 以上波长没有吸收，故它们在紫外－可见吸收分析法中常用作溶剂。

2）n→σ*跃迁

含有未共用电子对的杂原子（N、S、O、P 和卤素原子等）的饱和有机化合物，都含有 n 电子，因此都可发生这种跃迁。实现这类跃迁所需要的能量较高，但比 σ→σ*跃迁所需能量小，n→σ*跃迁比 σ→σ*跃迁所引起的吸收峰波长长，为 150～250 nm，大部分在远紫外区和近紫外区。例如，CH_3OH 的吸收峰为 183 nm，CH_3NH_2 的吸收峰为 213 nm。由 n→σ*跃迁产生的吸收峰多为弱吸收峰，它们的摩尔吸光系数（ε_{max}）一般为 100～300，因而在紫外区有时不易观察到。

3）π→π*跃迁（K 带）

含有 π 电子基团的不饱和烃、共轭烯烃和芳香烃类等有机物可发生此类跃迁。π→π*跃迁所需能量比 σ→σ*跃迁小，与 n→σ*跃迁差不多，吸收峰一般处于近紫外光区，在 200 nm 附近，其特征是摩尔吸光系数大，一般 ε_{max} 为 104 以上，属强吸收带。如乙烯的最大吸收波长为 162 nm。

若有共轭体系，π→π*跃迁所需能量减少，波长向长波方向移动，在 200～700 nm 的紫外可见光区。

4）n→π*跃迁（R 带）

含有杂原子双键（如 C═O，—N═O，C═S，—N═N—等）的不饱和有机化合物可发生这种跃迁。实现这种跃迁所需能量最小，因此其最大吸收波长一般出现在近紫外光区（200～400 nm）。由 n→π*跃迁产生的吸收带（R 带）的特点是 ε_{max} 小，一般为 10～100。摩尔吸光系数的差别显著，是区别 π→π*跃迁和 n→π*跃迁的方法之一。例如，乙醛分子中羰基 n→π*跃迁所产生的吸收带为 290 nm，ε_{max} 只有 17。

2. 常用术语

1）生色团（发色团）

生色团（chromophore）是指有机化合物分子中含有能产生π→π*、n→π*跃迁，并且能在紫外－可见光范围内产生吸收的基团，如羰基、硝基、苯环等。

2）助色团

助色团是指含有非键电子对的基团（如—OH、—OR、—NHR、—SH、—Cl、—Br 等），它们本身不吸收紫外－可见光。但是当它们与生色团相连时，会使生色团的吸收峰向长波方向移动，并且增加其吸光度，其对应的跃迁类型是 n→σ*跃迁。

3）红移与蓝移

由取代基或溶剂效应引起的使吸收峰向长波方向移动，称为红移（red shift），又称长移。使吸收向短波长方向移动，称为蓝移（blue shift），又称紫移或短移。吸收强度即摩尔吸光系数增大或减小的现象，分别称为增色效应（hyperchromicity）或减色效应（hypochromic effect），如图 2－6 所示。

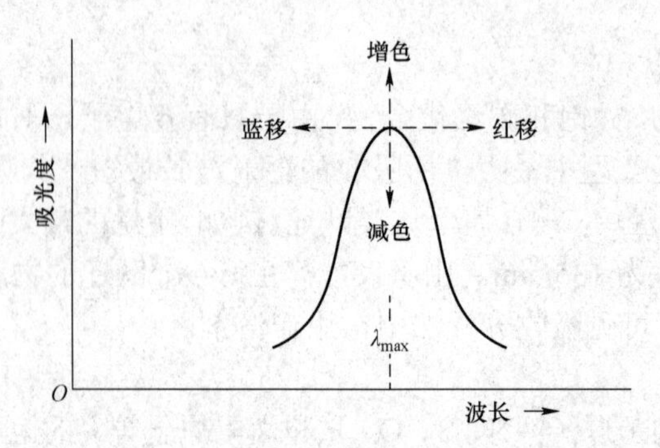

图 2-6　红移、蓝移、增色、减色效应示意图

2.1.4　吸收带的产生

吸收带是指吸收峰在紫外－可见光谱中的波带位置。根据电子及分子轨道的种类可将紫外光谱的吸收带分为四种类型，在解析光谱时，可以从这些吸收带的类型推测有机化合物的分子结构。

1）R 吸收带（基团带）

由 n→π*跃迁而产生的吸收带，即由具有杂原子和双键的共轭基团，如 >C═O、—N═O、—NO_2、—N═N—等发色团产生的吸收带。其特点是能量小，处于长波范围，吸收强度较弱，一般摩尔吸光系数小于 100。

2）K 吸收带（共轭带）

由共轭双键中的 π→π*跃迁产生的吸收带，是共轭分子的特征吸收带。可据此判断化合物中共轭结构，是紫外光谱中应用最多的吸收带。其特点是跃迁所需的能量较 R 带大，一般 λ_{max} 位于 210～250 nm，为强吸收（ε>104）。随着共轭体系的增长，K 吸收带向长波方向移动（红移）。

3）B 吸收带（苯吸收带）

由苯环本身振动及闭合环状共轭双键 π→π* 跃迁而产生的吸收带，是芳香族（包括杂环芳香族）的主要特征吸收带。其特点是为弱吸收带（230～270 nm），具有精细结构，摩尔吸光系数约为 200，常用来识别芳香族化合物，如图 2-7 所示。

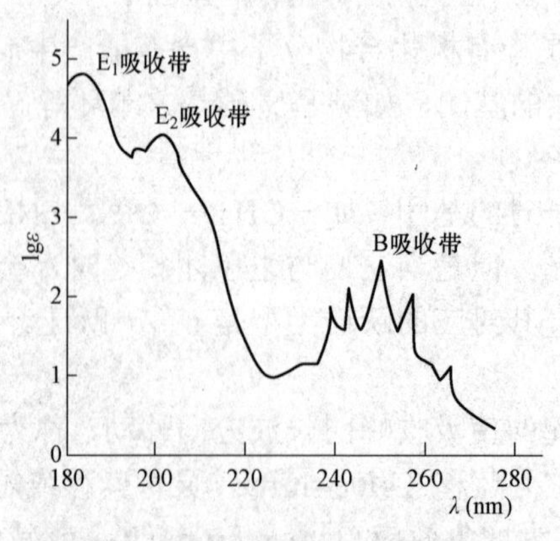

图 2-7　苯在乙醇中的紫外吸收光谱

但溶剂的极性、酸碱性等对精细结构的影响较大。在极性溶剂中测定，或苯环上有取代基时，精细结构消失。若有助色团与基团、共轭体系或苯环形成大 π 键，均能使相应的谱带发生红移，形成的 π 键越大，红移越显著。

4）E 吸收带

由苯环结构中环状共轭体系的 π→π*跃迁产生的吸收带称为 E 吸收带，分为 E_1 吸收带（185 nm）和 E_2（204 nm）吸收带，可以分别看成乙烯和共轭烯烃的吸收带，也是芳香结构化合物的特征谱带。E_1 吸收带的吸收强度为 $\varepsilon>104$，E_2 吸收带的强度为 $\varepsilon>103$，均属强带吸收。

E 吸收带主要用于研究取代苯的结构。当苯环上有助色团（如—Cl、—OH 等）取代时，E_2 吸收带出现红移，但一般在 210 nm 左右；当有生色团取代并与苯环共轭时，则 E 吸收带常与 K 吸收带合并，有 B 吸收带和 K 吸收带两种吸收带。在取代苯中，E_2 吸收带和 B 吸收带研究最为广泛，而 E_1 吸收带在远紫外区，较少研究。

2.1.5 紫外吸收光谱的应用

1. 定性分析

用紫外吸收光谱法来进行定性分析一般是根据该物质的吸收光谱特征，包括光谱吸收曲线的形状、最大吸收波长 λ_{max} 及吸收系数 ε_{max} 三者的一致性来提供某些能吸收紫外-可见光的基团的信息，主要是用于不饱和有机化合物，尤其是共轭体系的鉴定，以此推断未知物的骨架结构。但是由于紫外-可见光区的吸收光谱比较简单，特征性不强，紫外-可见吸收光谱法的定性分析有一定的局限性。无机元素一般不用该方法定性分析，而主要是用发射光谱来进行定性分析。有机化合物的紫外吸收光谱，只反映结构中生色团和助色团的特性，不完全反映分子特性。

1）未知试样的鉴定

未知试样的鉴定一般采用比较光谱法，即在相同的测定条件下，比较待测物与已知标准物的吸收曲线，如果它们的吸收曲线完全相同，则可初步认为是同一物质。

如果没有标准物，则可以借助汇编的各种有机化合物的紫外-可见标准图谱及有关的电子光谱的文献资料进行比较。使用与标准图谱比较的方法时，对仪器准确度、精密度要求较高，操作时测定条件要完全与文献规定的条件相同，否则可靠性差。

2）推测化合物的分子结构

① 推测化合物所含的官能团。先将试样尽可能提纯，绘制出化合物的紫外-可见吸收光谱，根据光谱特征对化合物进行初步推断。如果该化合物在紫外-可见光区无吸收峰，则可能不含双键或共轭体系，而可能是饱和化合物；如果在 210～250 nm 有强吸收带，表明它含有共轭双键；若在 260～250 nm 有强吸收带，可能有 3～5 个共轭单位。如在 260 nm 附近有中吸收且有一定的精细结构，则可能为苯环。如果化合物有许多吸收峰，甚至延伸到可见光区，则可能为一长链共轭化合物或多环芳烃。按一定的规律进行初步推断后，能缩小该化合物的归属范围，还需要其他方法才能得到可靠结论。

② 确定有机化合物的构型和构象。采用紫外光谱法，可以确定一些化合物的构型和构象。一般来说，顺式异构体的最大吸收波长比反式异构体小，因此有可能用紫外光谱法

进行区别。例如，在顺式肉桂酸和反式肉桂酸中，顺式空间位阻大，苯环与侧链双键共平面性差，不易产生共轭；反式空间位阻小，双键与苯环在同一平面上，容易产生共轭。因此，反式的最大吸收波长$\lambda_{max}=295$ nm（$\varepsilon_{max}=7\ 000$），而顺式的最大吸收波长$\lambda_{max}=280$ nm（$\varepsilon_{max}=13\ 500$）。

反式　　　　顺式

采用紫外光谱法，还可以对某些同分异构体进行判别。例如，乙酰乙酸乙酯有酮式和烯醇式间的互变异构体：

$$CH_3-\overset{\overset{\displaystyle O}{\|}}{C}-CH_2-\overset{\overset{\displaystyle O}{\|}}{C}-OC_2H_5 \rightleftharpoons CH_3-\overset{\overset{\displaystyle OH}{|}}{C}=C-CH-\overset{\overset{\displaystyle O}{\|}}{C}-OC_2H_5$$

酮式　　　　烯醇式

酮式没有共轭双键，在 206 nm 处有中吸收；而烯醇式存在共轭双键，在 245 nm 处有强吸收。因此可以根据它们的紫外吸收光谱来判别。

紫外光谱也可用于确定构象，如α-环己酮有如下两种构象：化合物Ⅰ中的 C-X 键为直立键，而化合物Ⅱ的 C-X 键为平伏键。前者的羰基上的π电子与σ电子重叠较后者为大，因而化合物Ⅰ的 λ_{max} 比化合物Ⅱ的要大。因此，可以区别直立键与平伏键，从而确定待测物的构象。

化合物Ⅰ　　　　化合物Ⅱ

3）纯度检查

如果某化合物在紫外光区没有吸收峰，而其中的杂质有较强的吸收，就可以方便地检出该化合物中的痕量杂质。例如，要检出甲醇或乙醇的杂质苯，可利用苯在 256 nm 波长处的 B 吸收带，而甲醇或乙醇在此波长处几乎没有吸收。因此，只要观察在 256 nm 处有无苯的吸收峰，即可知道是否含有苯杂质。

如果某化合物在可见区或紫外区有较强的吸收带，有时可用摩尔吸光系数来检查其纯度。

另外，通过观察紫外吸收光谱还可以判断双键是否移动。因为不共轭的双键具有典型的烯键紫外吸收带，其所在波长较短；共轭双键谱带的波长较长，且共轭键越多，吸收谱带波长越长。

2. 定量分析

紫外分光光度定量分析与可见分光光度定量分析的定量依据和定量方法相同，也是利用比尔－朗伯定律，这里不再详述。但值得注意的是，在进行紫外定量分析时应选择好测定波长和溶剂。通常情况下一般选择 λ_{max} 作测定波长，若在 λ_{max} 处共存的其他物质也有吸收，则应另选 ε 较大，而共存物质没有吸收的波长作测定波长。选择溶剂时要注意所用溶剂在波长处应没有明显的吸收，而且对被测物溶解性要好，不与被测物发生作用，不含干扰测定的物质。

2.1.6 紫外－可见光谱法的特点及应用范围

利用物质分子对紫外光的选择性吸收特性，采用紫外分光光度计测定物质对紫外光的吸收程度而进行定性定量分析的方法，称为紫外分光光度法。紫外分光光度法是在 200～400 nm 紫外光区进行测定的。

利用物质分子对可见光的选择性吸收特性，采用可见分光光度计测量有色溶液对可见光的吸收程度以确定组分含量的方法，则称为可见分光光度法。有色溶液可见光的吸收程度，反映了溶液颜色的深浅，故也反映了其浓度的大小。可见分光光度法波长测量范围是 400～780 nm。由此可见，紫外分光光度法与可见分光光度法的区别只是在于波长范围不同而已，通常将紫外分光光度法和可见分光光度法统称为紫外－可见分光光度法。

1. 紫外－可见分光光度法的特点

1）灵敏度高

适用于微量组分的测定，一般可测定 10^{-6} g 级的物质，其摩尔吸光系数可达 10^4～10^5 数量级。

2）准确度高

其相对误差一般在 2%～5%，若使用高档精密仪器，则可达 1%～3%。其准确度虽然不如化学分析中的滴定法和称量法，但在微量分析中可以满足要求。

3）仪器价格较低，方法简便

紫外－可见分光光度计或可见分光光度计结构相对简单，仪器操作容易，价格相对便宜，分析速度快。

4）通用性强，应用广泛

紫外－可见分光光度法不仅可以用于有色溶液的测定，而且可用于在紫外区有吸收的无色组分；大多数无机组分及有机物都可以直接或间接地用该法测定。

2. 紫外－可见分光光度法的应用范围

紫外－可见分光光度法不仅可以用来对物质进行定性分析及结构分析，而且还可以进行定量分析及测定某些化合物的物理化学数据等，如相对分子量、络合物的络合比及稳定常数和电离常数等。

任务2.2 紫外-可见分光光度计

2.2.1 紫外-可见分光光度计的结构与原理

紫外-可见分光光度计类型很多，但就其结构而言，都是由五大部件组成的，即光源、单色器、吸收池、检测器和输出系统（如图2-8所示）。

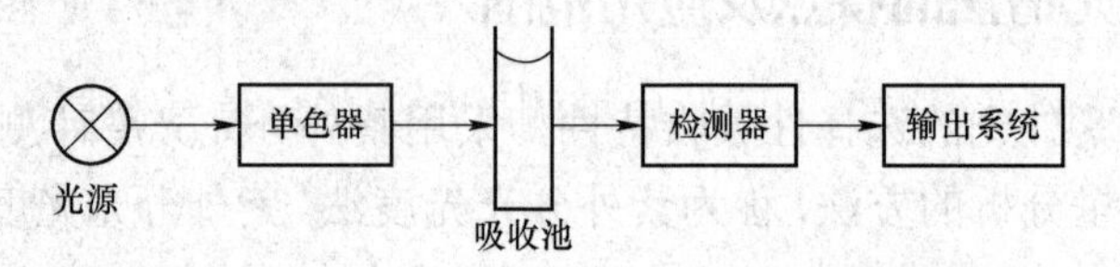

图2-8 紫外-可见分光光度计的基本结构

1. 光源

光源的作用是发射一定强度的紫外-可见光以照射样品溶液。

分光光度计对光源的基本要求：有能发射足够强度且稳定的、具有连续光谱的光源。为得到全波长范围（200～800 nm）的光，使用分立的双光源，其中氢灯或氘灯的波长为150～400 nm（提供紫外光源），钨灯的为350～800 nm（提供可见光源）。绝大多数仪器都通过一个动镜实现光源之间的平滑切换，可以平滑地在全光谱范围扫描。

2. 单色器

单色器的作用是从光源发出的连续光谱中分离出所需要的波段足够狭窄的单色光，它是分光光度计的关键部件。单色器由狭缝、准直镜及色散元件组成，单色器光路示意图如图2-9所示。

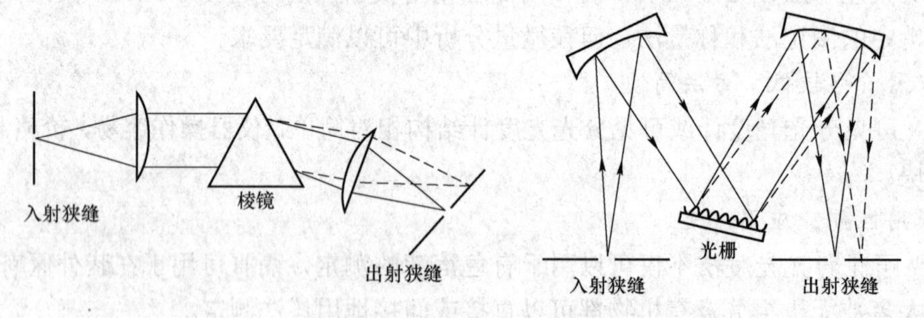

图2-9 单色器光路示意图

聚集于进光狭缝的光，经准直镜变为平行光，投射于色散元件（作用是使各种不同波长的复合光分散为单色光），再由准直镜将色散后各种不同波长的平行光聚集于出射狭缝面上，形成按波长排列的光谱。转动色散元件的方位，可使所需波长的单色光从出射狭缝分出。

3. 吸收池

吸收池又称比色皿或样品池，是分光光度分析中盛放样品的容器。

吸收池有玻璃吸收池和石英吸收池两种。玻璃吸收池不能透光紫外光，只能用于可见光区。可见光区应选用玻璃吸收池，紫外光区则选用石英吸收池。

用作盛空白溶液的吸收池与盛试样的吸收池应互相匹配，即有相同的厚度与相同的透光性。在测定吸光系数或利用吸光系数进行定量测定时，还要求吸收池有准确的厚度（光程）。吸收池根据厚度（光程）分为 0.5 cm、1.0 cm、2.0 cm、3.0 cm 等规格，常用的是 1 cm 规格的吸收池。

4. 检测器

检测器的作用是将接收到的光信号转变为电信号，常用的检测器通常为光电管或光电倍增管。理想的检测器应灵敏、响应快。

5. 输出系统

由于透过样品溶液的光很微弱，因此由检测器产生的电信号也是很微弱的，需要放大才能测量出来，放大后的信号以一定方式显示或输出。数据处理为计算机工作站，显示系统包括电表指针、数字显示、荧光屏显示等。

2.2.2 紫外－可见分光光度计的类型及特点

紫外－可见分光光度计主要分为单波长分光光度计和双波长分光光度计两类，其中单波长分光光度计又分为单光束分光光度计和双光束分光光度计两种。

1. 单波长分光光度计

1）单光束分光光度计

单光束分光光度计只有一束单色光，一个吸收池，一个接收器（如图 2－10 所示）。经单色器分光后的一束平行单色光，轮流通过参比溶液和试样溶液，以进行吸光度的测定。这种简易型分光光度计结构简单，操作方便，易于维修，适用于对特定波长的吸收进行定量分析。

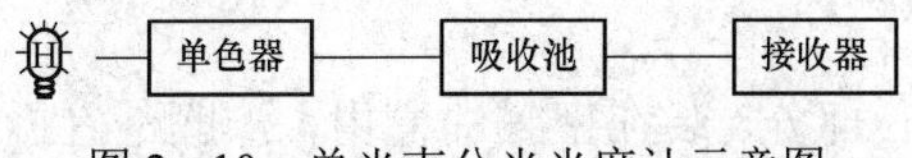

图 2－10 单光束分光光度计示意图

2）双光束分光光度计

从光源发出的光经单色器分光后，分成两束光，交替通过参比溶液和试样溶液，测得的是透过试样溶液和参比溶液的光信号强度之比。双光束分光光度计示意图如图 2－11 所示。此类分光光度计的光源波动、杂散光、电噪声的影响能部分抵消，主要应用在待测溶液和参比溶液的浓度随时间变化而变化的实验中，能随时跟踪，抵消相应浓度的变化而给测试结果带来的影响。

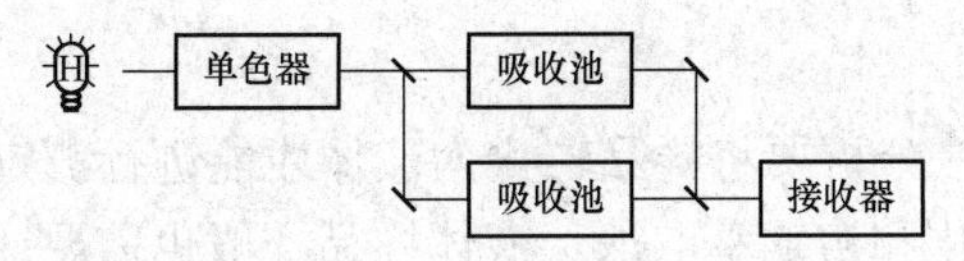

图 2－11 双光束分光光度计示意图

2. 双波长分光光度计

由同一光源发出的光被分成两束，分别经过两个单色器，得到两个不同波长的单色光 λ_1 和 λ_2，由斩光器并束，使其交替入射到同一吸收池，由光电倍增管检测信号，得到的信号经过处理后转化为两波长处吸光度之差 ΔA。双波长分光光度计主要适用于试样的多组分测量。双波长分光光度计示意图如图 2－12 所示。

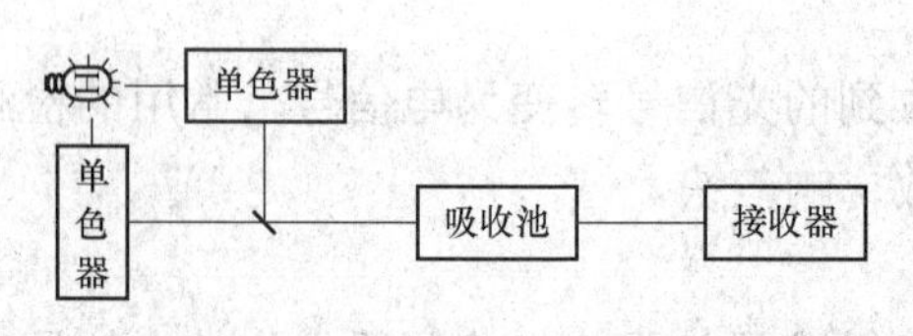

图 2－12　双波长分光光度计示意图

2.2.3　紫外－可见分光光度计的日常维护

正确安装、使用和保养对保持仪器良好的性能和保证测试的准确度有重要作用。

1. 仪器工作环境的要求

紫外－可见分光光度计应安装在稳固的工作台上，仪器周围不应有强磁场，应远离电场以及发生高频波的电器设备，室内温度宜保持在 15～28 ℃。室内应干燥，相对湿度宜控制在 45%～65%。室内应无腐蚀性气体（如 SO_2、NO_2 及酸雾等），应与化学分析准备室隔开，室内光线不宜过强。

2. 仪器保养和维护方法

① 仪器工作电源一般允许 220 V±10%的电压波动。为保持光源灯和检测系统的稳定性，在电源电压波动较大的实验室最好配备稳压器（有过电压保护）。

② 为了延长光源使用寿命，在不使用时不要开光源灯。如果光源灯亮度明显减弱或不稳定，应及时更换新灯。

③ 单色器是仪器的核心部分，装在密封的盒内，一般不宜拆开，要经常更换单色器盒内的干燥剂，防止色散元件受潮生霉。

④ 必须正确使用吸收池，保护吸收池光学面。

⑤ 光电器件不宜长时间曝光，应避免强光照射或受潮积尘。

任务 2.3　紫外－可见分光光度法实验技术

2.3.1　样品的制备

紫外－可见分光光度法分析要将样品转化为液体才能进行测定。固体样品转化为液体可以利用干法消化、湿法消化和溶剂萃取法。液体样品一般也需要通过皂化法、掩蔽法、沉淀法去除干扰物质的影响。

1. 干法消化

干法消化又称灰化法或灼烧法，是指用高温灼烧的方式破坏样品中有机物的方法。此法具体操作是将一定量的固体样品置于坩埚中加热，，使其中的有机物脱水、炭化、分解、氧化，再置于高温电炉中（500～550 ℃）灼烧灰化，直至残灰为白色或浅灰色为止。得到的残灰即为无机成分，可制成溶液供测定。

2. 湿法消化

湿法消化，是指通过加入液态强氧化剂对样品进行加热处理，使样品中的有机物完全氧化分解，呈气态散发，待测成分转化为无机物状态存在于消化液中，供测试用。常用的强氧化剂有浓硝酸、浓硫酸、高氯酸、过氧化氢等。此法是一种常用的无机化法，所需时间短、加热温度低，可减少金属元素的挥发损失；但在消化过程中会起泡并产生有毒气体，故需在通风橱中进行。另外试剂用量大，空白值偏高。消化时可根据不同种类的样品而选用不同性质和特点的消化剂。

3. 皂化法

皂化法是用热碱溶液处理样品提取液，以除去脂肪等干扰杂质。其原理是利用氢氧化钾–乙醇溶液将脂肪等杂质皂化后除去，以达到净化的目的。此法仅适用于对碱稳定的被测组分的分离。

4. 掩蔽法

掩蔽法是通过向样品中加入某种试剂，与试样中的干扰成分相互作用，使干扰成分转变为不干扰测定的状态，即被掩蔽起来，使测定正常进行的过程。用以产生掩蔽作用的试剂称为掩蔽剂。常用的掩蔽剂有络合掩蔽剂和氧化还原掩蔽剂，如酒石酸盐和柠檬酸盐、三乙醇胺等。在选用掩蔽剂时要注意掩蔽剂的性质和加入时的条件，另外加入掩蔽剂的量要适当。此法的最大优点是可免去分离操作，使分析步骤大大简化，常用于金属元素的测定。

5. 沉淀法

沉淀法是利用沉淀反应进行分离的方法。其原理是在试样中加入适当的沉淀剂，使被测组分沉淀下来，或将干扰组分沉淀下来，经过过滤或离心将沉淀与母液分开，从而达到分离的目的。

2.3.2 显色剂的选择及显色条件的选择

在进行可见分光光度分析时，有些物质本身是有颜色的，对可见光区的光有较强吸收作用，可以直接测定其吸光度，但大多数情况下待测物质是无色的，对可见光不产生吸收或吸收不大，这就需要加入显色剂与其定量反应生成稳定的有色化合物，再进行测量，由有色化合物的浓度得到待测物的浓度。因此选择合适的显色剂就非常重要。

1. 显色剂的选择

常见的显色反应有配位反应、氧化还原反应以及增加生色基团的衍生化反应等，以配位反应应用最广。显色剂一般应满足以下要求：

第一，反应生成物及有色物质在紫外、可见光区有强吸收，且反应有较高的选择性。

第二，反应生成物应当稳定性好，显色条件易于控制，反应重现性好。

第三，对照性要好，显色剂与有色生成物的最大吸收峰波长应距离 60 nm 以上。

能同时满足上述条件的显色剂不是很多，因此要在初步选定显色剂后，认真研究显色反应条件。显色剂主要有无机显色剂和有机显色剂两大类。

1）无机显色剂

许多无机显色剂能与金属离子发生显色反应，但由于灵敏度不高、选择性较差等原因，具有实用价值的并不多。常用的无机显色剂主要有硫氰酸盐、钼酸铵、氨水以及过氧化氢等。

2）有机显色剂

有机显色剂与金属离子形成的配合物的稳定性、灵敏度和选择性都比较高，而且有机显色剂的种类较多，实际应用广，常用的有机显色剂有磺基水杨酸、邻二氮菲、双硫腙、二甲酚橙等。

2. 显色条件的选择

紫外–可见分光光度法是测定显色反应达到平衡后溶液的吸光度，因此要想得到准确的结果，必须了解影响显色反应的因素，控制适当的条件，保证显色反应完全和稳定。显色条件注意以下方面。

1）显色剂用量

假设 M 为被测物质，R 为显色剂，MR 为反应生成的有色配合物，则显色反应可用下式表示

M（被测物质）+R（显色剂）=MR（有色配合物）

待测组分与显色剂的反应通常都是可逆的，因此为了使待测组分尽量转变成有色物质，应当增加显色剂的用量。对于稳定性好的有色化合物，显色剂只要稍许过量就足够了，而如果有色化合物离解度较大，则显色剂要过量较多或严格控制用量。但要注意，并不是显色剂越多越好，过多加入显色剂有时会引起副反应，影响测定。如果显色剂本身有颜色，过多加入会增加空白值，使灵敏度降低。所以显色剂的用量必须适量。

显色剂的用量可以通过实验确定。具体做法是：保持待测物质的浓度和其他条件不变，配制一系列不同浓度的显色剂溶液 c_R，分别测定其吸光度 A，通过作 $A-c_R$ 曲线，寻找适宜的 c_R 范围。

2）显色时间

显色反应速度有差异，有的显色反应可以很快进行完全，即在显色后可立即测定吸光度。有的显色反应进行缓慢，需经过一段时间才能达到稳定的吸光度值。而有些时候吸光度达到一个峰值后又慢慢降低。所以对于不同的显色反应，必须通过实验，作出一定温度（一般是室温）下的吸光度–时间关系曲线，选择适宜的显色时间与稳定时间。

3）显色温度

多数显色反应速度很快，在室温下即可进行。只有少数显色反应速度较慢，需加热以促使其迅速完成。但温度太高可能使某些显色剂分解。故适宜的温度也通过实验由吸光度–温度关系曲线图来确定。

4）溶液酸度

溶液酸度对显色反应的影响是多方面的，许多显色剂本身就是有机弱酸，如磺基水杨酸、铝试剂、二甲酚橙、双硫腙等，它们在水溶液中存在弱酸生物电离平衡，酸度变化会影响它们的电离平衡和显色反应能否进行完全，另外，它会影响显色剂颜色、被测金属离子的存在状态以及

配合物的组成。例如，邻二氮菲与 Fe^{2+} 反应，如果溶液酸度太高，将发生质子化副反应，降低反应完全度；而酸度太低，Fe^{2+} 又会水解甚至生成沉淀。所以，测定时必须通过实验作 $A-pH$ 曲线，确定适宜的酸度范围。控制溶液酸度的有效办法是加入适宜的 pH 缓冲溶液。

2.3.3 测量条件的选择

1. 试样浓度的选择

比尔–朗伯定律只适用于稀溶液，为了得到准确的测定结果，宜在试样浓度符合比尔–朗伯定律而且在仪器的线性范围内测定。一般试样的浓度应控制在使其吸光度为 0.20～0.80（相当于透光率为 65%～15%）。实验和公式推导已经证明，试样浓度控制在吸光度为 0.434（透光率为 36.8%）时，仪器测量误差最小。当试样浓度控制在吸光度为 0.20～0.80 时，仪器测量误差小于 2%。实际工作中也可以同时通过选用厚度不同的吸收池来调整待测溶液吸光度，使其在适宜的吸光度范围内。

2. 入射光波长的选择

入射光波长选择的依据是吸收曲线，一般以最大吸收波长 λ_{max} 为测量的入射光波长。这是因为在此波长处 ε 最大，测定的灵敏度最高，而且在此波长处吸光度有一较小的平坦区，能够减少或消除由于单色光不纯而引起的对比尔–朗伯定律的偏离，从而提高测定的准确度。但如果在 λ_{max} 处有共存离子的干扰，则应考虑选择灵敏度稍低但能避免干扰的入射光波长。选择入射光波长的原则是“吸收最大、干扰最小”。有时为了测定高浓度组分，也选用灵敏度稍低的吸收峰波长作为入射波长，以保证其标准曲线有合适的线性范围。

3. 参比溶液的选择

在测量试样溶液的吸光度时，先要根据被测试样溶液的性质，选择合适的参比溶液调节其吸光度为 100%，并以此消除试样溶液中其他成分和吸光池等对光的反射及吸收所带来的误差。通常参比溶液的选择有以下几种方法。

1）溶剂参比

如果仅待测物与显色剂反应的产物有色，而试剂与待测物均无色时，可用纯溶剂作参比溶液，称为溶剂空白，常用蒸馏水作参比溶液。

2）试剂参比

当试样溶液无色，而显色剂及试剂有色时，可用不加试样的显色剂和试剂的溶液作参比溶液，称为试剂空白。

3）试样溶液参比

如果试样中其他共存组分有吸收，但不与显色剂反应，且外加试剂在测定波长无吸收时，可用试样溶液作参比溶液。这种参比溶液可以消除试样中其他共存组分的影响。

4）平行操作溶液参比

当操作过程中由于试剂、器皿、水和空气等因素引入了一定量的被测试样组分的干扰离子，可按与测量被测试样组分完全相同的操作步骤，用不加入被测组分的试样进行平行操作，以消除操作过程中引入干扰杂质所带来的误差。

总之，应根据待测组分的性质，选择合适的参比溶液，尽可能抵消各种共存有色物质的干扰，使测得的吸光度真正反映待测组分的浓度。

2.3.4 共存离子的干扰和消除方法

在紫外－可见分光光度分析中，共存离子的干扰是客观存在的。试样中存在干扰物质会影响测定。例如，干扰物质本身有颜色或与显色剂反应，在吸光度测量时也有吸收，造成干扰。干扰物质与被测组分反应或与显色剂反应，使显色反应不完全，也会造成干扰。干扰物质在测量条件下从溶液中析出，使溶液变混浊，无法准确测定溶液的吸光度。为了消除干扰物质的影响，可采取以下几种方法。

1. 控制显色溶液的酸度

这是消除共存离子干扰的一种简便而重要的方法，可以通过控制酸度来提高反应的选择性。控制酸度使待测离子显色，而干扰离子不生成有色化合物。例如：用磺基水杨酸测定 Fe^{3+} 时，若 Cu^{2+} 共存，此时 Cu^{2+} 也能与磺基水杨酸形成黄色配合物而干扰测定。若溶液酸度控制在 pH＝2.5，此时 Fe^{3+} 能与磺基水杨酸形成配合物，而 Cu^{2+} 就不能，这样就能消除 Cu^{2+} 的干扰。

2. 加入掩蔽剂

加入掩蔽剂使其只与干扰离子反应，生成不干扰测定的配合物。如测定 Ti^{4+} 吸光度时，可加入 H_3PO_4 作掩蔽剂，使共存的 Fe^{3+}（黄色）生成无色的 $[Fe(PO_4)_2]^{3-}$，消除干扰。

3. 利用氧化还原反应，改变干扰离子价态

利用氧化还原反应改变干扰离子价态，使干扰离子不与显色剂反应，以消除共存组分的干扰。

4. 改变测定波长

在一般情况下，选用待测吸光物质的最大吸收波长作为入射波长。但是，如果最大吸收峰附近有干扰存在（如共存离子或所使用试剂有吸收），则在保证有一定灵敏度情况下，可以选择吸收曲线中其他波长进行测定，以消除干扰。例如，在 $\lambda_{max}=525$ nm 处测定 MnO_4^-，共存离子 $Cr_2O_7^{2-}$ 产生吸收干扰，此时改用 545 nm 作为测量波长，虽然测得 MnO_4^- 的灵敏度略有下降，但在此波长下 $Cr_2O_7^{2-}$ 不产生吸收，干扰被消除。

5. 选择合适的参比溶液

选用适当的参比溶液可消除显色剂和某些共存离子的干扰。

6. 分离干扰离子

在上述方法不宜采用时，可采用沉淀、离子交换或溶剂萃取等分离方法除去干扰离子。

2.3.5 定量方法

紫外－可见分光光度法定量的依据是比尔－朗伯定律，即一定范围内，物质在一定波长处的吸光度与它的浓度呈线性关系。因此，在相应范围内，通过测定溶液对一定波长入射光的吸光度，即可求出溶液中物质的浓度和含量。

1. 单组分测定

1）标准曲线法

标准曲线法又称工作曲线法，这是实际工作中用得最多的一种定量方法。工作曲线绘制方法的具体步骤如下：

① 配制标准系列溶液。用已知的标准样品配制成一系列不同浓度的标准溶液（至少 4 种浓度，一般是 5 种浓度）。

② 测定吸光度。以空白溶液为参比溶液，在适当波长（通常为λ_{max}）下，分别测定各标准溶液的吸光度 A。

③ 作图。以标准溶液浓度为横坐标，吸光度为纵坐标，在坐标纸上或用 Excel 作图，绘制 $A-c$ 曲线，即为标准曲线。

④ 按与配制标准溶液相同的方法配制待测试液。在相同条件下测量试液的吸光度，然后在此工作曲线上查出待测组分的浓度。

2）标准对照法

标准对照法又称标准比较法，在标准曲线法中，若只有一个标准溶液时，则可用标准比较法。在相同的条件下配制样品溶液和标准品溶液，在所选波长处同时测定它们的吸光度 A_x 及 A_s，由标准溶液的浓度 c_s 可计算出样品溶液中被测物质的浓度 c_x。

据比尔–朗伯定律有：

$$A_s=kc_s,\ A_x=kc_x,$$

两式相比，得

$$c_x=c_s\frac{A_x}{A_s} \tag{2-15}$$

然后再根据样品的称量及稀释情况计算得到样品的百分含量。

这种方法比较简单，但是只有在测定的范围内溶液完全遵守比尔–朗伯定律，并且在 c_x 与 c_s 浓度相接近时，才能得到较为准确的实验结果。

3）吸光系数法

吸光系数是物质的特性常数，只要测定条件（包括溶液的浓度与酸度、单色光纯度等）未引起朗伯定律偏离，就可根据测得的吸光度来求浓度。常用于定量的是百分吸光系数 $E_{1cm}^{1\%}$。根据比尔–朗伯定律

$$A=E_{1cm}^{1\%}Lc \tag{2-16}$$

则有

$$c=\frac{A}{E_{1cm}^{1\%}L}$$ （此法应用的前提是可测得或已知物质的 $E_{1cm}^{1\%}$）

［例 2-2］维生素 B_{12} 注射液浓度的测定。

精密量取维生素 B_{12} 注射液 2.5 mL，加水稀释至 10 mL。另配制 B_{12} 标准液，精密称取 B_{12} 标准品 25 mg，加水稀释至 1 000 mL。在 361 nm 处，用 1 cm 吸收池，分别测得吸光度为 0.508 和 0.518，求维生素 B_{12} 注射液的浓度以及标示量的百分含量（此维生素 B_{12} 注射液的标示量是 100 μg/mL；维生素 B_{12} 水溶液在 361 nm 处的 $E_{1cm}^{1\%}$ 为 207）。

解：① 使用标准对照法计算：

$$c_x=c_s\frac{A_x}{A_s}$$

$$c_x' \times \frac{2.5}{10} = \frac{\frac{25\times 1000}{1000}\times 0.508}{0.518} = 98.1\ \mu g \cdot mL^{-1}$$

$$维生素B_{12}标示量 = \frac{c_x}{标示量}\times 100\% = \frac{98.1}{100}\times 100\% = 98.1\%$$

② 使用吸光系数法计算：

$$c = \frac{A}{E_{1cm}^{1\%} b}$$

$$c_x \times \frac{2.5}{10} = \frac{0.508}{207\times 1} = 98.1\ \mu g \cdot mL^{-1}$$

$$维生素B_{12}标示量 = \frac{c_x}{标示量}\times 100\% = \frac{98.1}{100}\times 100\% = 98.1\%$$

在具体的测定中，目前中国药典中大多数药品用吸光系数法定量，也有部分采用标准对照法定量。吸光系数法较简单、方便，但使用不同型号的仪器测定会带来一定的误差。标准对照法能够排除仪器带来的一些误差，但必须采用国家有关部门提供的测定所需的标准对照品。

2. 多组测定

多组分是指在被测溶液中含有两个或两个以上的吸光组分。根据吸光度的加和性，利用紫外－可见分光光度法也可不经分离测定样品中两种或多种组分的含量。但是，利用此法进行多组分的测定时，要求各组分间彼此不能发生反应；同时，每一组分都应在某一波长范围内遵从比尔－朗伯定律。

假定溶液中存在 A、B 两种组分，在一定条件下将其转化为有色物质，分别绘出吸收曲线，会有三种情况（如图 2－13 所示）。

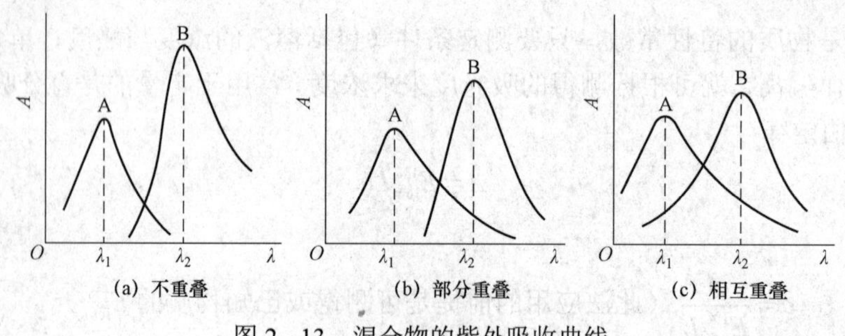

图 2－13　混合物的紫外吸收曲线

① 若两组分的吸收曲线不重叠，如图 2－13（a）所示，说明 A、B 两组分互不干扰，因此可分别在 λ_{max}^{A} 及 λ_{max}^{B} 处测定 A、B 组分的吸光度，从而求出各自的浓度。

② 若两组分的吸收曲线部分重叠，如图 2－13（b）所示，则 A、B 组分彼此会互相干扰，此时可在 λ_{max}^{A} 及 λ_{max}^{B} 处分别测定 A、B 两组分的总的吸光度 $A_{\lambda_{max}^{A}}^{A+B}$（简记作 A_1）和 $A_{\lambda_{max}^{B}}^{A+B}$（简记作 A_2），然后再根据吸光度的加和性联立方程，求得各组分的浓度。

$$A_1 = \varepsilon_1^{A} L c_A + \varepsilon_1^{B} L c_B$$

$$A_2 = \varepsilon_2^{A} L c_A + \varepsilon_2^{B} L c_B$$

式中 ε_1^A、ε_1^B、ε_2^A、ε_2^B 分别为组分 A 和 B 在波长 λ_{max}^A 及 λ_{max}^B 处的摩尔吸光系数，其值可由已知准确浓度的纯组分 A 和纯组分 B 在两个波长处测得，求解联立方程，即可得到 A、B 组分的浓度 c_A 与 c_B。对于更多组分的复杂体系，可用计算机处理测定结果。但应该指出，随着测量组分的增多，实验结果的误差也将增大。

③ 若两组分的吸收曲线完全重叠，如图 2-14（c）所示，很显然已不能使用单纯的单波长分光光度法，应设法把其中一个组分的吸收度设法消去，采取的措施是使用双波长测定法。双波长分光光度法需要两个单色器获得两束单色光（λ_1 和 λ_2），不需要空白溶液作参比，而以参比波长 λ_1 处的吸光度 A^{λ_1} 作为参比来消除干扰。在分析浑浊或背景吸收较大的复杂试样时显示出很大的优越性，灵敏度、选择性、测量精密度等方面都比单波长法有所提高。

以测定 a 消去 b 为例，通过下列公式可计算出试样中待测物质的浓度

$$\Delta A = A_2 - A_1 = A_2^a - A_1^a = (E_2^a - E_1^a)c_a L \qquad (2-17)$$

由此可见，测得的吸光度 ΔA 只与待测组分 a 的浓度呈线性关系，而与干扰组分 b 无关。若 a 为干扰组分，则可用同样的方法测定 b 组分。

项目小结

紫外-可见吸光光度法是基于物质对光的选择性吸收而建立以来的一种分析方法，该方法的特点是灵敏度高，操作简单，快速。其仪器设备简单，应用广泛，准确度高，是测量微量及痕量组分的常用方法。本项目对紫外-可见分光光度法的基本原理（包括光的基本特性及光吸收定律）、紫外-可见分光光度计（由光源、单色器、吸收池、检测器及输出系统构成，包括单光束分光光度计、双光束分光光度计和双波长分光光度计）以及紫外-可见分光光度法实验技术进行了介绍。本章基本概念比较多，在学习时要掌握这些基本概念：透光率、吸光度、吸光系数、比尔-朗伯定律、电子跃迁以及电子跃迁类型、生色团、助色团、红移、蓝移等。

吸光光度法包含可见分光光度法和紫外分光光度法，都是以物质对光的选择性吸收为基础的分析方法，比尔-朗伯定律是其定量分析的基础。在学习本章时要理解此定律的意义及此定律适用的条件，并理解吸光光度法利用标准曲线法对物质中组分进行含量测定时，其理论基础实际上就是比尔-朗伯定律。

在学习可见分光光度法时，重点是选择合适的条件使测量相对误差达到最小，提高测量的准确度，包括显色剂的选择及显色条件的选择、测量条件的选择（主要包括试样浓度、入射光波长、参比溶液的选择、共存离子的消除。

在学习紫外-可见分光光度法时，要了解其基本概念和理论基础，其定性和定量的方法与可见分光光度法基本是一致的，但紫外吸收光谱的产生原理有其特性，其紫外吸收光谱与化合物的分子结构有关系，其吸收光谱的形状及吸收峰的位置可作为化合物定性的依据。

练习题

一、选择题

1. 物质的吸收-可见光谱的产生是由于（　　）。

A. 分子的振动　　B. 分子的转动

C. 原子核外层电子的跃迁　　D. 原子核内层电子的跃迁

2. 分子运动包括电子相对原子核的运动（$E_{电子}$）、核间相对位移的振动（$E_{振动}$）和转动（$E_{转动}$），这三种运动的能量大小顺序为（　　）。

A. $E_{电子}>E_{振动}>E_{转动}$　　B. $E_{电子}>E_{转动}>E_{振动}$

C. $E_{转动}>E_{电子}>E_{振动}$　　D. $E_{振动}>E_{转动}>E_{电子}$

3. 所谓的紫外区，一般所指的波长范围是（　　）。

A. 200～400 nm　　B. 400～800 nm

C. 800～1 000 nm　　D. 10～200 nm

4. 符合比尔－朗伯定律的有色溶液，当有色物质的浓度增加时，最大吸收波长和吸光度分别（　　）。

A. 增加、不变　　B. 减少、不变　　C. 不变、增加　　D. 不变、减少

5. 在分光光度法中，宜选用的吸光度读数范围为（　　）。

A. 0～100　　B. 0～1　　C. 0.2～0.8　　D. 0～∞

6. 用实验方法测定某金属配合物的摩尔吸收系数 ε，测定值的大小决定于（　　）。

A. 入射光强度　　B. 比色皿厚度

C. 配合物的性质　　D. 配合物的浓度

7. 若显色剂为无色，而被测溶液中存在其他有色离子干扰，在分光光度法分析中，应采用的参比溶液是（　　）。

A. 蒸馏水　　B. 显色剂

C. 试剂空白溶液　　D. 不加显色剂的被测溶液

8. 下列因素对比尔－朗伯定律不产生偏差的是（　　）。

A. 改变吸收光程长度　　B. 溶质的离解作用

C. 溶液的折射指数增加　　D. 杂散光进入检测器

9. 有 A、B 两份不同浓度的有色溶液，A 溶液用 1.0 cm 吸收池，B 溶液用 3.0 cm 吸收池，在同一波长下测得的吸光度相等，则它们的浓度关系为（　　）。

A. A 溶液是 B 溶液的 1/3　　B. A 溶液等于 B 溶液

C. B 溶液是 A 溶液的 3 倍　　D. B 溶液是 A 溶液的 1/3

10. 双光束分光光度计与单光束分光光度计相比，其突出优点是（　　）。

A. 可以抵消吸收池所带来的误差　　B. 可以抵消因光源的变化而产生的误差

C. 可以采用快速响应的检测系统　　D. 可以扩大波长的应用范围

二、填空题

1. 吸光度法进行定量分析的依据是________，用公式表示为____________。

2. 一有色溶液对某波长光的吸收遵守比尔－朗伯定律，当选用 2.0 cm 的比色皿时，测得透光率为 T，若改用 1.0 cm 的比色皿时，则透光率应为________。

3. 有色溶液对光有选择性的吸收，为了使测定结果有较高的灵敏度，测定时选择吸收波长应在__________处，有时选择肩缝为测量波长是因为__________。

4. 显色剂 R 与金属离子 M 形成有色配合物 MR，一般要求对比度 $\Delta\lambda=\lambda_{max,\ MR}-\lambda_{max,\ R}=$

________。

5. 在紫外–可见吸收光谱中，溶剂的极性不同，对吸收带影响不同。通常，极性大的溶剂使π→π*跃迁的吸收带________，而对 n→π*跃迁的吸收带，则________。

三、计算题

1. 现取某含铁试液 2.00 mL 定容至 100 mL，从中吸取 2.00 mL 显色并定容至 50 mL，用 1 cm 吸收池测得透光率为 39.8%。已知显色络合物的摩尔吸光系数为 1.10×10^4。求该含铁试液中铁的含量（$g\cdot L^{-1}$）。（$M_{Fe}=55.85\ g\cdot mol^{-1}$）

2. 某药物浓度为 $2.0\times10^{-4}\ mol\cdot L^{-1}$，用 1 cm 吸收池，于最大吸收波长 238 nm 处测得其透光度为 20%，试计算其 $E^{1\%}_{1cm,\lambda_{max}}$ 及 ε_{max}。（$M=234\ g\cdot mol^{-1}$）

3. 用分光光度法同时测定某试液中 MnO_4^- 和 $Cr_2O_7^{2-}$ 的含量。用 1 cm 比色皿在 $\lambda_1=440$ nm 处测得水样吸光度 $A=0.365$，在 $\lambda_2=545$ nm 处测得 $A=0.682$。计算试液中 $Cr_2O_7^{2-}$ 和 MnO_4^- 的物质的量浓度（$mol\cdot L^{-1}$）。已知：$Cr_2O_7^{2-}$ 的 $\varepsilon_{\lambda_1,\ Cr_2O_7^{2-}}=370$，$\varepsilon_{\lambda_2,\ Cr_2O_7^{2-}}=11.0$；$MnO_4^-$ 的 $\varepsilon_{\lambda_1,\ MnO_4^-}=93.0$，$\varepsilon_{\lambda_2,\ MnO_4^-}=2\,350$。

四、简答题

1. 在光度法测定中引起偏离比尔–朗伯定律的主要因素有哪些？

2. 比尔–朗伯定律的物理意义是什么？为什么说该定律只适用于稀溶液、单色光？

邻二氮菲分光光度法测微量铁

【实训目的】

1. 掌握用邻二氮菲分光光度法测定铁的原理和方法。

2. 学习吸收曲线和工作曲线的绘制，掌握适宜测量波长的选择。

3. 学习分光光度计的使用方法。

【方法原理】

分光光度法测定铁的显色剂比较多，其中邻二氮菲（又叫邻菲罗啉）作为显色剂，灵敏度较高，稳定性较好，干扰容易消除，因而是目前普遍采用的测定方法。在 pH 为 2～9 的溶液中，邻二氮菲与 Fe^{2+} 反应生成稳定的橙红色配合物。

$$Fe^{2+} + 3\,(\text{phen}) \longrightarrow [(\text{phen})_3Fe]^{2+}$$

其中 $\lg\beta_3=21.3$，最大吸收峰在 510 nm 波长处，摩尔吸光系数 $\varepsilon_{510}=1.1\times10^4\ L\cdot mol^{-1}\cdot cm^{-1}$。如果存在 Fe^{3+}，则可用盐酸羟胺将其还原为 Fe^{2+}。

$$2Fe^{3+} + NH_2OH = 2Fe^{2+} + 2H^+ + N_2\uparrow + 2H_2O$$

在最大吸收波长处，测定橙红色配合物的吸光度。铁含量为 0.1～6 μg·mL^{-1} 时，吸光度与浓度有线性关系，可用标准曲线法测定。为了得到较高准确度，要选择吸光度与浓度有线性关系的浓度范围，测定时尽量使吸光度为 0.2～0.8。此外，吸收池要尽量配套，显色剂加入顺序要一致。

【仪器与试剂】

722 型分光光度计（或 721、752、752 N 型）、棕色容量瓶（50 mL，6 个）、吸量管（5 mL，4 支；10 mL，1 支）、量筒（10 mL）、盐酸羟胺水溶液（10%，临用时配制），邻二氮菲水溶液（0.15%，临用时配制），醋酸钠溶液（1 mol·L^{-1}），镜头纸。

【实训内容】

1. 标准溶液的配制

1）铁标准溶液（10 μg·mL^{-1}）的配制

准确称取 0.863 4 g 硫酸亚铁铵 $(NH_4)_2Fe(SO_4)_2\cdot 12H_2O$ 于 100 mL 烧杯，加入 20 mL 6 mol·L^{-1} HCl 溶液和适量水，溶解后，定量转移至 1 000 mL 容量瓶中，加水稀释至刻度，摇匀，得 100 μg·mL^{-1} 储备液。用时吸取 10.00 mL 稀释至 100 mL，得 10 μg·mL^{-1} 铁标准溶液。

2）系列铁标准溶液的配制

取 6 个 50 mL 容量瓶按 1—6 依次编号，分别加入 10 μg·mL 铁标准溶液 0.00、2.00 mL、4.00 mL、6.00 mL、8.00 mL、10.00 mL，然后加入 1 mL 盐酸羟胺溶液，2.00 mL 邻二氮菲溶液和 5 mL NaAc 溶液（注意：每加入一种试剂都要初步混匀，再加另一种试剂）。最后，用去离子水定容至刻度，充分摇匀，放置 10 min。

2. 吸收曲线的绘制

选用 1 cm 比色皿，以 1 号试剂空白作为参比溶液，取 6 号试液，选择 440～560 nm 波长，每隔 10 nm 测一次吸光度，其中 510 nm 附近每隔 5 nm 测定一次（注意：每改变波长一次，均需用参比溶液将透光率调到 100%，才能测量吸光度）。以所得吸光度 A 为纵坐标，以相应波长 λ 为横坐标，用 Excel 表格绘制 A 与 λ 的吸收曲线，找出最大吸收波长。

3. 标准曲线（工作曲线）的绘制

用 1 cm 比色皿，以试剂空白作为参比溶液，在选定的最大波长下，测定各标准溶液的吸光度。以铁含量为横坐标，吸光度 A 为纵坐标，用 Excel 表格绘制标准曲线。

4. 试样中铁含量的测定

从实验教师处领取含铁未知液一份，吸取 5.0 mL 放入 50 mL 容量瓶中，按以上方法显色，并测其吸光度。此操作应与系列标准溶液显色、测定同时进行。

依据试液的 A 值，从标准曲线上即可查得其浓度，最后计算出原试液中铁的含量（以 μg·mL^{-1} 表示）。

【结果处理】

1. 数据记录

分光光度计型号：

1）吸收曲线的绘制

将测得的数据记在表 2－1 中。

表 2–1 实验记录表（一）

波长/nm	480	490	500	505	507	510	513	515	520	530	540
吸光度											

波长最大值为：

2）标准曲线的绘制与铁含量的测定

将测得的数据记录在表 2–2 中。

表 2–2 实验记录表（二）

	标准溶液					未知液
	1 号	2 号	3 号	4 号	5 号	6 号
吸取体积/mL	0.0	1.0	2.0	5.0	10.0	5.0
w（铁）/（μg · mL^{-1}）	0.00	0.40	0.60	0.80	1.00	
吸光度						

2. 绘制曲线

1）吸收曲线

2）标准曲线

3. 计算未知液中铁的含量

$$c_{铁} = c_{\mathrm{x}} \cdot D \cdot 10^{-6}\ (\mathrm{g \cdot L^{-1}})$$

式中：D——稀释倍数；

c_{x}——未知液吸光度在标准曲线上对应的含铁总量。

【注意事项】

每次改变波长后要都要用参比溶液调透光率为 100%，方可测量相应的吸光度。

【思考题】

在绘制标准曲线时，各点不一定全部在同一直线上，你应该怎样作图？把所有点连在一起可以吗？

水杨酸含量的测定

【实训目的】

1. 了解紫外–可见分光光度计的性能、结构及其使用方法。
2. 掌握紫外–可见分光光度法定性、定量分析的基本原理和实验技术。

【方法原理】

水杨酸，又称邻羟基苯甲酸，为白色结晶性粉末，无臭，味先微苦后转辛。水杨酸易溶于乙醇、乙醚、氯仿、丙酮、松节油等，不易溶于水。

水杨酸是重要的精细化工原料，在医药工业中，水杨酸是一种用途极广的消毒防腐剂；水杨酸具有优秀的“去角质、清理毛孔”能力，安全性高，且对皮肤的刺激较果酸更低，近年来成为保养护肤品的新宠儿。

水杨酸在紫外光区吸收稳定、重现性好，可以利用紫外吸收曲线进行定性分析，利用工作曲线进行定量分析。

【仪器与试剂】

1. 仪器

紫外－可见分光光度计，石英吸收池；容量瓶 100 mL 1 个、50 mL 5 个；刻度吸量管 1 mL、2 mL、5 mL 各 1 支。

2. 试剂

水杨酸对照品（分析纯），60%乙醇溶液。

1）水杨酸标准溶液（100 μg · mL^{-1}）

准确称取 0.1 g 水杨酸置于 100 mL 烧杯中，用 60%乙醇溶解后，转移到 100 mL 容量瓶中，以 60%乙醇稀释至刻度，摇匀，作为储备液（1 mg · mL^{-1}）。再用该储备液稀释成浓度为 100 μg · mL^{-1} 的水杨酸标准溶液。

2）两种（也可以是多种）未知液

未知液均配成 100 μg · mL^{-1} 的待测溶液（其中一种为水杨酸）。

【实训内容】

1. 定性分析（绘制吸收曲线）

用 1 cm 石英吸收池，以 60%乙醇溶液作参比，在波长 200～350 nm 范围内分别测定水杨酸标准溶液和两种未知溶液的吸光度，并作吸收光谱曲线。根据吸收曲线的形状确定哪种未知溶液为水杨酸，并从吸收光谱曲线上确定最大吸收波长作为定量测定时的测量波长。

2. 定量分析

1）工作曲线的绘制

将 6 个 50 mL 干净的容量瓶按 1—6 依次编号，分别准确移取水杨酸标准溶液 0.00、1.00 mL、2.00 mL、4.00 mL、6.00 mL、8.00 mL 于相应编号容量瓶中，用 60%乙醇溶液稀释至刻度，摇匀。以试剂空白作为参比溶液，在选定的最大波长下，测定并记录各溶液的吸光度，然后以浓度为横坐标，以相应的吸光度为纵坐标绘制工作曲线。

2）试液中水杨酸含量的测定

准确移取 2 mL 水杨酸未知液，在 50 mL 容量瓶中定容，在选定的最大波长下测定吸光度，从工作曲线上查得未知溶液的浓度。

【结果处理】

1. 绘制水杨酸标准溶液和未知溶液的吸收曲线，确定哪种未知溶液是水杨酸。

2. 绘制水杨酸标准溶液的标准曲线。

将测得的数据记录在表 2－3 中。

表 2–3 实验记录（三）

编号	1	2	3	4	5	6
标准溶液体积/mL	0.00	1.00	2.00	4.00	6.00	8.00
水杨酸溶液浓度/（$\mu g \cdot mL^{-1}$）	0.00	2.00	4.00	8.00	12.00	16.00
吸光度						

3. 根据标准曲线和样品吸光度查出试液中水杨酸的浓度。

【思考题】

本实验的参比溶液用的是什么物质？

饮料中的防腐剂的测定

【实训目的】

1. 掌握蒸馏操作。
2. 掌握紫外–可见分光光度法测定苯甲酸的方法和原理。

【方法原理】

为了防止食品在储存、运输过程中发生腐败变质，常在食品中添加少量防腐剂。防腐剂使用的品种和用量在食品卫生标准中都有严格的规定，苯甲酸及其钠盐、钾盐是食品卫生标准中允许使用的主要防腐剂，其使用量一般在 0.1%左右。苯甲酸具有芳香结构，在波长 225 nm 和 272 nm 处有 K 吸收带和 B 吸收带。

由于食品中苯甲酸用量很少，同时食品中其他成分也可能产生干扰，因此一般需要预先将苯甲酸与其他成分分离。从食品中分离防腐剂常用的方法有蒸馏法和溶剂萃取法等。本实验采用蒸馏法对鲜橙多中的苯甲酸进行测定，苯甲酸（钠）在 225 nm 处有最大吸收，可在 225 nm 波长处测定标准溶液及样品溶液的吸光度，利用绘制标准曲线法可求出样品中苯甲酸的含量。

【仪器与试剂】

紫外–可见分光光度计、蒸馏装置、无水硫酸钠、磷酸、硫酸、氢氧化钠、重铬酸钾、苯甲酸、鲜橙多。

【实训内容】

1. 样品前处理

准确称取 10.0 g 均匀的样品，置于 250 mL 蒸馏瓶中，加入 1 mL 磷酸、20 g 无水硫酸钠、70 mL 水、三粒玻璃珠进行第一次蒸馏。用预先加有 5 mL 0.1 $mol \cdot L^{-1}$ NaOH 的 50 mL 容量瓶接收馏出液，当蒸馏液收集到 45 mL 时，停止蒸馏，用少量水洗涤冷凝器，最后用水稀释至刻度。

吸取上述蒸馏液 25 mL，置于另一个 250 mL 蒸馏瓶中，加入 25 mL 0.033 $mol \cdot L^{-1}$ $K_2Cr_2O_7$ 溶液，6.5 mL 2 $mol \cdot L^{-1}$ H_2SO_4 溶液，连接冷凝装置，水浴中加热 10 min，冷却，取下蒸馏

瓶，加入 1 mL H_3PO_4、20 g 无水 Na_2SO_4、40 mL 水和 3 颗玻璃珠，进行第二次蒸馏，用预先加有的 5 mL 0.1 mol・L^{-1}NaOH 的 50 mL 容量瓶接收蒸馏液，当蒸馏瓶收集到 45 mL 左右时，停止蒸馏，用少量洗涤冷凝器，最后用水稀释至刻度。

根据样品中苯甲酸含量，取第二次蒸馏液 5～20 mL，置于 50 mL 容量瓶中，用 0.01 mol・L^{-1} NaOH 定容，以 0.01 mol・L^{-1} NaOH 作为对照液，于紫外–分光光度计于 225 nm 处测定吸光度。

2. 标准曲线的制作

取苯甲酸标准溶液 2.00 mL、4.00 mL、6.00 mL、8.00 mL、10.00 mL，分别置于 50 mL 容量瓶中，用 0.01 mol・L^{-1} NaOH 溶液稀释至刻度。以 0.01 mol・L^{-1} NaOH 溶液作为对照液，测定样品标准溶液的紫外可见吸收光谱（测定范围为 200～350 nm），找出 λ_{max}，然后在 λ_{max} 处测定 5 个标准溶液的吸光度 A，绘制标准曲线。

【结果处理】

1. 记录数据

将测得的数据记录在表 2–4 中。

表 2–4 实验记录表（六）

c/（mg・mL^{-1}）	空白						样品
A	0.000						

2. 绘制标准曲线

以浓度为横坐标，吸光度为纵坐标绘制标准曲线。

3. 计算样品中苯甲酸含量

将实验测得的样品吸光度（A_x）从曲线上找出相应的苯甲酸浓度 c_x，按下列公式计算样品中苯甲酸的含量。

$$w=\frac{50c_x}{m\times\frac{25.0}{50.0}\times\frac{V}{50.0}}$$

式中：m——样品的质量（mg）；

V——样品测定时所取得第二次蒸馏液体积（mL）；

c_x——从标准曲线上查得样品溶液中苯甲酸钠的质量浓度（mg・mL^{-1}）。

【思考题】

常用的食品防腐剂有哪些？

甲硝唑片的含量测定

【实训目的】

1. 掌握紫外–分光光度法测定甲硝唑片的原理及操作，并能进行有关计算。

2. 熟练使用紫外–可见分光光度计。

3. 了解排除片剂中常用辅料干扰的操作。

【方法原理】

根据甲硝唑能产生紫外吸收的性质，将甲硝唑片用盐酸溶液配成稀溶液，在甲硝唑的最大吸收波长处测定吸光度，根据比尔–朗伯定律，用吸收系数法计算含量。

【仪器与试剂】

仪器：紫外–可见分光光度计。

试剂：盐酸溶液（9→1 000），即（取盐酸 9 mL，加水适量配制成 1 000 mL 溶液，摇匀）。

【实训内容】

取 10 片甲硝唑片，精密称量，研细，精密称取适量（约相当于甲硝唑 50 mg），置 100 mL 量瓶中，加盐酸溶液（9→1 000）约 80 mL，微温使甲硝唑溶解，加盐酸溶液（9→1 000）稀释至刻度，摇匀，用干燥滤纸滤过，精密量取滤液 5 mL，置 200 mL 量瓶中，加盐酸溶液（9→1 000）稀释至刻度，摇匀。取该溶液置于 1 cm 厚石英吸收池中，以相同盐酸溶液为空白，在 277 nm 波长处测定吸光度，按 $C_6H_9N_3O_3$ 的吸收系数为 377 计算，即得。《中国药典》（2010 版）规定甲硝唑片含甲硝唑（$C_6H_9N_3O_3$）应为标示量的 93.0%～107.0%。

【结果处理】

甲硝唑片占标示量的百分含量可按下式求得：

$$\text{标示量}=\frac{\dfrac{A}{E_{1\text{cm}}^{1\%}\times L}\times\dfrac{1}{100}\times V\times D\times \text{平均片重}}{W\times \text{标示量}}\times 100\%$$

式中：V——供试品溶液原始体积；

D——稀释倍数；

W——称取供试品的质量（g）；

$E_{1\text{cm}}^{1\%}$——波长 277 nm 处的吸收系数，377；

L——吸收池的厚度，1 cm。

【注意事项】

1. 在使用紫外–可见分光光度计时，如果暂停测试应尽可能关闭光路阀门，以保护光电管，以免受光过久而遭损坏。

2. 吸收池在测定前，应用被测试液冲洗 2～3 次，以保证溶液的浓度不变。

3. 吸收池的透光面应保持光洁，拿取吸收池时，只能拿磨砂面，不能拿透光面。吸收池外表需要擦拭时，只能用擦镜纸或白绸布擦，实验结束后吸收池应用水冲洗干净并晾干。

【思考题】

用紫外–可见分光光度法测物质含量时如何保证测定结果的准确性？

项目 3

原子光谱分析技术

知识目标

- 熟悉原子吸收分光光度计的结构和测定原理。
- 掌握火焰法、石墨炉法等定量分析方法。
- 掌握制样技术、分析最佳条件选择等操作技术。
- 了解原子发射光谱法的产生及用途。

能力目标

- 熟练掌握原子吸收分光光度法的样品处理方法。
- 熟练使用原子吸收分光光度计。
- 熟悉标准曲线法与标准加入法在实际样品分析中的应用。

任务 3.1　原子吸收光谱法

3.1.1　概述

原子吸收光谱法（atomic absorption spectrometry，AAS）又称原子吸收分光光度法（简称原子吸收法）。1802 年 W. H. Wollaston 在观察太阳光谱黑线时首次发现了原子吸收现象。1955 年澳大利亚物理学家 A. Walsh 等人发表了《原子吸收光谱在化学分析中的应用》，使原子吸收技术成为一种实用的分析方法。在 20 世纪 60 年代中期，原子吸收光谱法得到迅速发展。

原子吸收光谱分析是基于试样气相中被测元素的基态原子对由光源发出的该原子的特征性窄频辐射产生共振吸收，其吸光度在一定范围内与气相中被测元素的基态原子浓度成正比。根据被测元素原子化方式的不同，可分为火焰原子吸收法和非火焰原子吸收法两种。另外，某些元素如汞，能在常温下转化为原子蒸气而进行测定，称为冷原子吸收法。

原子吸收光谱法与紫外 – 可见分光光度法的基本原理相同，都遵循比尔 – 朗伯定律，均属于吸收光谱法。但它们吸光物质的状态不同，原子吸收光谱法是基于蒸气相中基态原子对光的吸收现象，吸收的是由空心阴极灯发出的锐线光，是窄频率的线状吸收，吸收波长的半宽度只有 1.0×10^{-3} nm，所以原子吸收光谱是线光谱。紫外－可见分光光度法则是基于溶液中的分子（或原子团）对光的吸收，可在广泛的波长范围内产生带状吸收光谱，这是两种方法的根本区别。

原子吸收光谱法具有以下特点。

① 灵敏度高，检出限低。火焰原子吸收法的检出限可达 $ng\cdot mL^{-1}$ 数量级，石墨炉原子吸收法其绝对灵敏度可达 10^{-14}～10^{-10} g。

② 精密度高。火焰原子吸收法测定中含量和高含量元素的相对标准偏差可小于 1%，其测量精度已接近于经典化学方法；石墨炉原子吸收的测量精度一般为 3%～5%。原子吸收光谱法试样用量小，火焰原子化器的试样用量为 3～6 mL，石墨炉原子化器的试样用量为 10～30 μL。

③ 选择性好。大多数情况下共存元素对被测元素不产生干扰。

④ 操作简便，分析速度快。在准备工作做好后，一般几分钟即可完成一种元素的测定。若利用自动原子吸收光谱仪可在 35 min 内连续测定 50 个试样中的 6 种元素。

⑤ 应用广泛。原子吸收光谱法被广泛应用在各领域中，它可以直接测定 70 多种金属元素，也可以用间接方法测定一些非金属和有机化合物。

原子吸收光谱法的局限性：分析不同的元素需要更换光源，不便于多元素的同时测定，虽有多元素灯销售，但使用中还存在不少问题；多数元素分析线位于紫外波段，其强度弱，给测量带来一些困难；校准曲线范围窄，通常为一个数量级；存在背景吸收时比较麻烦，要正确扣除；不能测定共振线处于真空紫外区域的元素，如磷、硫等。

3.1.2 理论基础

原子吸收光谱法是从光源发出的被测元素的特征辐射通过样品蒸气时，被待测元素基态原子吸收，由辐射的减弱程度求得样品中被测元素的含量。在光源发射线的半宽度小于吸收线的半宽度（锐线光源）的条件下，光源的发射线通过一定厚度的原子蒸气，并被基态原子所吸收，吸光度与原子蒸气中待测元素的基态原子数的关系遵循比尔－朗伯定律：

$$A=\lg\frac{I_0}{I}=KN_0l \tag{3-1}$$

式中：I_0 和 I 分别为入射光和透射光的强度；N_0 为单位体积基态原子数；l 为光程长度；K 为与实验条件有关的常数。

实际工作中，要求测定的是试样中待测元素的浓度 c_0，在确定的实验件下，试样中待测元素浓度 c_0 与蒸气中原子总数 N_0 有确定的关系，其表达式为

$$N_0=\alpha c_0 \tag{3-2}$$

式中：α 为比例常数。将式（3－2）代入式（3－1）得

$$A=K\alpha c_0l=K'c_0l \tag{3-3}$$

这就是原子吸收光谱法的基本公式。它表示在确定实验条件下，吸光度与试样中待测元素的浓度呈线性关系。

3.1.3 原子吸收分光光度计

原子吸收分光光度计型号繁多，自动化程度也各不相同，有单光束型和双光束型两大类。其主要组成部分均包括光源、原子化器、单色器和检测系统，如图 3－1 所示。

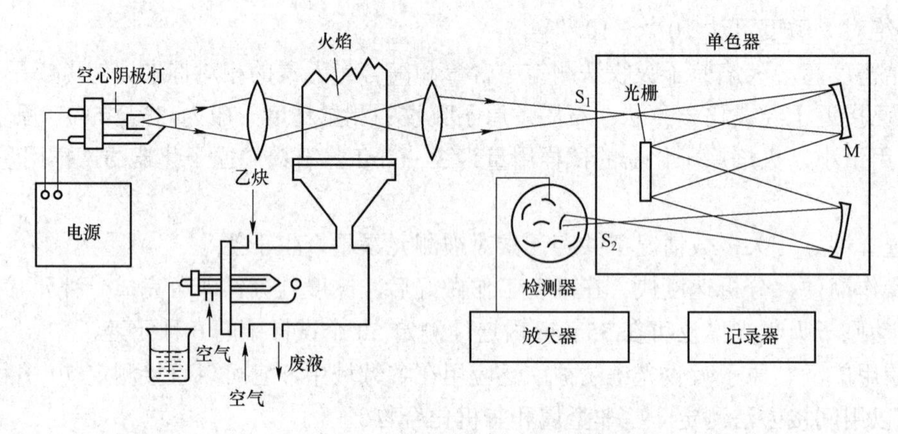

图 3－1 原子分光光度计基本结构示意图

S_1—入射狭缝；S_2—出射狭缝；M—凹面镜

1. 光源

光源的作用是辐射待测元素的特征光谱。它应满足能发射出比吸收线窄得多的锐线，有足够的辐射强度，稳定、背景小等条件。目前应用广泛的是空心阴极灯，其结构如图 3－2 所示。

空气阴极灯由封在玻璃管中的一个钨丝阳极和一个由待测元素的金属或合金制成的圆筒状阴极组成，内充低压氖气或氩气。

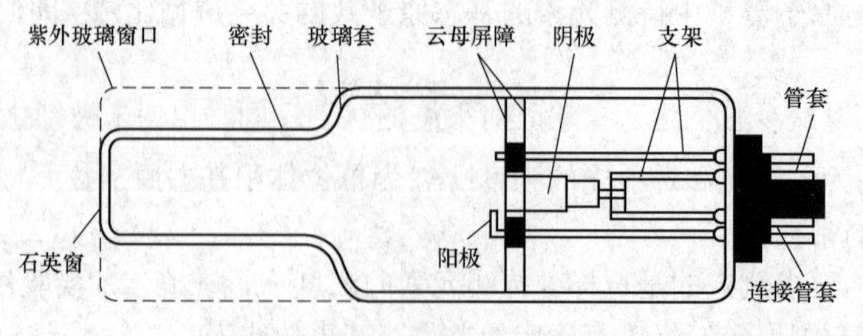

图 3－2 空心阴极灯结构示意图

当在阴、阳两极间加上电压时，气体发生电离，带正电荷的气体离子在电场作用下轰击阴极，使阴极表面的金属原子溅射出来，金属原子与电子、惰性气体原子及离子碰撞激发而发出辐射。最后，金属原子又扩散回阴极表面而重新淀积下来。

空心阴极灯分为单元素灯和多元素灯。单元素灯只能用于某种元素测定，如果要测定另外一种元素，就要更换相应的元素灯。多元素灯（如六元素的空心阴极灯）可以测定六种元素而不必换灯，使用较为方便。但发射强度低于单元素灯，且如果金属组合不当，易产生光谱干扰，因此，使用尚不普遍。

2. 原子化器

原子化器的作用是将试样中待测元素变成基态原子蒸气。原子化方法有火焰原子化和无火焰原子化两种方法。

1）火焰原子化器

火焰原子化器是利用化学火焰的燃烧热为待测元素的原子提供能量。火焰原子化器是最早也是最常用的原子化器，它操作简便测定快速，精密度好。

（1）火焰原子化器的结构

火焰原子化器由雾化器、雾化室和燃烧器三部分组成。雾化器的作用是将试样溶液雾化，使之成为微米级的湿气溶胶。如图 3－3 所示，当高压助燃气体由外管高速喷出时，在内管管口形成负压，试液由毛细管吸入并被高速气流分散成雾滴，当其从雾化器喷嘴喷出，进入雾化室时，将与喷嘴前的玻璃撞击球相撞，被进一步粉碎。

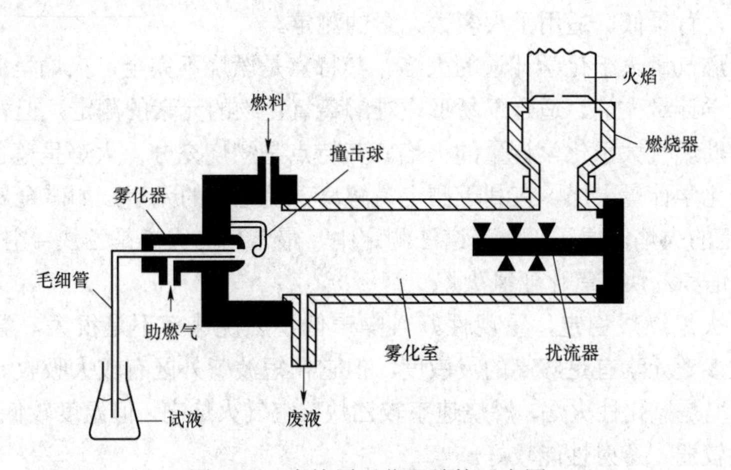

图 3－3 火焰原子化器结构示意图

雾化室（也叫预混合室）的作用是使燃气、助燃气与试液的湿气溶胶在进入燃烧器头之前充分混合均匀，以减少它们进入火焰时对火焰的扰动；同时也使未被细化的较大雾滴在雾化室内凝结为液珠，沿室壁流入泄漏管内排走。因此火焰原子化效率低，试样利用率仅为 10%～15%，这是影响火焰原子化法测定灵敏度的因素之一。

燃烧器头是火焰燃烧的地方，通常用电子点火器将火焰点燃。试样随燃气、助燃气一起从燃烧器头的狭缝中喷出进入火焰，在火焰高温下被迅速干燥（去溶剂）、灰化、原子化。从光源发出的特征辐射平行穿过整个火焰，火焰中的基态原子对特征辐射产生吸收。

（2）火焰的基本特性

① 燃烧速率是指火焰由着火点向可燃混合气其他点传播的速率。它影响火焰的安全操作和燃烧的稳定性。要使火焰稳定，可燃混合气体供气速率应大于燃烧速率。但供气速率过大，

会使火焰离开燃烧器，变得不稳定，甚至吹灭火焰。供气速率过小将会引起回火。

② 火焰温度。不同类型的火焰，其温度是不同的，见表 3－1。

表 3－1　几种常用火焰的基本特征

燃气	助燃气	最快燃烧速率/（cm·s^{-1}）	最高火焰温度/℃	附　注
乙炔	空气	158	2 250	最常用火焰
乙炔	氧化亚氮	160	2 700	用于测定难挥发和难原子化的物质
氢气	空气	310	2 050	火焰透明度高，用于测定易电离元素
丙烷	空气	82	1 920	用于测定易电离元素

③ 火焰的燃气与助燃气比例。火焰是由燃气（还原剂）和助燃气（氧化剂）在一起发生激烈的化学反应——燃烧而形成的，所以也称为化学火焰。按照燃气与助燃气的混合比率（简称燃助比）可将火焰划分为三类：化学计量火焰、富燃火焰、贫燃火焰。

化学计量火焰是指燃气与助燃气之比和化学反应计量关系相近，又称中性火焰。这类火焰温度高，稳定，背景低，适用于大多数元素的测定。

富燃火焰指燃气量大于化学计量的火焰。其特点是燃烧不完全，火焰呈黄色，具有还原性，温度低于化学计量火焰，适合于易形成难解离氧化物的元素的测定，但背景高。

贫燃火焰指助燃气大于化学计量的火焰。其特点是燃烧充分，火焰呈蓝色，有较强的氧化性，温度低于化学计量火焰，有利于测定易解离、易电离的元素，如碱金属等。

④ 几种常用的火焰。原子吸收光谱法测定中，最常用的火焰是乙炔－空气火焰。此外，还有氢－空气火焰和乙炔－氧化亚氮火焰。

乙炔－空气火焰燃烧稳定，重现性好，噪声低，燃烧速率不是很大，温度足够高（约 2 300 ℃），对大多数元素有足够高的灵敏度，但它在短波紫外区有较大吸收。

氢－空气火焰是氧化性火焰，燃烧速率较乙炔－空气火焰高，但温度较低（约 2 050 ℃），优点是背景发射较弱，透射性能较好。

乙炔－氧化亚氮火焰的优点是火焰温度高（约 2 700 ℃），而燃烧速率并不快，是目前唯一获得广泛应用的高温化学火焰，适于难原子化元素的测定，用它可测定 70 多种元素。

2）石墨炉原子化器

石墨炉原子化器是一种无火焰原子化装置，如图 3－4 所示。它是用电加热方法使试样干燥、灰化、原子化。试样用量只需几微升。为了防止试样及石墨管氧化，在加热时通入氮气或氩气，在这种气氛中有石墨提供大量碳，故能得到较好的原子化效率，特别是易形成耐熔氧化物的元素。这种原子化法的最大优点是注入的试样几乎完全原子化，故灵敏度高。缺点是基体干扰及背景吸收较大，测定重现性较火焰原子化法差。

3）其他原子化法

应用化学反应进行原子化也是常用的方法。砷、硒、碲、锡等元素通过化学反应，生成易挥发的氢化物，送入空气－乙炔焰或电加热的石英管中使之原子化。

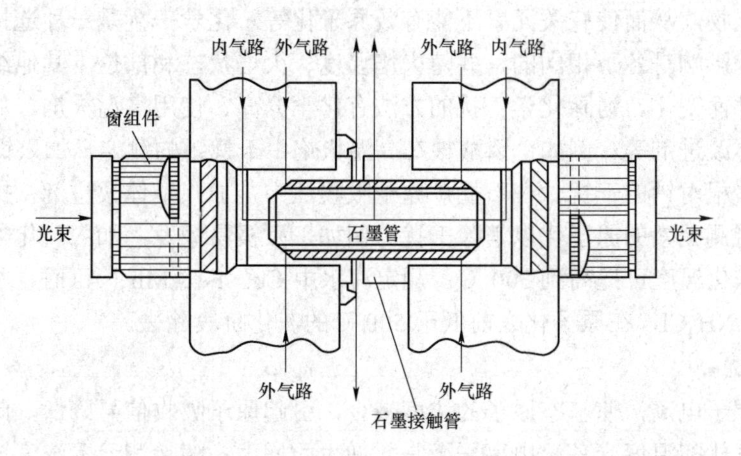

图 3-4 石墨炉原子化器结构示意图

汞原子化可将试样中汞盐用 $SnCl_2$ 还原为金属汞。由于汞的挥发性，用氮气或氩气将汞蒸气带入气体吸收管进行测定。

3. 单色器

单色器由入射狭缝和出射狭缝、反射镜和色散元件组成，其作用是将待测元素所需要的共振吸收线分离出来。单色器的关键部件是色散元件，现在商品仪器都使用光栅。原子吸收光谱仪对单色器的分辨率要求不高，能分开 Mn 279.5 nm 和 Mn 279.8 nm 即可。光栅放置在原子化器之后，以阻止来自原子化器内的所有不需要的辐射进入检测器。

4. 检测系统

原子吸收光谱仪的检测系统是由光电转换器、放大器和显示器组成的，它的作用就是把单色器分出的光信号转换为电信号，经放大器放大后以透射比或吸光度的形式显示出来。

3.1.4 干扰及其消除方法

原子吸收光谱分析中，干扰效应按其性质和产生的原因，可以分为物理干扰、化学干扰、电离干扰和光谱干扰。

1. 物理干扰

物理干扰是指试样在转移、蒸发过程中任何物理因素变化而引起的干扰效应，属于这类干扰的因素有试液的黏度、溶剂的蒸气压、雾化气体的压力等。物理干扰是非选择性干扰，对试样各元素的影响基本是相似的。

配制与待测试样相似的标准样品，是消除物理干扰常用的方法。在不知道试样组成或无法匹配试样时，可采用标准加入法或稀释法来减小和消除物理干扰。

2. 化学干扰

化学干扰是指待测元素与其他组分之间的化学作用所引起的干扰效应，它主要影响待测元素的原子化效率，是原子吸收光谱法中的主要干扰来源。它是由于液相或气相中待测元素的原子与干扰物质组成之间形成热力学更稳定的化合物，从而影响待测元素化合物的解离及其原子化。例如，磷酸根对钙的干扰，硅、钛形成难解离的氧化物，钨、硼、稀土元素等生成难解离的碳化物，从而使有关元素不能有效原子化等。化学干扰是一种选择性干扰，它对试样中各元素的影响是各不相同的，并随火焰温度、火焰状态和部位、其他组分的存在、雾滴的大小等条件而变化。消除化学干扰的方法有化学分离、使用高温火焰、加入释放剂和保护剂、使用基体改进剂等。例如，磷酸根在高温火焰中干扰钙的测定，加入锶、镧或 EDTA 等都可消除磷酸根对钙的干扰。在石墨炉原子吸收法中，加入基体改进剂，提高待测物质的稳定性或降低待测元素的原子化以消除干扰。例如，汞极易挥发，加入硫化物生成稳定性较高的硫化汞，灰化温度可提高到 300 ℃；测定海水中 Cu、Fe、Mn、As 时，加入 NH_4NO_3，使 NaCl 转化为 NH_4Cl，在原子化之前低于 500 ℃的灰化阶段除去。

3. 电离干扰

在高温下原子电离，使基态原子的浓度减少，引起原子吸收信号降低，此种干扰称为电离干扰。电离干扰随温度升高、电离平衡常数增大而增大，随待测元素浓度增高而减小。加入更易电离的碱金属元素，可以有效地消除电离干扰。另外，采用低温火焰也可以减少电离干扰。

4. 光谱干扰

光谱干扰是由于仪器本身不能将所检测到的分析元素的吸收辐射和其他辐射完全区分所致。

1）谱线干扰

谱线干扰包括光谱通带内存在非吸收线，待测元素的分析线与共存元素的吸收线相重叠，以及原子直流发射等。此时，可采用减小狭缝宽度，降低灯电流，采用其他分析线以及采用交流调制等办法来消除干扰。

2）背景干扰

背景干扰包括分子吸收和光散射。它们使吸收值增加，产生正误差。分子吸收干扰是指在原子化过程中生成的气态分子或氧化物及盐类分子对光源共振辐射的吸收，造成透射比减小，吸光度增加。分子吸收是带状光谱，会在一定波长范围内形成干扰。光散射是指在原子化过程中，产生的固体微粒（如石墨炉中的炭末）使来自光源的光发生散射，造成透射光减弱，吸光度增加。一般石墨炉原子化方法的背景吸收干扰比火焰原子化法高得多，若不扣除背景，有时根本无法测定。背景校正方法有多种，但较常用的还是利用一些仪器技术手段，如连续光源背景校正法和塞曼效应背景校正法。

3.1.5 测定条件的选择

1. 分析线

通常情况可选用共振线作为分析线，因为这样一般都能得到较高的灵敏度；测定高含量元素时，为避免试样浓度过度稀释和减少污染，可选用灵敏度较低的非共振线作为分析线；对于 As、Se、Hg 等元素其共振线位于 200 nm 以下的远紫外区，因火焰组分对其有明显吸收，所以宜选用其他谱线。表 3－2 为常用的元素分析线。

表 3–2 常用的元素分析线

单位：nm

元素	分析线	元素	分析线	元素	分析线
Ag	328.1，338.3	Ge	265.2，275.5	Re	346.1，346.5
Al	309.3，308.2	Hf	307.3，288.6	Sb	217.6，206.8
As	193.6，197.2	Hg	253.7	Sc	391.2，402.0
Au	242.3，267.6	In	303.9，325.6	Se	196.1，204.0
B	249.7，249.8	K	766.5，769.9	Si	251.6，250.7
Ba	553.6，455.4	La	550.1，413.7	Sn	224.6，286.3
Be	234.9	Li	670.8，323.3	Sr	460.7，407.8
Bi	223.1，222.8	Mg	285.2，279.6	Ta	271.5，277.6
Ca	422.7，239.9	Mn	279.5，403.7	Te	214.3，225.9
Cd	228.8，326.1	Mo	313.3，317.0	Ti	364.3，337.2
Ce	520.0，369.7	Na	589.0，330.3	U	351.5，358.5
Co	240.7，242.5	Nb	334.4，358.0	V	318.4，385.6
Cr	357.9，359.4	Ni	232.0，341.5	W	255.1，294.0
Cu	324.8，327.4	Os	290.9，305.9	Y	410.2，412.8
Fe	248.3，352.3	Pb	216.7，283.3	Zn	213.9，307.6
Ga	287.4，294.4	Pt	266.0，306.5	Zr	360.1，301.2

2. 光谱通带

光谱通带是指单色器出射光束波长区间的宽度。光谱通带（W，nm）主要取决于色散元件的倒线色散率（D，$nm \cdot mm^{-1}$）和狭缝宽度（S，mm），其计算公式为

$$W=D \cdot S \tag{3-4}$$

式中：D——倒线色散率；

S——狭缝宽度，mm。

因为不同仪器的单色器的倒线色散率并不相同，所以仅用狭缝宽度不能说明出射狭缝的波长范围，调节狭缝的目的是获得一定的光谱通带，所以用光谱通带代替狭缝宽度具有通用意义。光谱通带的确定一般都以能将共振线与邻近的其他谱线分开为原则。一般来说，若待测元素共振线没有邻近谱线干扰（如碱金属、碱土金属）及连续背景很小时，可以选用较大的光谱通带，这样能使检测器接受较强的信号，有利于提高信噪比，从而改善检出限。反之，若待测元素具有复杂光谱（如铁、钴、镍以及稀土元素等）或有连续背景，光谱通带应小一些。否则共振线附近的干扰谱线进入检测器，会导致吸光度值偏低，校准曲线发生弯曲。

一般元素的光谱通带为 0.5～4.0 nm，对谱线复杂的元素（如 Fe、Co、Ni 等），采用小于 0.2 nm 的通带，可将共振线与非共振线分开，见表 3–3。光谱通带过小使光强减弱，信噪比降低。

表 3-3　不同元素所选择的光谱通带　　单位：nm

元素	共振线	光谱通带	元素	共振线	光谱通带
Al	309.3	0.2	Mn	279.5	0.5
Ag	328.1	0.5	Mo	313.3	0.5
As	193.7	<0.1	Na	589.0①	10
Au	242.8	2	Pb	217.0	0.7
Be	234.9	0.2	Pd	244.8	0.5
Bi	223.1	1	Pt	265.9	0.5
Ca	422.7	3	Rb	780.0	1
Cd	228.8	1	Rh	343.5	1
Co	240.7	0.1	Sb	217.6	0.2
Cr	357.9	0.1	Se	196.0	2
Cu	324.7	1	Si	251.6	0.2
Fe	248.3	0.2	Sr	460.7	2
Hg	253.7	0.2	Te	214.3	0.6
In	302.9	1	Ti	364.3	0.2
K	766.5	5	Tl	377.6	1
Li	670.9	5	Sn	286.3	1
Mg	285.2	2	Zn	213.9	5

① 使用 10 nm 光谱通带时，单色器通过的是 589.0 nm 和 589.6 nm 双线。若用 4 nm 光谱通带，测定 589.0 nm 线，灵敏度提高。

3. 空心阴极灯的工作电流

空心阴极灯一般需要预热 15 min 以上才能有稳定的光强输出。灯电流过小，放电不稳定，光强输出小；灯电流过大造成被气体离子激发的金属原子数增多。选用灯电流的一般原则是：在保证稳定和适合光强输出的情况下，尽量使用较低的工作电流。通常以空心阴极灯上标注的最大电流（5～10 mA）的 40%～60%为宜。

4. 原子化条件

在火焰原子化法中，火焰类型和特征是影响原子化效率的主要因素。对低温、中温元素，使用乙炔-空气火焰；对于高温元素，使用乙炔-氧化亚氮高温火焰；对于分析线位于短波区（200 nm 以下）的元素，使用氢-空气火焰。对于确定类型的火焰，一般情况稍富燃的火焰是有利的。对于氧化物不十分稳定的元素，如 Cu，Mg，Fe，Co，Ni 等，也可用化学计量火焰或贫燃火焰。为了获得所需特性的火焰，需要调节燃气与助燃气的比例。在火焰区内，自由原子的空间分布是不均匀的且随火焰条件而变，因此，应调节燃烧器的高度，以使来自空心阴极灯的光束从自由原子浓度最大的火焰区通过，以期获得高的灵敏度。

在石墨炉原子化法中，合理选择干燥、灰化、原子化及除残温度与时间是十分重要的。干燥应在稍低于溶剂沸点的温度下进行，以防止试液飞溅。灰化的目的是除去基体和局外组分，在保证待测元素没有损失的前提是下应尽可能使用较高的灰化温度。原子化温度的选择原则是，选用达到最大吸收信号的最低度作为原子化温度。原子化时间的选择，应以保证完全原子化为准。在原子化阶段停止通保护气，以延长自由原子在石墨炉内的平均停留时间。除残的目的是消除残留产生的记忆效应，除残温度应高于原子化温度。

5. 进样量

进样量过小，吸收信号弱，不便于测量；进样量太大，在火焰原子化法中，对火焰产生冷却效应，在石墨炉原子化法中，会增加除残的困难。在实际工作中，应测定吸光度随进样量的变化，达到最满意的吸光度的进样量，即为应选择的进样量。

3.1.6 定量分析方法

1. 校准曲线法

校准曲线法是指配制一系列标准溶液，在同样测量条件下，测定标准溶液和试样溶液的吸光度，绘制吸光度与标准溶液浓度的校准曲线，然后从校准曲线上根据试样的吸光度求出待测元素的浓度或含量。该法简单、快速，适用于大批量、组成简单或组合相似试样的分析。为确保分析准确，应注意以下几点。

① 待测元素浓度高时，会出现校准曲线弯曲的现象，因此，所配制标准溶液的浓度范围应服从比尔定律。最佳分析范围的吸光度应在 0.1～0.5。绘制校准曲线的点应不少于 4 个。

② 标准溶液与试样溶液应该用相同的试剂处理，且应具有相似的组成。因此，在配制标准溶液时，应加入与试样组成相同的基体。

③ 使用与试样具有相同基体而不含待测元素的空白溶液调零，或从试样的吸光度中扣除空白值。

④ 在整个分析过程中操作条件应保持不变。

2. 标准加入法

当配制与待测试样组成相似的标准溶液遇到困难时，可采用标准加入法。分取几份（$n \geqslant 4$）等量的待测试样溶液，分别加入含有不同量待测元素的标准溶液，其中一份不加入待测元素的标准溶液，最后稀释至相同体积，使加入的标准溶液浓度为 0，c_s，$2c_s$，$3c_s$，…，然后在选定的实验条件下，分别测定它们的吸光度。以吸光度 A 对待测元素标准溶液的加入量（浓度或体积）作图，得到标准加入法的校准曲线。外延曲线与横坐标相交，根据交点至原点的距离所相应的浓度 c_x 或体积 V_x，即可求出试样中待测元素的含量。

[例 3-1] 用原子吸收光谱法测定水样中的钴。分别取 10.0 mL 水样于 5 个 100 mL 容量瓶中，每只容量瓶中加入质量浓度为 10.0 mg · L^{-1} 的钴标准溶液，体积见表 3-4。用水稀释至刻度后，摇匀。在选定实验条件下，测定的结果见表 3-4。根据这些数据求出水样中钴的质量浓度（以 mg · L^{-1} 表示）。

表 3-4 测定水样中钴的质量浓度的相关数据

编号	水样体积/mL	加入钴标准溶液的体积/mL	吸光度
0	0.0	0.0	0.042
1	10.0	0.0	0.201
2	10.0	10.0	0.292

续表

编号	水样体积/mL	加入钴标准溶液的体积/mL	吸光度
3	10.0	20.0	0.378
4	10.0	30.0	0.467
5	10.0	40.0	0.554

解：首先将 1—5 号的吸光度扣除空白溶液的吸光度分别得：0.159，0.250，0.336，0.425 和 0.512。以此为纵坐标，以钴标准溶液的体积为横坐标作图，如图 3－5 所示。曲线不通过原点，外推曲线与横坐标相交，代入 $Y=0.008\,8\,X+0.160\,2$，$Y=0$，X 的绝对值等于 18.2 mL。

$$\text{水中钴的质量浓度}=\frac{18.2\ \text{mL}\times 10.0\ \text{mg}\cdot\text{L}^{-1}}{10.0\ \text{mL}}=18.2\ \text{mg}\cdot\text{L}^{-1}$$

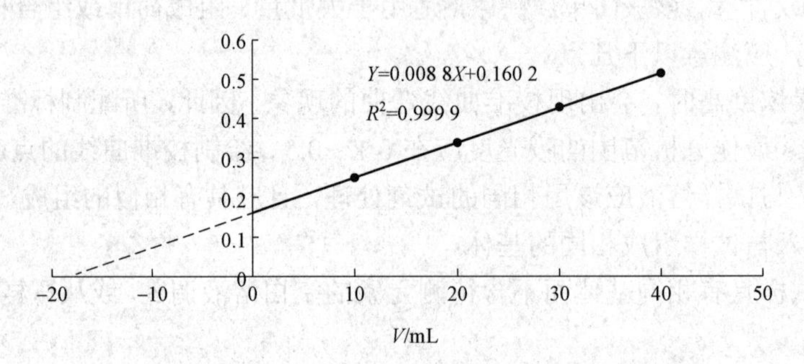

图 3－5　测定水样中钴的质量浓度的校准曲线

使用标准加入法时应注意下列几点：

① 标准加入法是建立在待测元素浓度与其吸光度成正比的基础上，因此待测元素的浓度应在此线性范围内。

② 为了能得到较为精确的外推结果，最少应采用 4 个点来制作外推曲线。加入标准溶液的量应适当，以保证曲线的斜度适宜，太大或太小的斜率，会引起较大的误差。

③ 本法能消除基体效应带来的影响，但不能消除背景吸收的干扰。如存在背景吸收，必须予以扣除，否则将得到偏高的结果。

任务 3.2　原子发射光谱法

3.2.1　概述

原子发射光谱分析（atomic emission spectrometry，AES），是根据处于激发态的待测元素原子回到基态时发射的特征谱线对待测元素进行分析的方法。

科学家们通过观察和分析物质的发射光谱，逐渐认识了组成物质的原子结构。在元素周期表中，有不少元素是利用发射光谱法发现或通过发射光谱法鉴定而被确认的。例如，碱金属中的铷、铯；稀散元素中的镓、铟、铊；惰性气体中的氦、氖、氩、氪、氙及一部分稀土元素等。原子发射光谱法目前已成为无机元素分析的主要方法之一。

原子发射光谱法的特点如下：

① 可同时测定一个样品中的多种元素。每一样品经激发后，不同元素都发射特征光谱，这样就可同时测定多种元素。

② 分析速度快。若利用光电直读光谱仪，可在几分钟内同时对几十种元素进行定量分析。分析试样不经化学处理，气体、固体、液体样品都可直接测定。

③ 选择性好。每种元素因原子结构不同，发射各自不同的特征光谱。对于一些化学性质极相似的元素具有特别重要的意义。例如，铌和钽、锆和铪用其他方法分析很困难，而发射光谱分析法可以毫无困难地将它们区分开来，并分别加以测定。

④ 检出限低。一般光源可达 10 ～0.1 $\mu g \cdot g^{-1}$（或 $\mu g \cdot cm^{-3}$），绝对值可达 1～0.01 μg。电感耦合高频等离子体（ICP）检出限可达 $ng \cdot g^{-1}$ 级。

⑤ 准确度较高。一般光源相对误差为 5%～10%，ICP 相对误差可达 1%以下。

⑥ 试样消耗少。

⑦ ICP 光源校准曲线线性范围宽，可达 4～6 个数量级，可测定元素各种不同含量（高、中、微含量）。一个试样同时进行多元素分析，又可测定各种不同含量。目前 ICP－AES 已广泛应用于各个领域之中。

⑧ 常见的非金属元素如氧、硫、氮、卤素等的谱线在远紫外区，目前一般的光谱仪尚无法检测；还有一些非金属元素，如磷、硒、碲等，由于其激发电位高，灵敏度较低。

但是，原子发射光谱法是由原子外层电子在能级间跃迁产生的线状光谱，反映的是原子及离子的性质，与原子或离子来源的分子状态无关，因此，原子发射光谱法只能用来确定物质的元素组成与含量，而不能给出物质分子结构、价态和状态等信息。此外，原子发射光谱法不能用于分析有机物和一些非金属元素。

3.2.2 基本原理

原子光谱是原子的外层电子（或称价电子）在不同能级间跃迁产生的。通常情况下，原子处于稳定状态，它的能量是最低的，这种状态称为基态 E_0，但当原子受到外界能量（如热能、电能等）的作用时，价电子便从基态跃迁到较高的能级 E_i 上，处在这种状态的原子称为激发态原子。处于激发态的原子是不稳定的，其寿命小于 10^{-8} s，因此，外层电子将从较高的能级向较低能级或基态跃迁。跃迁过程中所释放出的能量是以电磁辐射形式发射出来的，由此产生了原子发射光谱。谱线波长与能级能量之间的关系为

$$\lambda = \frac{hc}{E_1 - E_2} \tag{3-5}$$

式中：E_2，E_1 分别为高能级与低能级的能量，λ为波长；h 为普朗克常量；c 为光速。

原子发射光谱法包括 3 个主要的过程，首先由光源提供能量使试样蒸发，形成气态原子，并进一步使气态原子激发而产生光辐射；其次将光源发出的复合光经单色器分解成按波长顺序排列的谱线，形成光谱；最后用检测器检测光谱中谱线的波长和强度。由于待测元素原子

的能级结构不同，因此发射谱线的波长不同，据此可对试样进行定性分析；由于待测元素原子的浓度不同，所以发射谱线强度不同，据此可实现元素的定量测定。

3.2.3 原子发射光谱仪

原子发射光谱法所用仪器主要由激发源、光谱仪和观测设备等组成。

1. 激发源

激发源的作用是为试样蒸发、原子化和激发发光提供所需的能量，它的性能影响着谱线的数目和强度。因此，通常要求激发源的灵敏度高、稳定性和重现性强、谱线背景低、适应范围广。

在分析具体试样时，应根据分析的元素和对灵敏度及精确度的要求选择适当的激发源。常用的激发源是直流电弧（DCA）、低压交流电弧（ACA）、高压火花以及电感耦合等离子体等。

1）直流电弧

固定电极（作阴极）和待测试样（作阳极）之间构成放电间隙，称为分析间隙。直流电弧一般采用接触法电弧，先将上下两个电极通上直流电，然后将电极轻轻接触，接触点因电阻很大而使电极灼热，将电极拉开，电弧被点燃。分析间隙的试样受热蒸发进入电弧中，分解为原子或离子并激发而发射光谱。

直流电弧的温度高，蒸发到弧隙蒸气云中的原子浓度较高，因此，分析的绝对灵敏度很高，背景较小，适合于分析痕量元素。其主要缺点是电弧稳定性差，因此分析重现性差。

2）低压交流电弧

这是指采用低压交流电源依靠引燃装置为激活器，击穿分析间隙点燃电弧并维持电弧不灭的激发光源。与直流电弧相比，低压交流电弧的电极头温度稍低一些，蒸发温度稍低一些，所以灵敏稍差一些。但由于有控制放电装置，故电弧较稳定，可用于所有元素的光谱定性分析以及金属、金合金中低含量元素的定量分析。

3）高压火花

高压火花与电弧的工作原理基本相同，区别主要在于电弧是电源通过变压器直接向电极间隙注入能量产生的，而火花则是变压器（升压到 15 000 V）先向电容器充电，当电容器两端压达到电极间隙的击穿电压后，由电容器向电极分析间隙注入能量，形成火花。放电结束后，又重新充电、放电，反复进行。因此，火花实际上是一种高频电弧。

4）电感耦合等离子体

等离子体，一般指有相当电离程度的气体，它由离子、电子及未电离的中性粒子组成，其正负电荷密度几乎相等，从整体看呈中性（如电弧中的高温部分就是这类等离子体）。与一般的气体不同，等离子体能导电。

2. 分光系统

分光系统的作用是将试样中待测元素的激发态原子或离子，所发射的特征光经分光后，得到按波长顺序排列的光谱，以便进行定性分析和定量分析。

常用的分光系统有棱镜分光系统和光栅分光系统两种类型。棱镜分光系统是利用棱镜对不同波长的光有不同的折射率，复合光便被分解成各种单色光，从而达到分光的目的。以石英棱镜为色散元件，可适用于紫外和可见光区。光栅分光系统的色散元件为光栅（通常由一个镀铝的光学平面或凹面上刻印等距离的平行沟槽做成），利用光在光栅上产生的衍射和干涉实现分光。

3. 检测系统

检测系统的作用是将原子的发射光谱记录或检测出来以进行定性分析或定量分析。常用的检测系统有摄谱检测系统和光电检测系统两种类型。

3.2.4 定性方法和定量方法

1. 光谱定性分析

各种元素的原子受激发时发射出特征光谱。这种特征光谱仅由该元素的原子结构而定，与该元素的化合形式和物理状态无关。定性分析就是根据试样光谱中某元素的特征光谱是否出现，来判断试样中该元素存在与否及其大致含量的。确定试样中有何种元素存在，不需要将该元素的所有谱线都找出来，一般只要找出 3 条灵敏线。灵敏线也称最后线，即随着试样中该元素的含量不断降低而最后消失的谱线。它具有较低的激发电位，因而通常是共振线。

用发射光谱进行定性分析，是在同一块感光板上并列摄取试样光谱和铁光谱。然后在光谱投影仪上将谱片上的光谱放大 20 倍，使感光板上的铁光谱与“元素光谱图”上的铁光谱重合，此时，若感光板上的谱线与“元素光谱图”上的某元素的灵敏线重合，则表示该元素存在。另外，可以根据该元素所出现的谱线，找出其谱线强度级最小的级次，按表 3－5 估计该元素的大概含量。

表 3－5 定性分析结果表示方法

谱线强度级	含量范围/%	含量等级
1	100～10	主
2～3	10～1	大
4～5	1～0.1	中
6～7	0.1～0.01	小
8～9	0.01～0.001	微
10	＜0.001	痕

2. 光谱半定量分析

光谱半定量分析可以给出试样中某元素的大致含量。若分析任务对准确度要求不高，多采用光谱半定量分析。常用的光谱半定量分析方法是谱线黑度比较法。它需要配制与试样基本相似的被测元素的标准系列。在相同的实验条件下，在同一块感光板上标准系列与试样并列摄谱，然后在映谱仪上用目视法直接比较被测试样与标准试样光谱中分析线的黑度，若黑度相等，则表明被测试样中被测元素的含量近似等于该标准试样中被测元素的含量。

3. 光谱定量分析

1）定量分析的基本关系式

光谱定量分析主要是根据谱线强度与被测元素浓度的关系来进行的。实验证明，当温度

一定时，谱线强度与元素浓度 c 之间的关系符合下列经验公式

$$I = ac^b \tag{3-6}$$

此式称为赛伯－罗马金公式，是光谱定量分析的基本关系式。b 为自吸系数，与谱线的自吸收现象有关。b 随浓度 c 增加而减小，当浓度较高时，$b<1$；当浓度很小无自吸时，$b=1$。因此，在定量分析中，选择合适的分析线是十分重要的。a 是与试样蒸发、激发过程以及试样组成有关的一个参数。在实验中，试样蒸发、激发条件以及试样组成发生任何变化，均可使参数 a 发生变化，直接影响 I。因此，要根据谱线的绝对强度进行定量分析，往往得不到准确的结果。所以，实际光谱分析中，常采用一种相对的方法，即内标法，来消除工作条件的变化对测定的影响。

2）内标法定量分析的基本关系式

内标法的原理是在被测元素的谱线中选一条线作为分析线，在基体元素（或定量加入的其他元素）的谱线中选一条与分析线相近的谱线作为内标线（或称比较线），这两条谱线组成分析线对。分析线与内标线的绝对强度的比值称为相对强度。内标法就是借测量分析线对的相对强度来进行定量分析的。

设分析线强度为 I_1，内标线强度为 I_2，被测元素浓度与内标元素浓度分别为 c_1，和 c_2，b_1 和 b_2 分别为分析线和内标线的自吸系数。分析线与内标线强度之比称为相对强度。

$$R = \frac{I_1}{I_2} = \frac{a_1 c_1^{b_1}}{a_2 {c_2}^{b_2}} \tag{3-7}$$

式中：内标元素的浓度 c_2 为常数。实验条件一定时，$A = \frac{a_1}{a_2 {c_2}^{b_2}}$ 为常数，则

$$R = \frac{I_1}{I_2} = Ac_1^{b_1} \tag{3-8}$$

把 c_1 改写为 c，并取对数：

$$\lg R = \lg \frac{I_1}{I_2} = b_1 \lg c + \lg A \tag{3-9}$$

以 $\lg R$ 对 $\lg c$ 所作的曲线即为相应的工作曲线。只要测出谱线的相对强度 R，便可从相应的工作曲线上求得试样中待测元素的含量。

内标法可在很大限度上消除光源放电不稳定等因素带来的影响，因为尽管光源变化对分析线的绝对强度有较大的影响，但对分析线和内标线的影响基本是一致的，所以对其相对影响不大。这就是内标法的优点。

对内标元素和分析线对的选择应考虑以下几点：原来试样内应不含或仅含有极少量所加内标元素，也可选用基体元素作为内标元素；要选择激发位相同或接近的分析线对；两条谱线的波长应尽可能接近；所选线对的强度不应相差过大；所选用的谱线应不受其他元素谱线的干扰，也不应是自吸收严重的谱线；内标元素与分析元素的挥发率应相近。

4. 三标准试样法

实际工作中常将 3 个以上已知不同含量的标准试样和被分析试样在同一实验条件下摄谱于同一感光板上。根据各标准试样分析线对的黑度差与被分析试样中欲测成分含量的对数绘

制工作曲线，再根据被分析试样分析线对的黑度差在工作曲线上查出待测元素含量。

3.2.5 应用

以直流电弧为激发光源、光谱干板为检测器的发射光谱分析，在工业上至今仍用于定性分析。

高压火花源发射光谱仪分析广泛用于金属和合金的直接测定，例如，钢、不锈钢、镍和镍合金、铝和铝合金、铜和铜合金等。由于分析速度和精密度高的优点，高压火花源发射光谱法是钢铁工业中一个相当出色的分析技术。高压火花源发射光谱法最大的不足是，由于基体效应，需要对组成不同的试样分别建立一套校准曲线。

常规的 ICP 发射光谱法是一种理想的溶液分析技术，它可以分析任何能制成溶液的试样，其应用领域非常广泛，包括石油化工、冶金、地质、环境、生物和临床医学、农业和食品安全及难熔和高纯材料等。它的主要限制是试样需要制成溶液。

项目小结

原子吸收分光光度仪由光源、原子化器、单色器和检测系统 4 部分组成。光源的作用是提供待测元素的特征光谱。原子化系统的作用是将试样中离子转变成原子蒸气。单色器的作用是将所需要的共振吸收线分离出来。检测系统将光信号转换成电信号后进行显示和记录结果。在原子吸收光谱分析中从分析线、光谱通带、空心阴极灯的工作电流、原子化条件、进样量几个方面来选择最佳的测定条件。原子发射光谱仪主要由激发源、光谱仪和观测设备等组成。

练习题

一、选择题

1. 空心阴极灯的主要操作参数是（　　）。

A. 灯电流　　B. 灯电压　　C. 阴极温度　　D. 充气体的压力

2. 石墨炉原子化器的原程序为（　　）

A. 灰化、干燥、原子化和净化　　B. 干燥、灰化、净化和原子化

C. 干燥、灰化、原子化和净化　　D. 灰化、干燥、净化和原子化

二、填空题

1. 在原子吸收光谱法中，火焰原子化器与无火焰原子化器相比较，测定的灵敏度________，这主要是因为后者比前者的原子化效率____________。

2. 原子吸收光谱分析中主要的干扰类型有________、________、________。

三、简答题

1. 从原理和仪器上比较原子吸收光谱法与紫外－可见分光光度法的异同点。

2. 光谱干扰有哪些？如何消除？

3. 保证或提高原子吸收分析的灵敏度和准确度，应注意哪些问题？怎样选择原子吸收光谱分析的最佳条件？

4. 用原子吸收分光光度计对浓度均为 0.20 μg · mL^{-1} 的钙标准溶液和镁标准溶液进行测定，吸光度分别为 0.054 和 0.072，那么两种元素哪个灵敏度高？

5. 用标准加入法测定一无机试样溶液中镉的浓度，各试液在加入镉对照品溶液后，用水稀释至 50 mL，测得吸光度见表 3－6，求试样中镉的浓度。

表 3－6　镉溶液的吸光度

序号	试液的体积/mL	加入镉对照品溶液（10 μg · mL^{-1}）的体积/mL	吸光度
1	20	0	0.042
2	20	1	0.080
3	20	2	0.116
4	20	4	0.190

6. 用原子吸收光谱法测定自来水中镁的含量。取一系列镁对照品溶液（1 μg · mL^{-1}）及自来水样于 50 mL 容量瓶中，分别加入 5%锶盐溶液 2 mL 后，用蒸馏水稀释至刻度。然后与蒸馏水交替喷雾测定其吸光度，所得数据见表 3－7，计算自来水中镁的含量（mg · L^{-1}）。

表 3－7　镁溶液的吸光度

	1	2	3	4	5	6	7
镁对照品溶液的体积/mL	0.00	1.00	2.00	3.00	4.00	5.00	自来水样 20 mL
吸光度	0.043	0.092	0.140	0.187	0.234	0.234	

实训项目 1

原子吸收光谱法最佳测定条件的选择

一、实训目的

1. 了解原子吸收分光光度计的构造、性能及操作方法。

2. 了解实验条件对灵敏度、准确度的影响及最佳实验条件的选择。

二、基本原理

在原子吸收光谱分析中，测定条件的选择对测定的灵敏度、准确度有很大的影响。通常选择共振线作为分析线测定具有较高的灵敏度。

使用空心阴极灯时，工作电流不能超过最大允许的工作电流。空心阴极灯的工作电流过大，易产生自吸（自蚀）作用，使谱线变宽、测定灵敏度降低、工作曲线弯曲、灯的寿命减少。空心阴极灯的工作电流小，谱线变宽小，灵敏度高。但空心阴极灯的电流过低，会使发光强度减弱，发光不稳定，信噪比下降。在保证稳定和适当光强输出情况下尽可能选择较低的电流。

燃气和助燃气流量的改变，直接影响测定的灵敏度，燃助比为 1:4 的化学计量火焰，温度较高，火焰稳定，背景低，噪声小，大多数元素都使用这种火焰。

燃助比小于 1:6 的火焰为贫燃火焰，该火焰燃烧充分，温度较高，用于不易氧化的元素的测定。燃助比大于 1:3 的火焰为富燃火焰，该火焰温度较低，噪声较大，但其还原气氛较强，适合测定已形成难离解氧化物的元素。

待测元素基态原子的浓度，在不同的火焰高度，分布是不均匀的，故火焰高度不同，基态原子浓度也不同。

原子吸收测定中，光谱干扰较小，测定时可以使用较宽的通带，增加光强，提高信噪比。对谱线复杂的元素（如铁族、稀土等），要采用较小的通带，否则工作曲线弯曲。过小的通带使光强减弱，信噪比变差。

三、仪器与试剂

1. 仪器

原子吸收分光光度计，铜空心阴极灯，空气压缩机，乙炔钢瓶，250 mL 容量瓶，10 mL 移液管。

2. 试剂

铜标准溶液 100 μg • mL^{-1}。

四、实验步骤

1. 配制 250 mL 4 μg • mL^{-1} 的铜标准溶液

用移液管吸取 10.00 mL 浓度为 100 μg • mL^{-1} 的铜标准液至 250 mL 容量瓶中，用蒸馏水定容并混匀。

2. 分析线的选择

在 324.8 nm、282.4 nm、296.1 nm 和 301.0 nm 波长下分别测定所配制的 4 μg • mL^{-1} 的铜标准溶液的吸光度。根据对分析试样灵敏度的要求、干扰的情况，选择合适的分析线，试液浓度低时，选择灵敏线，试液浓度高时，选择次灵敏线，并选择没有干扰的谱线。

3. 空心阴极灯的工作电流选择

在上述选择的波长下，喷雾所配制的 4 μg • mL^{-1} 的铜标准溶液，每改变一次灯电流，记录对应的吸光度信号，每测定一个数值前，必须喷入蒸馏水调零（以下实验均相同）。

4. 助燃比选择

固定其他条件和助燃气流量，喷入所配制的 4 μg • mL^{-1} 的铜标准溶液，改变燃气流量，记录吸光度。

5. 燃烧头高度的选择

喷入所配制的 4 μg • mL^{-1} 的铜标准溶液，改变燃烧头的高度，逐一记录对应的吸光度。

6. 光谱通带的选择

一般元素的光谱通带为 0.5～4 nm，对谱线复杂的元素（如 Fe、Co、Ni 等），采用小于 0.2 nm 的通带，可将共振线与非共振线分开。通带过小使光强减弱，信噪比降低。

五、实验数据及结果

1. 绘制吸光度 – 灯电流曲线，找出最佳灯电流。
2. 绘制吸光度 – 燃气流量曲线，找出最佳燃助比。
3. 绘制吸光度 – 燃烧头高度曲线，找出燃烧最佳高度。

六、注意事项

1. 实验时要打开通风设备，使金属蒸气及时排出室外。

2. 点火时，先开空气，后开乙炔气。熄火时，先关乙炔气，后关空气。室内若有乙炔气应立即关闭乙炔气源，通风，排除问题后再继续进行实验。

七、思考题

1. 如何选择最佳实验条件？实验时，若条件发生变化，对结果有什么影响？

2. 在原子吸收分光光度计中，为什么单色器位于火焰之后，而紫外－可见分光光度计单色器位于样品室之前？

原子吸收光谱法测定自来水中的钙和镁

一、实训目的

1. 通过测定自来水中的钙和镁，掌握标准曲线法在实际样品分析中的应用。

2. 进一步熟悉原子吸收分光光度计的使用。

二、基本原理

在使用锐线光源条件下，基态原子蒸气对共振线的吸收符合比尔－朗伯定律：

$$A=\lg\frac{I_0}{I}=KN_0l$$

在试样原子化时，火焰温度低于 3 000 K 时，对大多数元素来说，原子蒸气中基态原子的数目实际上接近原子总数。在固定的实验条件下，待测元素的原子总数与该元素在试样中的浓度 c 成正比。因此，上式可以表示为 $A=K'c$，这就是原子吸收光谱法定量分析的依据。对组成简单的试样，用标准曲线法进行定量分析较方便。

三、仪器与试剂

1. 仪器

原子吸收分光光度计，乙炔钢瓶，空气压缩机，镁和钙空心阴极灯；50 mL 烧杯 3 个，100 mL 容量瓶 17 个，2 mL、5 mL、10 mL 吸管各 1 支，10 mL 吸量管各 1 支，10 mL 吸量管 1 支。

2. 试剂

1）镁储备液的制备

准确称取于 800 ℃灼烧至恒量的氧化镁（A.R.）1.658 3 g，加入 1 mol·L^{-1} 盐酸至完全溶解，移入 1 000 mL 容量瓶中，稀释至刻度，摇匀。溶液中含镁 1.000 mg·mL^{-1}。

0.100 0 mg·mL^{-1} 镁标准溶液：用吸管吸取 1.000 mg·mL^{-1} 镁储备液 10～100 mL 容量瓶中，用蒸馏水稀释至刻度。

0.005 00 mg·mL^{-1} Mg 标准溶液：准确吸取 0.100 0 mg·mL^{-1} 镁标准溶液 5～100 mL 容量瓶中，稀释至刻度。

2）钙标准溶液的制备

用吸管吸取 10 mL 1.000 mg·mL^{-1} 钙储备液于 100 mL 容量瓶中，用蒸馏水稀释至刻度，此溶液含钙 0.100 mg・mL^{-1}。

3. 实验条件的选择

实验条件见表 3-8。

表 3-8 实验条件

	钙	镁
吸收线波长/nm	422.7	285.2
空心阴极灯电流/Am	5	2
通带宽度/nm	0.4	0.4
燃烧器高度/mm	9	6

四、实验步骤

1. 钙、镁系列标准溶液的配制

用 10 mL 吸量管分别吸取 2 mL、4 mL、6 mL、8 mL、10 mL 0.100 0 mg・mL^{-1} 钙标准溶液于 5 个 100 mL 容量瓶中。再用 10 mL 吸量管分别吸取 2 mL、4 mL、6 mL、8 mL、10 mL 0.005 00 mg・mL^{-1} 镁标准溶于上述 5 个 100 mL 量瓶中，蒸馏水稀释至刻度，摇匀。此系列标准溶液含钙分别为 2.00 μg・mL^{-1}、4.00 μg・mL^{-1}、6.00 μg・mL^{-1}、8.00 μg・mL^{-1}、10.00 μg・mL^{-1}；含 Mg 分为 0.10 μg・mL^{-1}、0.20 μg・mL^{-1}、0.30 μg・mL^{-1}、0.40 μg・mL^{-1}、0.50 μg・mL^{-1}。

2. 钙的测定

1）自来水样的制备

用 10 mL 吸管吸取自来水样于 100 mL 容量瓶中，用蒸馏水稀释至刻度，摇匀。

2）测定

按照测量条件，测定系列标准溶液和自来水样的吸光度。

3. 镁的测定

1）自来水样的制备

用 2 mL 吸量管吸取自来水样于 100 mL 容量瓶中，用蒸馏水稀释至刻度，摇匀。

2）测定

按照测量条件，测定系列标准溶液和自来水样的吸光度。

五、实验数据及结果

在坐标纸上绘制钙和镁的标准曲线，由未知试样的吸光度求自来水中钙、镁的含量。

六、注意事项

试样的吸光度应在标准曲线的中部，否则可改变取样的体积。

七、思考题

（1）试述标准曲线法的特点及适用范围。

（2）如果试样成分比较复杂，应该怎样进行测定？

实训项目 3

石墨炉原子吸收光谱法测定食品中铅的含量

一、实训目的

1. 了解石墨炉原子吸收光谱法的原理及特点。

2. 掌握石墨炉原子吸收光谱法的操作技术。

3. 熟悉石墨炉原子吸收光谱法的应用。

二、基本原理

石墨炉原子吸收光谱法试样可以停留在石墨管中较长时间，原子化效率高（大于 90%）克服了火焰原子吸收法雾化及原子化效率低的缺陷，该方法的绝对灵敏度比火焰法高几个数量级，最低可测至 10^{-14} g，试样用量少，还可直接进行固体和黏度大的试样的测定。但该法仪器较复杂，背景吸收干扰较大，数据重现性不如火焰法。

石墨炉原子吸收法原子化过程如下。

1. 干燥

先通小电流，在稍高于溶剂沸点的温度下蒸发溶剂，把试样转化成干燥的固体。

2. 灰化

把试样中复杂的物质分解为简单的化合物或把试样中易挥发的无机基体蒸发及把有机物分解，减小因分子吸收而引起的背景干扰。

3. 原子化

即把试样分解为基态原子。

4. 净化

在下一个试样测定前提高石墨炉的温度，高温除去遗留下来的试样，以消除记忆效应。

三、仪器和试剂

1. 仪器

原子吸收分光光度计（带石墨炉），铅空心阴极灯，氩气钢瓶，冷却水（可用接自来水代替），微量注射器 10 μL 或 50 μL，容量瓶，分刻度吸量管等。

仪器操作条件：仪器参考条件为波长 283.3 nm，通带宽度 0.2～1.0 nm，灯电流 5～7 mA，干燥温度 120 ℃持续 20 s，灰化温度 450 ℃持续 15～20 s，原子化温度 1 700～2 300 ℃持续 4～5 s，背景灯校正为氘灯。

2. 试剂

0.5 mol · L^{-1} 硝酸，HNO_3（1:1），混合酸（HNO_3 与 $HClO_4$ 体积比 4:1），铅粒 99.99%，二次去离子水。

铅的储备液（1.00 mg · mL^{-1}）：准确称取 1.000 g 金属铅，分次加少量硝酸（1+1），加热溶解，总量不超过 37 mL，移入 1 000 mL 容量瓶，加水至刻度线，混匀备用。

铅的标准使用液：每次吸取铅标准储备液 1.00 mL 于 100 mL 容量瓶中，加 0.5 mol · L^{-1} 硝酸至刻度，如此经多次稀释成每毫升含 10.0 ng、20.0 ng、40.0 ng、60.0 ng、80.0 ng 的铅标准使用液。

四、实验步骤

1. 样品预处理

① 粮食、豆类去除杂物后，磨碎，过 20 目筛，储于塑料瓶中，保存备用。

② 蔬菜、水果、鱼类、肉类及蛋类等水分含量高的鲜试样，用食品加工机打成匀浆，储于塑料瓶中，保存备用。

2. 湿法消解

样品用清水、去离子水或二次蒸馏水洗净，并用干净纱布轻轻擦干，然后切碎混匀。称取试样 1.000 0～5.000 0 g 于锥形瓶中，加 10 mL 混合酸，加盖浸泡过夜，加一表面皿盖在烧杯口放在电炉上消解，若变棕黑色，再加混合酸，直到冒白烟，消化液成无色透明或略带黄色，放冷，用滴管将试样消化液洗入或过滤入（视消化后试样的盐分而定）10 mL 或 25 mL 容量瓶中，用水少量多次洗涤锥形瓶，洗液合并于容量瓶中，定容至标线，混匀备用；同时做试剂空白实验。

3. 标准曲线的绘制

吸取上述所配制的不同浓度的铅标准使用液 10.0 ng · mL^{-1}、20.0 ng · mL^{-1}、40.0 ng · mL^{-1}、60.0 ng · mL^{-1}、80.0 ng · mL^{-1} 各 10 μL，注入石墨炉，经干燥、灰化、原子化、除残后测得其吸光度，画出标准曲线或求得吸光度与浓度的一元线性回归方程。

4. 试样测定

分别吸取试样液和试剂空白液各 10 μL，注入石墨炉，测得其吸光度。

五、数据处理

1. 将试样液和试剂空白液的吸光度值从标准曲线上查出对应浓度或代入一元线性回归方程中求得铅含量。

2. 试样中铅含量的计算：

$$c_{铅} = \frac{(c_1 - c_2)V}{m}$$

式中：$c_{铅}$ 为试样中铅的含量，mg · kg^{-1}；c_1 为测定试样液中铅的含量，ng · mL^{-1}；c_2 为空白液中铅的含量，ng · mL^{-1}；V 为试样消化液定容时的总体积，mL；m 为试样质量，g。

六、思考题

1. 石墨炉原子吸收分光光度法为何灵敏度较高？

2. 如何选择石墨炉原子吸收光谱测定的实验条件？

项目 4

红外吸收光谱技术

知识目标

- 了解红外吸收光谱产生的条件。
- 熟悉傅里叶变换红外光谱仪的构成及特点。
- 掌握红外吸收光谱法在物质结构鉴定和定量分析中的应用。
- 学会绘制红外吸收光谱图，并进行检索从而确定化合物结构。

能力目标

- 能熟练操作傅里叶变换红外光谱仪。
- 能根据红外吸收光谱图确定化合物的结构。
- 能用红外吸收光谱法对物质进行定量分析。
- 能熟练进行样品前处理及制片。

任务 4.1　红外吸收光谱法的基本原理

红外吸收光谱法（infrared absorption）简称红外光谱法，所用仪器是红外吸收光谱仪，也称为红外吸收分光光度计。

红外吸收光谱仪按其发展历程可分为三代，第一代是用棱镜作为单色器，缺点是必须恒温、干燥，扫描速度慢和测量波长的范围受棱镜材料的限制，一般不能超过中红外区，分辨率也低。第二代用光栅作为单色器，对红外线的色散能力比棱镜高，得到的单色光优于棱镜单色器，且对温度和湿度的要求不严格，所测定的红外吸收光谱范围较宽（12 500～10 cm^{-1}）。第一代和第二代红外吸收光谱仪均为色散型红外吸收光谱仪，随着计算机技术的发展，20 世纪 70 年代开始出现第三代干涉型红外吸收光谱仪，即傅里叶变换红外光谱仪。与色散型红外吸收光谱仪不同，干涉型红外吸收光谱仪的光源发出的光首先经过迈克尔逊干涉仪变成干涉光，再用干涉光照射样品，检测器仪获得干涉图而得不到红外吸收光谱，实际红外吸收光谱是用计算机对干涉图进行傅里叶变换得到的。干涉型红外吸收光谱仪和色散型红外吸收光谱仪虽然原理不同，但所得到的光谱是可比的。

4.1.1 红外吸收光谱的相关理论

1. 红外光区的划分及主要应用

红外吸收光谱在可见光区和微波光区之间，其波数范围为 12 800～10 cm^{-1}（0.75～1 000 μm）。根据仪器及应用不同，习惯上又将红外光区分为三个区、近红外光区、中红外光区、远红外光区。红外光区的划分及主要应用见表 4－1。

表 4－1 红外光区的划分及主要应用

	波长范围/μm	波数范围/cm^{-1}	测定类型	分析类型	试样类型
近红外光区	0.78～2.5	12 800～4 000	漫反射吸收	定量分析	蛋白质、水分、淀粉、油脂、农产品中的纤维素等，气体混合物
中红外光区	2.5～25	4 000～400	反射吸收	定性分析	纯气体，液体或固体物质
				定量分析	复杂的气体，液体或固体混合物
				与色谱联用定性分析	复杂的气体，液体或固体混合物，纯固体或液体，大气试样
远红外光区	25～1 000	400～10	发射吸收	定性分析	无机化合物或金属有机化合物

2. 红外吸收光谱法的特点

由于红外吸收光谱分析特征性强，气体样品、液体样品、固体样品都可被测定，并具有用量少，分析速度快，不破坏试样的特点，因此，红外吸收光谱法不仅与其他许多分析方法一样，能进行定性和定量分析，而且该方法是鉴定化合物和测定分子结构的最有用方法之一。

3. 红外吸收光谱产生的条件

1）辐射光子具有的能量与发生振动跃迁所需的跃迁能量相等

红外吸收光谱是分子振动能级跃迁产生的。因为分子振动能级差为 0.05～1.0 eV，比转动能级差（0.000 1～0.05 eV）大，因此分子发生振动能级跃迁时，不可避免地伴随转动能级的跃迁，因而无法测得纯振动光谱，但为了讨论方便，以双原子分子振动光谱为例说明红外光谱产生的条件。若把双原子分子（A—B）的两个原子看作两个小球，把连接它们的化学键看成质量可以忽略不计的弹簧，则两个原子间的伸缩振动，可近似地看成沿键轴方向的间谐振动。

由量子力学可以证明，该分子的振动总能量（$E_{总}$）为：

$$E_{总}=(V+1/2)h\nu\ (V=0,1,2,\cdots)$$

式中：V 为振动量子数（$V=0$，1，2，…）；$E_{总}$是与振动量子数 V 相应的振动总能量；ν为分子振动的频率。

在室温时，分子处于基态（$V=0$），$E_{总}=(1/2)h\nu$，此时，伸缩振动的频率很小。当有红外辐射照射到分子时，若红外辐射的光子所具有的能量（E_L）恰好等于分子振动能级的能量差（$\Delta E_{振}$）时，则分子将吸收红外辐射而跃迁至激发态，导致振幅增大。分子振动能级的能量差为

$$\Delta E_{振}=\Delta V h\nu$$

又因为光子能量为

$$E_L = h\nu_L$$

于是可得产生红外吸收光谱的第一条件为：

$$E_L = \Delta E_{振}$$

$$即\ \nu_L = \Delta V\nu$$

2）辐射与物质之间有耦合作用

为满足这个条件，分子振动必须伴随偶极矩的变化。红外跃迁是偶极矩诱导的，即能量转移的机制是通过振动过程所导致的偶极矩的变化和交变的电磁场（红外线）相互作用发生的。这可以用图 4-1 来说明。分子由于构成它的各原子的电负性的不同，也显示不同的极性，称为偶极子。通常用分子的偶极矩（μ）来描述分子极性的大小。当偶极子处在电磁辐射的电场中时，该电场进行周期性反转，偶极子将经受交替的作用力而使偶极矩增加或减少。由于偶极子具有一定的原有振动频率，显然，只有当辐射频率与偶极子频率相匹配时，分子才与辐射相互作用（振动耦合）而增加它的振动能，使振幅增大，即分子由原来的基态振动跃迁到较高振动能级。因此，并非所有的分子振动都会产生红外吸收，只有发生偶极矩变化（$\Delta\mu \neq 0$）的分子振动才能引起可观测的红外吸收光谱，该分子称为红外活性分子；$\Delta\mu = 0$ 的分子振动不能产生红外振动吸收，该分子称为非红外活性分子。

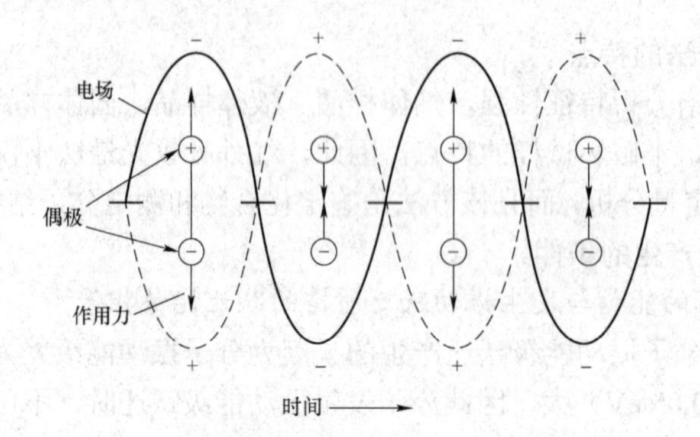

图 4-1　偶极子在交变电场中的作用示意图

当一定频率的红外光照射分子时，如果分子中某个基团的振动频率和它一致，二者就会产生共振，此时光的能量通过分子偶极矩的变化而传递给分子，这个基团就吸收一定频率的红外光，产生振动跃迁。如果用连续改变频率的红外光照射某样品，由于试样对不同频率的红外光吸收程度不同，使通过试样后的红外光在一些波数范围减弱，在另一些波数范围内仍然较强，用仪器记录该试样的红外吸收光谱，进行样品的定性分析和定量分析。

4. 分子的振动形式

1）双原子分子的振动

分子中的原子以平衡点为中心，以非常小的振幅（与原子核之间的距离相比）进行周期性的振动，可近似地看作简谐振动（如图 4-2 所示）。这种分子振动的模型，以经典力学的方法可把两个质量为 m_1 和 m_2 的原子看成钢体小球，连接两原子的化学键设想成无质量的弹簧，弹簧的长度 r 就是分子化学键的长度。

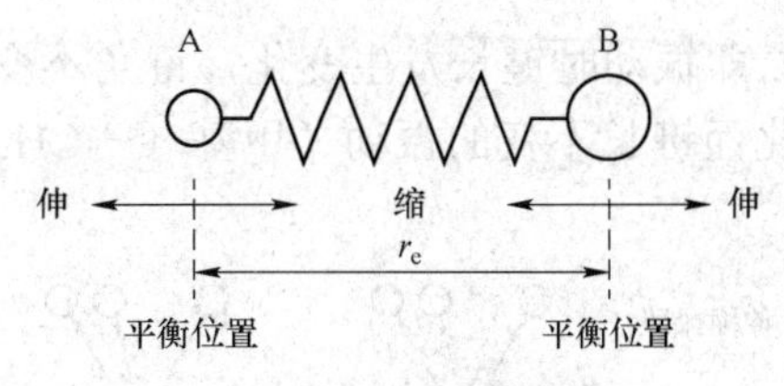

图 4-2 简谐振动示意图

由经典力学可导出上述体系的基本振动频率的计算公式为

$$\sigma=(1/2\pi c)\times(k/\mu)^{1/2} \quad (4-1)$$

式中：σ 为波数；k 为化学键的力常数，其定义为将两原子由平衡位置拉长单位长度时的恢复力（单位为 $N\cdot cm^{-1}$），单键、双键和三键的力常数分别近似为 $5\ N\cdot cm^{-1}$、$10\ N\cdot cm^{-1}$ 和 $15\ N\cdot cm^{-1}$；c 为光速（$2.998\times10^{10}\ cm\cdot s^{-1}$）；$\mu$为折合质量，单位为 g，且$\mu=m_1\times m_2/(m_1+m_2)$。

根据小球的质量和相对原子质量之间的关系，式（4-1）可写为

$$\sigma=(N_A^{1/2}/2\pi c)(k/A_r')^{1/2}=1\,307(k/A_r')^{1/2} \quad (4-2)$$

式中：N_A 为阿伏伽德罗常量（6.022×10^{23}），A_r' 为折合相对原子质量 $A_r'=(M_1\times M_2)/(M_1+M_2)$。

① 影响基本振动频率的直接原因是相对原子质量和化学键的力常数。化学键的力常数 k 越大，折合相对原子质量 A_r' 越小，则化学键的振动频率越高，吸收峰将出现在高波数区；反之，则出现在低波数区，例如，—C—C—、—C═C—、—C≡C—三种碳碳键的质量相同，化学键的力常数顺序是碳碳三键＞碳碳双键＞碳碳单键。因此在红外光谱中，—C≡C—的吸收峰出现在 2 222 cm^{-1}，而—C═C—的吸收峰出现在 1 667 cm^{-1}，—C—C—的吸收峰出现在 1 429 cm^{-1}。

② 对于相同化学键的基团，波数与相对原子质量平方根成反比。例如 C—C、C—O、C—N 这三种化学键的力常数相近，但相对折合质量不同，其大小顺序为 C—C＜C—N＜C—O，因而这三种化学键的基频振动峰分别出现在 1 430 cm^{-1}、1 330 cm^{-1}、1 280 cm^{-1} 附近。

需要指出，上述用经典力学的方法来处理分子的振动是宏观处理方法，或是近似处理的方法。例如上述弹簧和小球的体系中，其能量的变化是连续的，但一个真实分子的振动能量变化是量子化的；另外，在一个分子中基团与基团之间，基团中的化学键之间都相互有影响，除了化学键两端的原子质量、化学键的力常数影响基本振动频率外，还与内部因素（结构因素）和外部因素（化学环境）有关。

2）多原子分子的振动

对多原子分子来说，由于组成原子数目增多，加之分子中原子排布情况的不同，其振动光谱远比双原子复杂得多。但是可以把它们的振动分解成许多简单的基本振动，即简正振动。简正振动的振动状态是分子质心保持不变，整体不转动，每个原子都在其平衡位置附近做简谐振动，其振动频率和相位都相同，即每个原子都在同一瞬间通过其平衡位置，而且同时达到其最大位移值。分子中任何一个复杂振动都可以看成这些简正振动的线性组合。

（1）振动的基本类型

多原子分子的振动，不仅包括双原子分子沿其核-核的伸缩振动，还有键角参入的各种可能的变形振动。因此，一般将振动形式分为两类：即伸缩振动和变形振动。伸缩振动是指

原子沿着价键方向来回运动，即振动时键长发生变化，键角不变。变形振动又称变角振动，它是指基团键角发生周期变化而键长不变的振动（甲基（—CH_3）的各种振动形式如图 4－3 所示）。

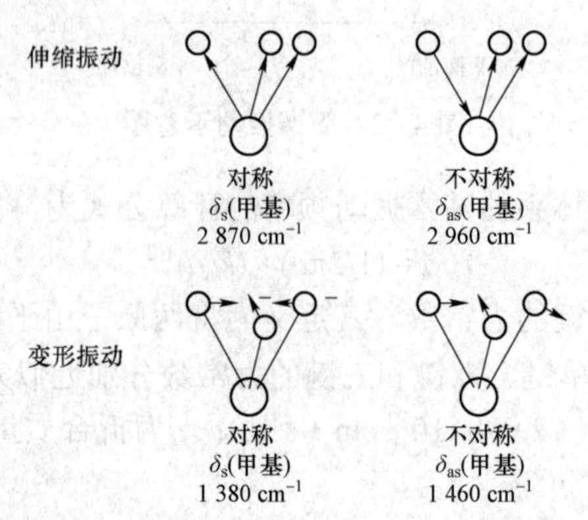

图 4－3　甲基的基本振动形式及红外吸收

（2）基本振动的理论数

多原子分子在红外吸收光谱图上，可以出现一个以上的基频吸收带。基频吸收带的数目等于分子的振动自由度，而分子的总自由度又等于确定分子中各原子在空间的位置所需坐标的总数。很明显，在空间确定一个原子的位置，需要 3 个坐标（x、y 和 z）。当分子由 N 个原子组成时，则自由度（或坐标）的总数，应该等于平动自由度、转动自由度和振动自由度的总和，即

$$3N = 平动自由度 + 转动自由度 + 振动自由度$$

分子的质心可以沿 x、y 和 z 三个坐标方向平移，所以分子的平动自由度等于 3，如图 4－4 所示。转动自由度是由原子围绕着一个通过其质心的轴转动引起的。只有原子在空间的位置发生改变的转动，才能形成一个自由度。不能用平动和转动计算的其他所有的自由度，就是振动自由度。这样

$$振动自由度 = 3N -（平动自由度 + 转动自由度）$$

线性分子围绕 x 轴、y 轴和 z 轴的转动如图 4－4 所示，从图中可以看出，绕 y 轴和 z 轴转动，引起原子的位置改变，因此各形成一个转动自由度，分子绕 x 轴转动，原子的位置没有改变，不能形成转动自由度。这样，线性分子的振动自由度为 $3N-(3+2)=3N-5$。非线性分子绕 x 轴、y 轴和 z 轴转动，均改变了原子的位置，都能形成转动自由度。因此，非线性分子的振动自由度为 $3N-6$。

理论上计算的一个振动自由度，在红外吸收光谱中相应产生一个基频吸收带。例如，3 个原子的非线性分子 H_2O，有 3 个振动自由度 $3\times3-6=3$，故水分子有 3 种振动形式，如图 4－5 所示。红外吸收光谱图中对应出现三个吸收峰，分别为 3 652 cm^{-1}、3 756 cm^{-1}，1 595 cm^{-1}。一般来说，键长的改变比键角的改变需要更大的能量，因此伸缩振动出现在高频区，而变角振动则出现在低频区。

同样，苯在红外吸收光谱中应出现 $3\times12-6=30$ 个峰。实际上，绝大多数化合物在红外吸收光谱图中出现的峰数，远小于理论上计算的振动数，这是由如下原因引起的：

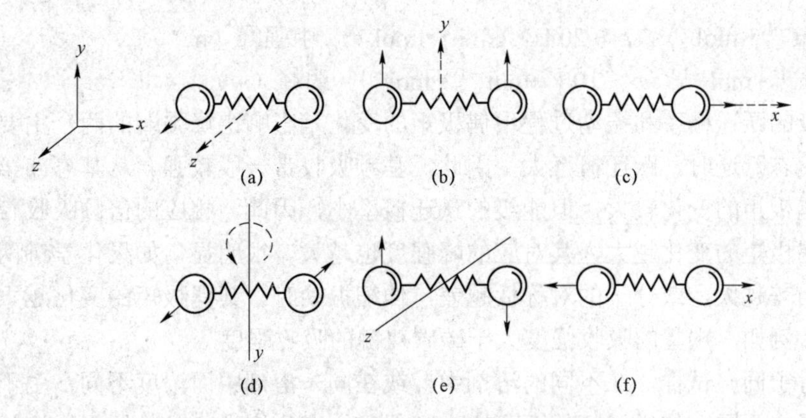

（a），（b）（c）为平移运动；（d），（e）为转动运动；（f）在 x 轴上反方向运动，使分子变形，产生振动运动

图 4－4 直线型分子的运动状态

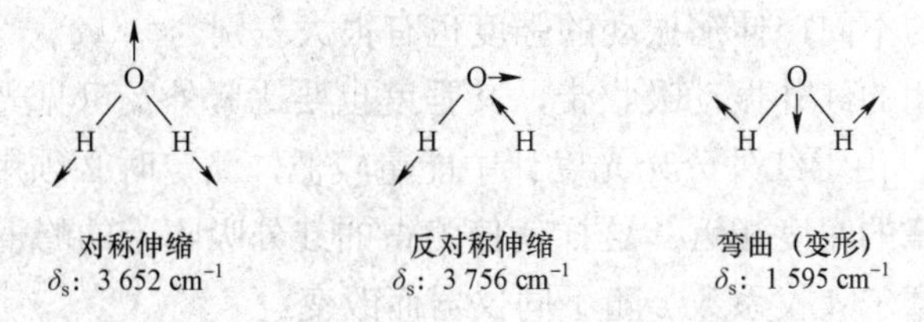

图 4－5 水分子的振动及红外吸收

① 没有偶极矩变化的振动，不产生红外吸收，即非红外活性；

② 相同频率的振动吸收重叠，即简并；

③ 仪器不能区别那些频率十分相近的振动，或因吸收带很弱，仪器检测不出；

④ 有些吸收带落在仪器检测范围之外。

例如，线性分子 CO_2，理论上计算其基本振动数为：$3\times3-5=4$。其具体振动形式如下：

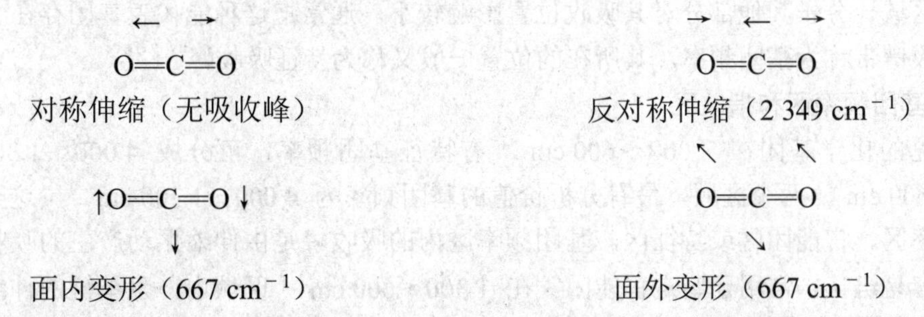

但在红外吸收光谱图上，只出现 667 cm^{-1} 和 2 349 cm^{-1} 两个基频吸收峰。这是因为对称伸缩振动偶极矩变化为零，不产生吸收。而面内变形振动和面外变形振动的吸收频率完全一样，发生简并。

5. 影响吸收峰强度的因素

在红外吸收光谱中，一般按摩尔吸收系数 ε 的大小来划分吸收峰的强弱等级，具体划分如下：

$\varepsilon>100\ L\cdot cm^{-1}\cdot mol^{-1}$ 非常强峰（vs）

$20\ L\cdot cm^{-1}\cdot mol^{-1}<\varepsilon\leqslant100\ L\cdot cm^{-1}\cdot mol^{-1}$ 强峰（s）

$10\ L \cdot cm^{-1} \cdot mol^{-1} < \varepsilon \leqslant 20\ L \cdot cm^{-1} \cdot mol^{-1}$　中强峰（m）

$1\ L \cdot cm^{-1} \cdot mol^{-1} < \varepsilon \leqslant 10\ L \cdot cm^{-1} \cdot mol^{-1}$　弱峰（w）

振动能级的跃迁概率和振动过程中偶极矩的变化是影响谱峰强弱的两个主要因素。从基态向第一激发态跃迁时，跃迁概率大，因此，基频吸收带一般较强。从基态向第二激发态跃迁时，虽然偶极矩的变化较大，但能级的跃迁概率小，因此，相应的倍频吸收带较弱。基频振动过程中偶极矩的变化越大，其对应的峰强度也越大。很明显，如果化学键两端连接的原子的电负性相差越大，或分子的对称性越差，伸缩振动时，其偶极矩的变化越大，产生的吸收峰也越强。例如，羰基的吸收强度大于碳碳双键的吸收强度。

另外，对于同一试样，在不同的溶剂中，或在同一溶剂中而浓度不同，由于氢键的影响以及氢键强弱的不同，使原子间的距离增大，偶极矩变化增大，吸收增强。例如，醇类的羟基在四氯化碳溶剂中伸缩振动的强度就比在乙醚溶剂中弱得多。而在不同浓度的四氯化碳溶液中，由于缔合状态的不同，伸缩振动的强度也有很大差别。

即使是强极性基团的红外振动吸收带，其强度也要比紫外及可见光区最强的电子跃迁小2～3个数量级。另外，由于红外分光光度计中能量较低，测定时必须用较宽的狭缝，使单色器的光谱通带同吸收峰的宽度相近。这样就使测得的红外吸收带的峰值及宽度受所用狭缝宽度影响。同一物质的摩尔吸收系数 ε 随不同仪器而改变。

4.1.2　基团频率和特征吸收峰

物质的红外吸收光谱，是其分子结构的反映，谱图中的吸收峰，与分子中各基团的振动形式相对应。多原子分子的红外吸收光谱与其结构的关系，一般是通过实验手段得到的。即通过比较大量已知化合物的红外吸收光谱，从中总结出各种基团的吸收规律。实验表明，组成分子的各种基团，如 O—H、N—H、C—H、C═C、C≡C、C═O 等，都有自己特定的红外吸收区域，分子其他部分对其吸收位置影响较小。通常把这种能代表基团存在并有较高强度的吸收谱带称为基团频率，其所在的位置一般又称为特征吸收峰。

1. 基团频率区和指纹区

常见的化学基团在 4 000～600 cm^{-1} 有特征基团频率，可分成 4 000～1 300 cm^{-1} 和 1 300～600 cm^{-1} 两个区域，最有分析价值的基团频率为 4 000～1 300 cm^{-1}，这一区域称为基团频率区、官能团区或特征区。基团频率区内的吸收峰是由伸缩振动产生的吸收带，比较稀疏，容易辨认，常用于鉴定官能团。在 1 300～600 cm^{-1} 区域内，除单键的伸缩振动外，还有因变形振动产生的谱带，这种振动与整个分子的结构有关。当分子结构稍有不同时，该区的吸收就有细微的差异，并显示出分子特征。这种情况就像人的指纹一样，因此称为指纹区。指纹区对于指认结构类似的化合物很有帮助，而且可以作为化合物存在某种基团的旁证。

利用红外吸收光谱鉴定有机化合物结构，必须熟悉重要的红外区域与结构（基团）的关系。通常中红外光区又可分为四个吸收区域（见表 4-2），熟记各区域包含哪些基团的哪些振动，对判断化合物的结构是非常有帮助的。

表 4－2　中红外光区四个区域的划分

区域	基团	吸收频率/cm^{-1}	振动形式	吸收强度	说明
第一区域	—OH（游离）	3 650～3 580	伸缩	m，sh	判断有无醇类、酚类和有机酸的重要依据
	—OH（缔合）	3 400～3 200	伸缩	s，b	
	—NH_2，—NH（游离）	3 500～3 300	伸缩	m	
	—NH_2，—NH（缔合）	3 400～3 100	伸缩	s，b	
	—SH	2 600～2 500	伸缩		
	不饱和 C—H				不饱和 C—H 伸缩振动出现在 3 000 cm^{-1} 以上
	≡C—H（叁键）	3 300 附近	伸缩	s	末端═CH_2 出现在 3 085 cm^{-1} 附近强度上比饱和 C—H 稍弱，但谱带较尖锐
	═C—H（双键）	3 010～3 040	伸缩	s	
	苯环中 C—H	3 030 附近	伸缩	s	
	饱和 C—H				饱和 C—H 伸缩振动出现在 3 000c m^{-1} 以下（3 000～2 800 cm^{-1}），取代基影响较小
	—CH_3	2 960±5	反对称伸缩	s	三元环中的—CH_2—出现在3050cm^{-1} —C—H出现在2 890 cm^{-1}，很弱
	—CH_3	2 870±10	对称伸缩	s	
	—CH_2—	2 930±5	反对称伸缩	s	
	—CH_2—	2 850±10	对称伸缩	s	
第二区域	—C≡N	2 260～2 220	伸缩	s 针状	干扰少 R—C≡C—H，2 100～2 140 cm^{-1}；R—C≡C—R，2 190～2 260 cm^{-1}；若 R′═R，对称分子无红外谱带
	N≡N	2 310～2 135	伸缩	m	
	—C≡C—	2 260～2 100	伸缩	v	
	—C═C═C—	1 950 附近	伸缩	v	
第三区域	C═C	1 680～1 620	伸缩	m，w	苯环的骨架振动 其他吸收带干扰少，是判断羰基（酮类、酸类、酸酐等）的特征频率，位置变动大
	芳环中 C═C	1 600，1 580	伸缩	v	
		1 500，1 450		s	
	—C═O	1 850～1 600	伸缩	s	
	—NO_2	1 600～1 500	反对称伸缩	s	
	—NO_2	1 300～1 250	对称伸缩	s	
	S═O	1 220～1 040	伸缩	s	
第四区域	C—O	1 300～1 000	伸缩	s	C—O 键（酸、酮、醇类）的极性很强，故强度强，常成为谱图中最强的吸收；醚类中 C—O—C 的 v_{as}=（1 100±50）cm^{-1} 是最强的吸收。C—O—C 对称伸缩在（900～1 000）cm^{-1}，较弱
	C—O—C	900～1150	伸缩	s	
	—CH_3，—CH_2	1 460±10	—CH_3 反对称变形，—CH_2 变形	m	大部分有机化合物都含有—CH_3、═CH_2，因此此峰经常出现
	—CH_3	1 370～1 380	对称变形	s	
	—NH_2	1 650～1 560	变形	m—s	
	C—F	1 400～1 000	伸缩	s	
	C—Cl	800～600	伸缩	s	
	C—Br	600～500	伸缩	s	
	C—I	500～200	伸缩	s	
	═CH_2	910～890	面外摇摆	s	
	—$(CH_2)_n$—，$n>4$	720	面内摇摆	v	

注：s—强吸收，b—宽吸收带，m—中等强度吸收，w—弱吸收，sh—尖锐吸收峰，v—吸收强度可变。

1）基团频率区

基团频率区可分为如下三个区域。

① X—H 伸缩振动区（4 000～2 500 cm^{-1}），X 可以是 O、H、C 或 S 等原子。

O—H 的伸缩振动出现在 3 650～3 200 cm^{-1}，它可以作为判断有无醇类、酚类和有机酸类的重要依据。当醇和酚溶于非极性溶剂（如 CCl_4）中，浓度为 0.01 mol·L^{-1} 时，在 3 650～3 580 cm^{-1} 处出现游离 O—H 的伸缩振动吸收，峰形尖锐，且没有其他吸收峰干扰，易于识别。

当试样浓度增加时，羟基化合物产生缔合现象，O—H 的伸缩振动吸收峰向低波数方向移动，在 3 400～3 200 cm^{-1} 出现一个宽而强的吸收峰。胺和酰胺的 N—H 伸缩振动也出现在 3 500～3 100 cm^{-1}，因此，可能会对 O—H 伸缩振动有干扰。

C—H 伸缩振动可分为饱和和不饱和的两种。饱和的 C—H 伸缩振动出现在 3 000 cm^{-1} 以下，约 3 000～2 800 cm^{-1}，取代基对它们影响很小。如—CH_3 的伸缩振动出现在 2 960 cm^{-1}（反对称伸缩）和 2 876 cm^{-1}（对称伸缩）附近；—CH_2 的伸缩振动出现在 2 930 cm^{-1}（反对称伸缩）和 2 850 cm^{-1}（对称伸缩）附近；—CH（不是炔烃）的伸缩振动出现在 2 890 cm^{-1} 附近，但强度很弱，甚至观察不到。

不饱和的 C—H 伸缩振动出现在 3 000 cm^{-1} 以上，以此来判别化合物中是否含有不饱和的 C—H。苯环的 C—H 伸缩振动出现在 3 030 cm^{-1} 附近，它的特征是强度比饱和的 C—H 稍弱，但谱带比较尖锐。不饱和双键═CH—伸缩振动出现在 3 010～3 040 cm^{-1}，末端═CH_2 伸缩振动出现在 3 085 cm^{-1} 附近。叁键≡CH 上的 C—H 伸缩振动出现在 3 300 cm^{-1} 附近。

② 叁键和累积双键区（2 500～1 900 cm^{-1}），主要包括—C≡C—、—C≡N 等叁键的伸缩振动，以及—C═C═C、—C═C═O 等累积双键的不对称性伸缩振动。

对于炔烃类化合物，可以分成 R—C≡CH 和 R—C≡C—R 两种类型，R—C≡CH 的伸缩振动出现在 2 100～2 140 cm^{-1}，R—C≡C—R 的伸缩振动出现在 2 190～2 260 cm^{-1}。如果是 R—C≡C—R，因为分子是对称的，则为非红外活性分子。—C≡N 的伸缩振动在非共轭的情况下出现在 2 240～2 260 cm^{-1}。当与不饱和键或芳香核共轭时，它的伸缩振动出现在 2 220～2 230 cm^{-1}。若分子中含有 C、H、N，—C≡N 的吸收峰比较强而尖锐。若分子中含有氧原子，且氧原子离—C≡N 基越近，—C≡N 的吸收峰越弱，甚至观察不到。由于只有少数的基团在此处有吸收，因而此谱带在鉴定分析中仍然是很有用的。

③ 双键伸缩振动区（1 900～1 200 cm^{-1}），该区域包括三种重要伸缩振动：

a）C═O 伸缩振动出现在 1 900～1 650 cm^{-1}，是红外吸收光谱中的特征光谱且往往是最强的吸收，以此很容易判断酮类、醛类、酸类、酯类以及酸酐等有机化合物。酸酐的羰基吸收带由于振动耦合而呈现双峰（1 820 cm^{-1} 及 1 750 cm^{-1}），可以根据这两个峰的相对强度来判断酸酐是环状的还是线型的。线型酸酐的两峰强度近似相等；但环状酸酐的低波数峰却较高波数峰强。酯类中的 C═O 基伸缩振动出现在 1 750～1 725 cm^{-1}，且吸收很强。酯类中羰基吸收的位置不受氢键的影响。在各种不同极性的溶剂中测定，谱带位置无明显移动。当羰基和不饱和键共轭时吸收向低波数移动，而吸收强度几乎不受影响。

b）C═C 伸缩振动。烯烃的 C═C 伸缩振动出现在 1 680～1 620 cm^{-1}，一般很弱。单核芳烃的 C═C 伸缩振动出现在 1 600 cm^{-1} 和 1 500 cm^{-1} 附近，有两个峰，这是芳环的骨架结构，用于确认有无芳核的存在。

c）苯的衍生物的泛频谱带出现在 2 000～1 650 cm^{-1} 范围，是 C—H 面外和 C═C 面内变形振动的泛频吸收，虽然强度很弱，但它们的吸收面貌在表征芳核取代类型上是有用的。

2）指纹区

1 300～900 cm^{-1} 区域是 C—O、C—N、C—F、C—P、C—S、P—O、Si—O 等单键的伸缩振动和 C═S、S═O、P═O 等双键的伸缩振动吸收。其中 1 375 cm^{-1} 的谱带为甲基的 C—H 对称弯曲振动，对识别甲基十分有用，C—O 的伸缩振动出现在 1 300～1 000 cm^{-1}，是该区域最强的峰，也较易识别。

900～650 cm^{-1} 区域的某些吸收峰可用来确认化合物的顺反构型。例如，烯烃的═C—H 面外变形振动出现的位置，很大程度上取决于双键的取代情况。对于 $RCH═CH_2$ 结构，在 990 cm^{-1} 和 910 cm^{-1} 出现两个强峰；对 RHC═CRH 结构，其顺、反构型分别在 690 cm^{-1} 和 970 cm^{-1} 出现吸收峰。此外，利用本区域中苯环的 C—H 面外变形振动吸收峰和 2 000～1 667 cm^{-1} 区域苯的倍频或组合频吸收峰，可以共同配合确定苯环的取代类型。

2. 影响基团频率的因素

尽管基团频率主要由其原子的质量及原子的力常数所决定，但分子内部结构和外部环境的改变都会使其频率发生改变，因而使得许多具有同样基团的化合物在红外光谱图中出现在一个较大的频率范围内。为此，了解影响基团频率的因素，对于解析红外吸收光谱和推断分子的结构是非常有用的。

影响基团频率的因素可分为内部因素及外部因素两类。

1）内部因素

（1）电子效应

① 诱导效应（I 效应）。由于取代基具有不同的电负性，通过静电诱导效应，引起分子中电子分布的变化，改变了键的力常数，使键或基团的特征频率发生位移。例如，当有电负性较强的元素与羰基上的碳原子相连时，由于诱导效应，就会发生氧上的电子转移：导致 C═O 键的力常数变大，因而使吸收峰向高波数方向移动。元素的电负性越强，诱导效应越强，吸收峰向高波数移动的程度越显著。

② 中介效应（M 效应）。在化合物中，C═O 伸缩振动产生的吸收峰在 1 680 cm^{-1} 附近。若以电负性来衡量诱导效应，则比碳原子电负性大的氮原子应使 C═O 键的力常数增加，吸收峰应大于酮羰基的频率（1 715 cm^{-1}）。但实际情况正好相反，所以，仅用诱导效应不能解释造成上述频率降低的原因。事实上，在酰胺分子中，除了氮原子的诱导效应外，还同时存在中介效应，即氮原子的孤对电子与 C═O 上π电子发生重叠，使它们的电子云密度平均化，造成 C═O 键的力常数下降，使吸收频率向低波数侧位移。

③ 共轭效应（C 效应）。共轭效应使共轭体系具有共面性，且使其电子云密度平均化，造成双键略有伸长，单键略有缩短，因此，双键的吸收频率向低波数方向位移。例如，酮的 C═O，因与苯环共轭而使 C═O 的力常数减小，频率降低，表示如下：

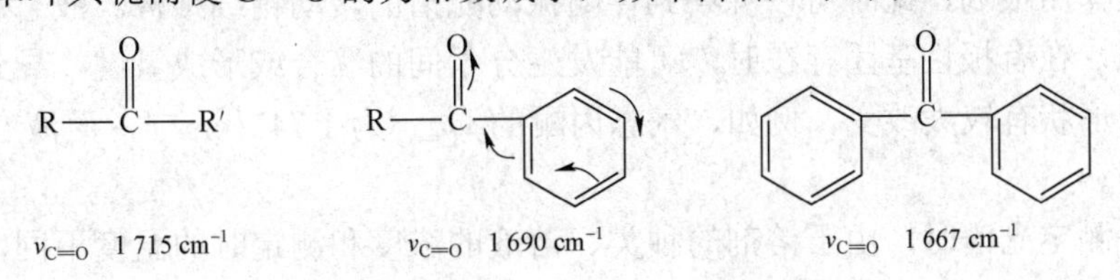

（2）氢键的影响

由于氢键的形成，使电子云密度平均化（缔合态），体系能量下降，X—H 伸缩振动频率降低，吸收谱带变宽、强度增大。例如，乙醇的浓度小于 0.01 mol·L^{-1} 时，乙醇分子间不形成氢键，羟基的伸缩振动 ν_{OH} 为 3 640 cm^{-1}；乙醇浓度大于 0.1 mol·L^{-1}时，乙醇分子间发生氢键缔合，生成二聚体和多聚体，ν_{OH} 依次降低为 3 515 cm^{-1} 和 3 350 cm^{-1}。

（3）振动偶合

振动偶合是指当两个化学键振动的频率相等或相近并具有一个公共原子时，由于一个键的振动通过公共原子使另一个键的长度发生改变，产生一个“微扰”，从而形成了强烈的相互作用，这种相互作用的结果，使振动频率发生变化，一个向高频移动，一个向低频移动。

振动偶合常常出现在一些二羰基化合物中。例如，在酸酐中，由于两个羰基的振动偶合，使 $\nu_{C=O}$ 的吸收峰分裂成两个峰，分别出现在 1 820 cm^{-1} 和 1 760 cm^{-1}。

（4）费米振动

当弱的倍频（或组合频）峰位于某强的基频吸收峰附近时，它们的吸收峰强度常常随之增加，或发生谱峰分裂。这种倍频（或组合频）与基频之间的振动偶合，称为费米振动。例如，在正丁基乙烯基醚（C_4H_9—O—C=CH_2）中，烯基 $\omega_{=CH}$ 810 cm^{-1} 的倍频（约在 1 600 cm^{-1}）与烯基的 $\nu_{C=C}$ 发生费米共振，结果在 1 640 cm^{-1} 和 1 613 cm^{-1} 出现两个强的谱带。

（5）立体障碍

由于立体障碍，羰基与双键之间的共轭受到限制时，$\nu_{C=O}$ 较高。例如：

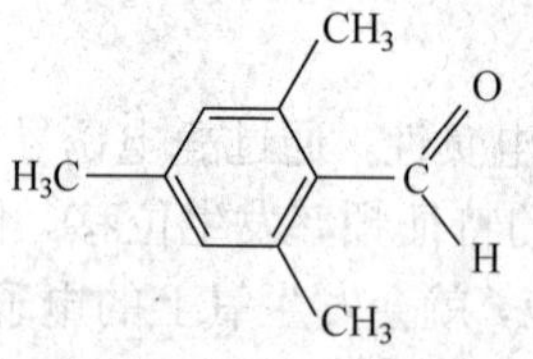

(a) 1 680 cm^{-1} 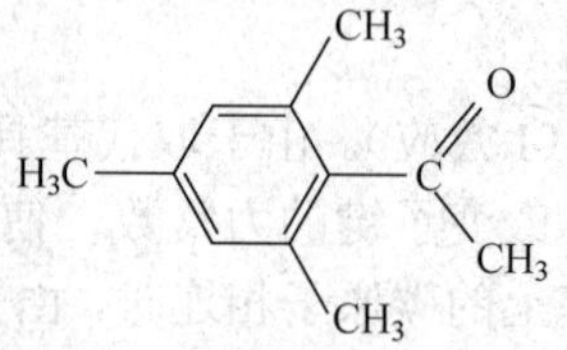　　(b) 1 700 cm^{-1}

在（b）中，由于接在羰基上的—CH_3 的立体障碍，羰基与苯环的双键不能处在同一平面，结果共轭受到限制，因此 $\nu_{C=O}$ 振动频率比（a）式稍高。

（6）环的张力

环的张力越大，$\nu_{C=O}$ 振动频率就越高。在下面几个酮中，四元环的张力最大，因此它的 $\nu_{C=O}$ 振动频率就最高。

2）外部因素

外部因素主要指测定物质的状态以及溶剂效应等因素。

同一物质在不同状态时，由于分子间相互作用力不同，所得光谱也往往不同。分子在气态时，其相互作用很弱，此时可以观察到伴随振动光谱的转动精细结构。液态和固态分子间的作用力较强，在有极性基团存在时，可能发生分子间的缔合或形成氢键，导致特征吸收带频率、强度和形状有较大改变。例如，气态丙酮的 $\nu_{C=O}$ 为 1 742 cm^{-1}，而液态丙酮的 $\nu_{C=O}$ 为 1 718 cm^{-1}。

在溶液中测定光谱时，由于溶剂的种类、溶液的浓度和测定时的温度不同，同一物质所测得的光谱也不相同。通常在极性溶剂中，溶质分子的极性基团的伸缩振动频率随溶剂极性的增加而向低波数方向移动，并且强度增大。因此，在红外光谱测定中，应尽量采用非极性溶剂。

4.1.3 红外吸收光谱法的应用

红外吸收光谱在化学领域中的应用是多方面的。它不仅用于结构的基础研究，如确定分子的空间构型，求出化学键的力常数、键长和键角等；而且广泛地用于化合物的定性分析、定量分析和化学反应的机理研究等。但是红外吸收光谱应用最广的还是未知化合物的结构鉴定。

1. 定性分析

1）已知物及其纯度的定性鉴定

此项工作比较简单。通常在得到试样的红外吸收光谱图后，与纯物质的红外吸收光谱图进行对照，如果两张谱图各吸收峰的位置和形状完全相同，吸收峰的相对强度一样，就可认为试样是该已知物。相反，如果两谱图面貌不一样，或者吸收峰位置不对，则说明两者不为同一物，或试样中含有杂质。

2）未知物结构的确定

确定未知物的结构，是红外吸收光谱法定性分析的一个重要用途。它涉及图谱的解析，下面简单予以介绍。

（1）收集试样的有关资料和数据

在解析图谱前，必须对试样有详细的了解，如试样的纯度、外观、来源，以及试样的元素分析结果及其他物理性质（相对分子质量、沸点、熔点等），这样可以大大节省解析图谱的时间。

（2）确定未知物的不饱和度

所谓不饱和度是表示有机分子中碳原子的饱和程度。

计算不饱和度的经验式为：

$$U=n_4+1+(n_3-n_1)/2 \tag{4-3}$$

其中，n_4为化合价为 4 价的原子个数（主要是 C 原子），n_3为化合价为 3 价的原子个数（主要是 N 原子），n_1为化合价为 1 价的原子个数（主要是 H、X 原子）。

通常规定双键和饱和环状结构的不饱和度为 1，叁键的不饱和度为 2，苯环的不饱和度为 4（可理解为一个环加三个双键）。链状饱和烃的不饱和度则为零。

例如：$CH_3—(CH_2)_7—COOH$ 的不饱和度计算如下：

$$U=1+9+(1/2)(0-18)=1$$

说明分子式中存在双键。

（3）红外吸收光谱图解析

由于化合物分子中的各种基团具有多种形式的振动方式，所以一个试样物质的红外吸收峰有时多达几十个，但没有必要使红外吸收光谱图中各个吸收峰都得到解释，因为有时只要辨认几个至十几个特征吸收峰即可确定试样物质的结构，而且目前还有很多红外吸收峰无法解释。如果在样品红外吸收光谱图的 4 000～650 cm^{-1} 区域只出现少数几个宽峰，则试样可能为无机物或多组分混合物，因为较纯的有机化合物或高分子化合物都具有较多和较尖锐的吸收峰。

红外吸收光谱图解析的程序无统一的规则，一般可归纳为两种方式：一种是按红外吸收光谱图中吸收峰强度的顺序解析，即首先识别特征区的最强峰，然后是次强峰或较弱峰，它们分别属于何种基团，同时查对指纹区的相关峰加以验证，以初步推断试样物质的类别，最后详细地查对有关光谱资料来确定其结构；另一种是按基团顺序解析，即首先按羰基、羟基、碳氧键、碳碳双键（包括芳环）、碳氮键和硝基等几个主要基团的顺序，采用肯定与否定的方法，判断试样光谱中这些主要基团的特征吸收峰存在与否，以获得分子结构的概貌，然后查对其细节，确定其结构。在解析过程中，要把注意力集中到主要基团的相关峰上，避免孤立解析。对于～3 000 cm^{-1}的ν_{C-H}吸收不要急于分析，因为几乎所有有机化合物都有这一吸收带。此外也不必为基团的某些吸收峰位置有所差别而困惑。由于这些基团的吸收峰都是强峰或较强峰，因此易于识别，并且含有这些基团的化合物属于一大类，所以无论是肯定或否定其存在，都可大大缩小进一步查找的范围，从而能较快地确定试样物质的结构。按基团顺序解析红外吸收光谱的方法如下。

① 查对$\nu_{C=O}$1 840～1 630 cm^{-1}（s）的吸收是否存在，如存在，则可进一步查对下列羰基化合物是否存在：

酰胺：查对ν_{N-H} ～3 500 cm^{-1}（m－s），有时为等强度双峰是否存在；

羧酸：查对ν_{O-H} 3 300～2 500 cm^{-1} 宽而散的吸收峰是否存在；

醛：查对醛基的ν_{C-H} ～2 720 cm^{-1} 特征吸收是否存在；

酸酐：查对$\nu_{C=O}$ ～1 810 cm^{-1} 和～1 760 cm^{-1} 的双峰是否存在；

酯：查对ν_{C-O} 1 300～1 000 cm^{-1}（m－s）特征吸收是否存在；

酮：查对以上基团吸收都不存在时，则此羰基化合物很可能是酮；另外，酮的$\nu_{as,C-C-C}$在1 300～1 000 cm^{-1} 有一弱吸收峰。

② 如果谱图上无$\nu_{C=O}$吸收带，则可查对是否为醇、酚、胺、醚等化合物。

醇或酚：查对ν_{O-H} 3 600～3 200 cm^{-1}（s，宽）和ν_{C-O} 1 300～1 000 cm^{-1}（s）特征吸收是否存在；

胺：查对ν_{N-H}3 500～3 100 cm^{-1} 和δ_{N-H}1 650～1 580 cm^{-1}（s）特征吸收是否存在；

醚：查对 ν_{C-O-C}1 300～1 000 cm^{-1} 特征吸收是否存在，且无醇、酚的 ν_{O-H} 3 600～3 200 cm^{-1} 特征吸收。

③ 查对碳碳双键或芳环是否存在。

查对链烯的$\nu_{C=C}$（～1 650 cm^{-1}）特征吸收是否存在；芳环的$\nu_{C=C}$（～1 600 cm^{-1}和～1 500 cm^{-1}）特征吸收是否存在；查对链烯或芳环的 $\nu_{=C-H}$（～3 100 cm^{-1}）特征吸收是否存在。

④ 查对碳碳叁键或碳氮叁键吸收带是否存在：

查对$\nu_{C\equiv C}$（～2 150 cm^{-1}，w、尖锐）特征吸收是否存在；查对$\nu_{\equiv C-H}$（～3 200 cm^{-1}，m、尖）特征吸收是否存在；

查对$\nu_{C\equiv N}$（2 260 cm^{-1}～2 220 cm^{-1}，m－s）特征吸收是否存在。

⑤ 查对硝基化合物是否存在。

查对 ν_{as,NO_2}（~1 560 cm^{-1}，s）和 ν_{s,NO_2}（~1 350 cm^{-1}）特征吸收是否存在。

⑥ 查对烃类化合物是否存在。

如在试样光谱中未找到以上各种基团的特征吸收峰，而在~3 000 cm^{-1}，~1 470 cm^{-1}，~1 380 cm^{-1}，780 cm^{-1}~720 cm^{-1} 有吸收峰，则它可能是烃类化合物。烃类化合物具有最简单的红外吸收光谱图。

对于一般的有机化合物，通过以上的解析过程，再仔细观察红外吸收光谱图中的其他光谱信息，并查阅较为详细的基团特征频率材料，就能较为满意地确定试样物质的分子结构。对于复杂有机化合物的结构分析，往往还需要与其他结构分析方法配合使用，详细情况可查阅相关资料。

［例 4-1］某化合物的分子式为 C_6H_{14}，其红外吸收图光谱如图 4-6 所示。试推测该化合物的结构式。

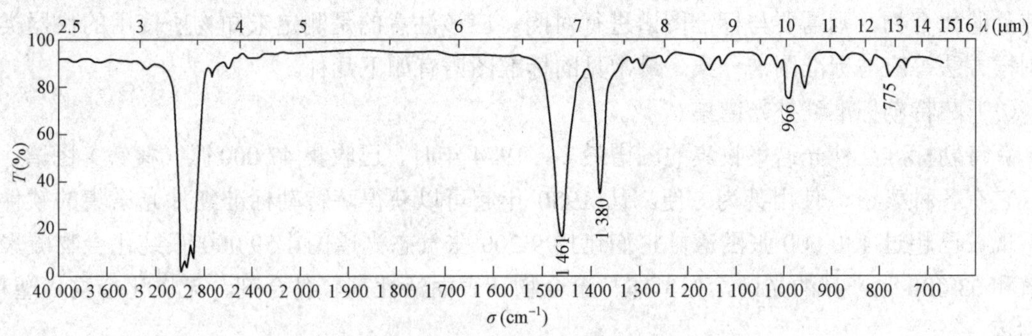

图 4-6 某化合物的红外吸收光谱图（一）

解：从分子式可知，该化合物为烃类。从图 4-6 可以看到，该红外吸收光谱图的吸收峰数目比较少，峰形尖锐，图谱相对简单，化合物可能具有对称结构。

通过计算得不饱和度 $U=0$，表明该化合物为饱和烃类。

由于 1 380 cm^{-1} 的吸收峰为单峰，表明无二甲基存在，即该化合物分子中无—$CH(CH_3)_2$ 结构。在 740~720 cm^{-1} 无吸收峰，即无—$(CH_2)_n$—结构（n 为自然数），而 775 cm^{-1} 处有一个单峰，表明亚甲基是独立存在的。因此，该化合物的结构式应为：

$$CH_3—CH_2—CH(CH_3)—CH_2—CH_3$$

［例 4-2］有一分子式为 $C_7H_6O_2$ 的化合物，其红外吸收光谱如图 4-7 所示，试推断其结构。

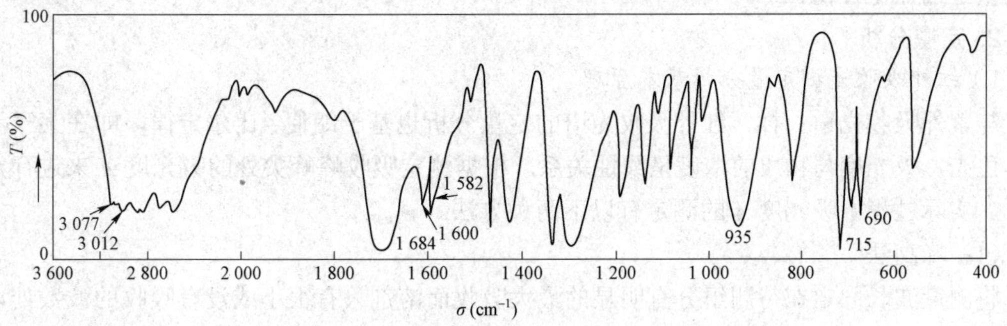

图 4-7 某化合物的红外吸收光谱图（二）

解：计算不饱和度 $U=5$，1 684 cm^{-1} 强峰是 $\nu_{C=O}$ 的吸收，在 3 300～2 500 cm^{-1} 有宽而散的 ν_{O-H} 峰，并在约 935 cm^{-1} 的 ν_{C-O} 位置有羧酸二聚体的 ν_{O-H} 吸收，在约 1 400 cm^{-1}、1 300 cm^{-1} 处有羧酸的 ν_{C-O} 和 δ_{O-H} 的吸收，因此该化合物结构中含—COOH；1 600 cm^{-1}、1 582 cm^{-1} 是苯环 $\nu_{C=C}$ 的特征吸收，3 070 cm^{-1}、3 012 cm^{-1} 是苯环 ν_{C-H} 的特征吸收，715 cm^{-1}、690 cm^{-1} 是单取代苯的特征吸收，所以该未知化合物中肯定存在单取代的苯环。因此，综上所述可知其结构为：

3）几种标准图谱集

进行定性分析时，对于能获得相应纯品的化合物，一般通过图谱对照即可。对于没有已知纯品的化合物，则需要与标准图谱进行对照。应该注意的是测定未知物所使用的仪器类型及制样方法等应与标准图谱一致。最常见的标准图谱有如下几种。

（1）萨特勒标准红外光谱集

萨特勒标准红外光谱集收集的图谱最多，1974 年时，已收集 47 000 张（棱镜）图谱。另外，它有各种索引，使用甚为方便。从 1980 年起可以获得萨特勒标准红外光谱集的软件资料。现在已超过 130 000 张图谱。它们包括 9 200 张气态光谱图，59 000 张纯化合物凝聚相光谱和 53 000 张产品的光谱，如单体、聚合物、表面活性剂、黏合剂、无机化合物、塑料、药物等。

（2）分子光谱文献 DMS（documentation of molecular spectroscopy）穿孔卡片

它由英国和德国联合编制。该卡片有三种类型：桃红卡片为有机化合物，淡蓝色卡片为无机化合物，淡黄色卡片为文献卡片。卡片正面是化合物的许多重要数据，反面则是红外吸收光谱图。

（3）API 红外吸收光谱资料

它由美国石油研究所（API）编制。该图谱集主要是烃类化合物的红外吸收光谱。由于它收集的图谱较单一，数目不多（1971 年时共收集图谱 3 604 张），又配有专门的索引，故查阅也很方便。

事实上，现在许多红外吸收光谱仪都配有计算机检索系统，可从储存的红外吸收光谱数据中鉴定未知化合物。

2. 定量分析

1）红外吸收光谱定量分析基本原理

与紫外吸收光谱一样，红外吸收光谱的定量分析也基于朗伯－比尔定律，即在某一波长的单色光，吸光度与物质的浓度呈线性关系。根据测定吸收峰峰尖处的吸光度 A 来进行定量分析。实际过程中吸光度 A 的测定有以下两种方法。

（1）峰高法

将测量波长固定在待测组分有明显的最大吸收而溶剂只有很小或没有吸收的波数处，使用同一吸收池，分别测定样品及溶剂的透光率，则样品的透光率等于两者之差，并由此求出吸光度。

（2）基线法

由于峰高法中采用的补偿并不是十分满意的，因此误差比较大。为了使分析波数处的吸光度 A 更接近真实值，常采用基线法。所谓基线法，就是用直线来表示分析峰不存在时的背景吸收线。

2）定量分析测量和操作条件的选择

（1）定量谱带的选择

理想的定量谱带应该是孤立的，吸收强度大，遵守吸收定律，不受溶剂和样品中其他组分的干扰，尽量避免在水蒸气和 CO_2 的吸收峰位置测量。当对应不同定量组分而选择两条以上定量谱带时，谱带强度应尽量保持在相同数量级。对于固体样品，由于散射强度和波长有关，所以选择的谱带最好在较窄的波数范围内。

（2）溶剂的选择

所选溶剂应能很好地溶解样品，与样品不发生化学反应，在测量范围内不产生吸收。为消除溶剂吸收带影响，可采用差谱技术计算。

（3）合适透射区域的选择

透射比应控制在 20%～65%。

（4）测量条件的选择

定量分析前要对仪器的 100%线、分辨率、波数精度等各项性能指标进行检查，先测参比（背景）光谱可减少 CO_2 和水的干扰。

3）红外吸收光谱定量分析方法

（1）工作曲线法

在固定液层厚度及入射光的波长和强度的情况下，测定一系列不同浓度标准溶液的吸光度，以对应分析谱带的吸光度为纵坐标，标准溶液浓度为横坐标作图，得到一条通过原点的直线，该直线为标准曲线或工作曲线。在相同条件下测得试液的吸光度，从工作曲线上可查出试液的浓度。

（2）比例法

工作曲线法的样品和标准溶液都使用相同厚度的液体吸收池，且其厚度可准确测定。当其厚度不定或不易准确测定时，可采用比例法。它的优点是不必考虑样品厚度对测量的影响，这在高分子物质的定量分析上应用较普遍。

比例法主要用于分析二元混合物中两个组分的相对含量。对于二元体系，若两组分定量谱带不重叠，则：

$$R=\frac{A_1}{A_2}=\frac{a_1bc_1}{a_2bc_2}=\frac{a_1c_1}{a_2c_2}=K\frac{c_1}{c_2}$$

因 $c_1+c_2=1$，故

$$c_1=\frac{R}{K+R}$$

$$c_2=\frac{K}{K+R}$$

式中：$K=\dfrac{a_1}{a_2}$，是两组分在各自分析波数处的吸收系数之比，可由标准样品测得；R 是被测样品二组分定量谱带峰值吸光度的比值，由此可计算出两组分的相对含量 c_1 和 c_2。

（3）内标法

当用 KBr 压片法、糊状法或液膜法时，光通路厚度不易确定，在有些情况下可以采用内标法。内标法是比例法的特例。这个方法是选择一种标准化合物，它的特征吸收峰与样品的分析峰互不干扰，取一定量的标准物质与样品混合，将此混合物制成 KBr 片或油糊制红外吸收光谱图，则有

$$A_S = a_S b_S c_S$$
$$A_r = a_r b_r c_r$$

将这两式相除，因 $b_S = b_r$，则得

$$\frac{A_S}{A_r} = \frac{a_S}{a_r} \cdot \frac{c_S}{c_r} = Kc_S$$

以吸光度比为纵坐标，以 c_S 为横坐标画工作曲线。在相同条件下测得试液的吸光度，从工作曲线上可查出试液的浓度。

常用的内标物有 $Pb(SCN)_2$，2 045 cm^{-1}；Fe（SCN）$_2$，1 635 cm^{-1}、2 130 cm^{-1}；KSCN，2 100 cm^{-1}；NaN_3，640 cm^{-1}、2 120 cm^{-1}；C_6Br_6，1 300 cm^{-1}、1 255 cm^{-1}。

（4）差示法

该法可用于测量样品中的微量杂质，例如，有 A 和 B 的混合物，微量组分 A 的谱带被主要组分 B 的谱带严重干扰或完全掩蔽，可用差示法来测量微量组分 A。很多红外吸收光谱仪中都配有能进行差谱的计算机软件功能，对差谱前的光谱采用累加平均处理技术，对计算机差谱后所得的差谱图采用平滑处理和纵坐标扩展，可以得到十分优良的差谱图，以此可以得到比较准确的定量结果。

任务 4.2　傅里叶变换红外光谱仪

测定红外吸收的仪器有三种类型：① 光栅色散型分光光度计，主要用于定性分析；② 傅里叶变换红外光谱仪，适宜进行定性分析和定量分析测定；③ 非色散型分光光度计，用来定量测定大气中各种有机物质。

在 20 世纪 80 年代以前，广泛应用光栅色散型红外分光光度计。随着傅里叶变换技术引入红外吸收光谱仪，使其具有分析速度快、分辨率高、灵敏度高以及很好的波长精度等优点。但因它的价格、仪器的体积及常常需要进行机械调节等问题而在应用上受到一定程度的限制。近年来，因傅里叶变换红外光谱仪体积减小，操作稳定、易行，价格降低（一台简易傅里叶变换红外光谱仪的价格与一般色散型分光光度计相当）。由于上述种种原因，目前傅里叶变换红外光谱仪已逐步取代了色散型分光光度计。

4.2.1 仪器组成

傅里叶变换红外光谱仪（Fourier transform infrared spectrometer，FTIR）是由红外光源、迈克尔逊干涉仪、检测器、计算机和记录系统等部分构成。

1. 红外光源

红外光源能发射出稳定、高强度连续波长的红外光，通常使用能斯特灯、碳化硅或涂有稀土化合物的镍铬旋状灯丝。

2. 迈克尔逊干涉仪

迈克尔逊干涉仪的作用是将复色光变为干涉光。

3. 检测器

检测器一般分为热检测器和光检测器两大类。热检测器是把某些热电材料的晶体放在两块金属板中，当光照射到晶体上时，晶体表面电荷分布变化，由此可以测量红外辐射的功率。热检测器有氘代硫酸三甘肽（DTGS）、钽酸锂（$LiTaO_3$）等类型。光检测器是利用材料受光照射后，由于导电性能的变化而产生信号，最常用的光检测器有锑化烟、汞镉碲等类型。

4. 计算机和记录系统

计算机通过接口与光学测量系统电路相连，把检测器得到的信号经放大器、滤波器等处理，然后送到计算机接口，再经处理后送到计算机数据处理系统，计算结果输出给显示器或打印机。

4.2.2 基本原理

傅里叶变换红外光谱仪主要由迈克尔逊干涉仪和计算机两部分组成，其工作原理示意图如图 4－8 所示。由红外光源发出的红外光经准直为平行红外光束进入干涉仪系统，经干涉仪调制后得到一束干涉光。干涉光通过样品，获得含有光谱信息的干涉信号到达检测器上，由检测器将干涉信号变为电信号。此处的干涉信号是一时间函数，即由干涉信号绘出的干涉图，其横坐标是动镜移动时间或动镜移动距离。这种干涉图经过模－数转换器输入计算机，由计算机进行傅里叶变换的快速计算，即可获得以波数为横坐标的红外光谱图。然后通过模－数转换器输入绘图仪而绘出人们十分熟悉的标准红外吸收光谱图。

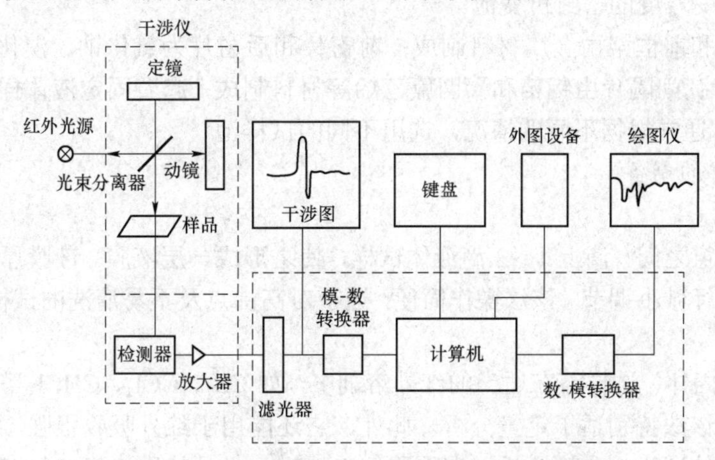

图 4－8　傅里叶变换红外光谱仪工作原理示意图

任务 4.3 红外吸收光谱法实验技术

4.3.1 试样要求

在红外吸收光谱法中，试样的制备及处理是非常重要的，如果试样处理不当，即使仪器的性能再好，也不能得到满意的红外吸收光谱图。在制备试样时应注意以下事项。

① 试样应该是单一组分的纯物质，纯度应＞98%或符合商业规格才便于与纯物质的标准光谱进行对照。多组分试样应在测定前尽量预先用分馏、萃取、重结晶或色谱法进行分离提纯，否则各组分光谱相互重叠，难以判断。

② 试样中不应含有游离水。水本身有红外吸收，会严重干扰样品谱，而且会侵蚀吸收池的盐窗。

③ 试样的浓度和测试厚度应选择适当，以使光谱图中的大多数吸收峰的透射比处于10%～80%。浓度太小，厚度太薄，会使一些弱的吸收峰和光谱的细微部分不能显示出来；浓度过大，过厚，又会使强的吸收峰超越标尺刻度而无法确定它的真实位置。有时为了得到完整的光谱图，需要用几种不同浓度或厚度的试样进行测试。

4.3.2 制样技术

下面分别介绍气体、液体和固体试样的制备。

1. 气体试样

气体试样可在气体吸收池内进行测定。进样时，一般先把气槽抽成真空，然后再灌注试样。

2. 液体试样

1）液体池的种类

常用的液体池有三种，即厚度一定的密封固定池，垫片可自由改变厚度的可拆池以及用微调螺丝连续改变厚度的密封可变池。

一般后框架和前框架由金属材料制成；前窗片和后窗片为氯化钠、溴化钾、KRS－5 和 ZnSe 等晶体薄片；间隔片由铝箔和聚四氟乙烯等材料制成，起着固定液体样品的作用，厚度为 0.01～2 mm。通常根据不同的情况，选用不同的试样池。

2）液体试样的制备

（1）液膜法

在可拆池两窗之间，滴上 1～2 滴液体试样，使之形成一层液膜。液膜厚度可借助于池架上的微调螺丝进行微小调节。该法操作简便，适于对高沸点及不易清洗的试样进行定性分析。

（2）溶液法

将液体（或固体）试样溶在适当的红外溶剂中，如 CS_2、CCl_4、$CHCl_3$ 等，然后注入固定池中进行测定。该法特别适于定量分析。此外，它还能用于红外吸收很强、用液膜法不能得到满意谱图的液体试样的定性分析。在采用溶液法时，必须特别注意红外溶剂的选择。要求溶剂在较大的范围内无吸收，试样的吸收带尽量不被溶剂吸收带所干扰。此外，还要考虑溶剂对试样吸收带的影响（如形成氢键等溶剂效应）。

3. 固体试样

固体试样的制备，除前面介绍的溶液法外，还有粉末法、糊状法、压片法、薄膜法、发射法等，其中尤以糊状法、压片法和薄膜法最为常用。

1）糊状法

该法是把试样研细，滴入几滴悬浮剂，继续研磨成糊状，然后用可拆池测定。常用的悬浮剂是液体石蜡油，它可减小散射损失，并且自身吸收带简单，但不适于用来研究与石蜡油结构相似的饱和烷烃。

2）压片法

这是分析固体试样应用最广的方法。通常用 300 mg 的 KBr 与 1～3 mg 固体试样共同研磨；在模具中用 5×10^{7}～10×10^{7} Pa 压力的油压机压成透明的片后，再置于光路进行测定。由于 KBr 在 400～4 000 cm^{-1} 光区不产生吸收，因此可以绘制全波端光谱图。除用 KBr 压片外，也可用 KI、KCl 等压片。

3）薄膜法

该法主要用于高分子化合物的测定。通常将试样热压成膜或将试样溶解在沸点低易挥发的溶剂中，然后倒在玻璃板上，待溶剂挥发后成膜。制成的膜直接插入光路即可进行测定。

项目小结

本章介绍了红外吸收光谱产生的条件；分子的振动类型；红外吸收光谱中吸收峰增减的原因；影响吸收峰的位置、峰数、峰强的主要因素；基团频率和特征吸收峰；主要有机化合物的红外吸收光谱特征；影响基团频率的因素；红外吸收光谱法的定性、定量分析方法；傅里叶变换吸收光谱仪的构成及原理；红外制样技术。

练习题

一、选择题

1. 红外吸收光谱的产生是由于（　　）。

A. 分子外层电子振动、转动能级的跃迁

B. 原子外层电子，振动、转动能级的跃迁

C. 分子振动、转动能级的跃迁

D. 分子外层电子的能级跃迁

2. 用红外吸收光谱法测定有机物结构时，试样应该是（　　）

A. 单质　　B. 纯物质　　C. 混合物　　D. 任何试样

3. 傅里叶变换吸收光谱仪分光光度计的色散元件是（　　）。

A. 玻璃棱镜　　B. 石英棱镜　　C. 卤化盐棱镜　　D. 迈克尔逊干涉仪

4. 某物质能吸收红外光波，产生红外吸收光谱图，其分子结构必然（　　）。

A. 具有不饱和键　　　　B. 具有共轭体系

C. 发生偶极矩的净变化　　　　D. 具有对称性

5. 苯分子的振动自由度为（　　）。

A. 18　　B. 12　　C. 30　　D. 31

6. 对于红外吸收光谱法，试样状态可以是（　　）。

A. 气态　　　　B. 固态

C. 固体、液态　　　　D. 气态、液态、固态都可以

二、填空题

1. 红外光区在可见光区和微波光区之间，习惯上又将其分为三个区：________，________和________，其中________的应用最广。

2. 红外吸收分光光度计的光源主要有________和________。

3. 当一定频率的红外光照射分子时，应满足__________和__________才能产生分子的红外吸收峰。

4. ________区域的峰是由伸缩振动产生的，基团的特征吸收一般位于此范围，它是最有价值的区域，称为________区；________区域中，当分子结构稍有不同时，该区域的吸收就有细微的不同，犹如人的________一样，故称为________。

三、简答题

1. 红外吸收光谱是怎样产生的？

2. 欲测定某一微细粉末的红外光谱，试说明选用什么样的试样制备方法。为什么？

实训项目 1

未知样品的定性分析

【实训目的】

1. 了解红外光谱仪的工作原理。

2. 了解鉴定未知物的一般过程，掌握用标准谱库进行化合物鉴定的方法。

【方法原理】

比较在相同的制样和测定条件下，被分析的样品和标准纯化合物的红外光谱图，若吸收峰的位置、吸收峰的数目和峰的相对强度完全一致，则可认为两者是同一种化合物。

【仪器与试剂】

仪器：傅里叶变换红外光谱仪及辅助设备。

试剂及药品：待测固体样品、液体样品各一份（分子式已知）。

【实训内容】

1. 液膜

取 2～3 滴待测液体样品移到两个 KBr 晶体窗片之间形成一薄层液膜，用夹具轻轻夹住后测定光谱图，进行谱图处理，谱图检索，确认其化学结构。

2. 压片

取 2～3 mg 待测固体样品与 200～300 mg 干燥的 KBr 粉末在玛瑙研钵中混匀，充分研磨后用不锈钢铲取 70～90 mg 压片（本底最好采用纯 KBr 片）。测试红外吸收光谱图，进行谱图处理，谱图检索，确认其化学结构。

【数据处理】

1. 实验数据处理

① 对基线倾斜的谱图进行校正，噪声大时采用平滑功能，然后绘制出标有吸收峰的红外吸收光谱图。

② 对确定的化合物，列出主要吸收峰并指认归属。

2. 谱图解析

1）基团定性

根据待测化合物的红外特性吸收谱带的出现来确定该基团的存在。

2）化合物定性

① 从待测化合物的红外特征吸收频率（波数），初步判断属何类化合物，然后查找该类化合物的标准红外吸收谱图，待测化合物的红外吸收光谱与标准化合物的红外吸收光谱一致，即两者光谱吸收峰位置和相对强度基本一致时，则可判定待测化合物是该化合物或近似同系物。

② 同时测定在相同制样条件下的已知组成的纯化合物，待测化合物的红外吸收光谱与该纯化合物的红外吸收光谱相对照，两者光谱完全一致，则待测化合物是该已知化合物。

3）未知化合物的结构鉴定

① 未知化合物是单一纯化合物时，测定其红外吸收光谱后，按前述方法进行定性分析，然后与质谱、核磁共振及紫外吸收光谱等共同分析确定该化合物的结构。

② 未知化合物是混合物时，通常需要先分离混合物，然后对各组分进行准确的定性鉴定。

【注意事项】

1. 仪器一定要安装在稳定牢固的实验台上，远离振动源。

2. 样品测试完毕后应及时取出，长时间放置在样品室中会污染光学系统，引起性能下降。样品室应保持干燥，应及时更换干燥剂。

3. 所用的试剂、样品保持干燥，用完后及时放入干燥器中。

4. 在红外灯下操作时，用溶剂（CCl_4 或 $CHCl_3$）清洗盐片，不要离灯太近，否则移开灯时温差太大，盐片会碎裂。

【思考题】

1. 液体试样与固体试样测定时，有什么不同？

2. 试样不出现吸收峰的原因是什么？如何解决？

3. 红外吸收光谱法对试样有什么要求？

4. 羟基化合物谱图的主要特征是什么？

聚苯乙烯的红外吸收光谱测定与谱图解析

【实训目的】

1. 掌握薄膜试样红外吸收光谱的测绘方法。

2. 了解傅里叶变换红外光谱仪的构造，熟悉其操作。

3. 能对简单的谱图进行解析得到分子式。

【方法原理】

1. 理论基础

当一束红外光照射分子时，分子中某个振动频率与红外光某一频率相同时，分子就吸收此频率光发生振动能级跃迁，产生红外吸收光谱。根据红外吸收光谱中吸收峰的位置和形状来推测未知物结构，进行定性分析和结构分析；根据吸收峰的强弱与物质含量的关系进行定量分析。

2. 谱图解析

实验通过红外吸收光谱仪扫描得到的光谱图，根据理论知识，对谱图的不同吸收峰进行解析，从而对该化合物进行定性分析和定量分析。

【仪器与试剂】

材料：聚苯乙烯、二氯甲烷。

仪器：傅里叶变换红外光谱仪及配套设备。

【实训内容】

1. 薄膜

将聚苯乙烯溶于二氯甲烷中（12%左右），滴加在铝箔片上，然后让其在室温下自然干燥，成膜后用镊子小心地撕下薄膜，并在红外灯下烘去溶剂，放在样片架上测定光谱图。

2. 测试步骤

① 把制备好的样品放入样品架，然后插入仪器样品室的固定位置上。

② 打开软件，选择“采集”菜单下的“实验设置”选项。

③ 设置需要的采集次数、分辨率和背景采集模式后，单击“OK”。

④ 背景采集模式为第一项、第二项和第四项时，直接选择“采集样品”开始采集数据，背景采集模式为第三项时，先选择“采集背景”，按软件提示操作后选择“采集样品”采集数据。

⑤ 选择“文件”菜单下“另存为”，把谱图存到相应的文件夹。

【数据处理】

1. 实验数据处理

比较标准聚苯乙烯膜与测定的聚苯乙烯膜的谱图，列表讨论它们的主要吸收峰，并确认其归属。

2. 谱图解析

① 该图谱在 3 100～3 000 cm^{-1} 波数段有明显的吸收峰，可以大致判断为烯烃的 C—H 伸缩振动，但该图谱在 1 680～1 620 cm^{-1} 波数段却没有该烯烃的 C═C 伸缩振动，可以推测

出该结构中没有 C═C，即可能是聚合物。

② 该谱图在 3 000 ～2 800 cm^{-1} 波数段有明显的吸收峰，可以推测出该结构中有 C—H 的对称和不对称伸缩振动频率，而在 1 470 cm^{-1} 和 1 380 cm^{-1} 附近也有明显的吸收峰，可以推测为 C—H 的弯曲振动频率；

③ 在 1 250～800 cm^{-1} 波数段有明显的吸收峰，可以推测为 C—C 骨架的伸缩振动，不过其特征性不强。

④ 该谱图在 1 600 cm^{-1} 左右有明显吸收峰，可推测为苯环骨架的特征吸收峰；苯环的一元取代的弯曲振动频率为 770～650 cm^{-1}，与谱图吻合。

综合上述信息，可以大致判定为该物质是实验材料聚苯乙烯。

【注意事项】

1. 红外吸收光谱仪使用时实验室温度要适中，湿度不得超过 60%，实验室应装有除湿机。仪器应放在防振动的台子上。

2. 红外吸收光谱仪在使用过程中，对光学镜面必须严格防尘、防腐蚀，并且要特别防止机械摩擦。

3. 在解析红外吸收光谱图时，一般从高波数到低波数依次进行，但不必对谱图中的每一个吸收峰都进行解析，只需指出各基团的特征吸收即可。

【思考题】

1. 红外吸收光谱法制样有哪些方法？

2. 哪些样品不适宜采用溴化钾压片制样？

苯甲酸的红外吸收光谱测定与谱图解析

【实训目的】

1. 掌握红外吸收光谱分析时固体样品压片法制备技术。

2. 了解傅里叶变换红外吸收光谱仪的工作原理、构造和使用方法，并熟悉基本操作。

3. 了解如何根据红外吸收光谱图识别官能团，了解苯甲酸的红外吸收光谱图。

【方法原理】

不同的样品状态（固体、液体、气体以及黏稠样品）需要相应的制样方法。制样方法的选择和制样技术的好坏直接影响谱带的频率、数目和强度。

苯甲酸粉末制样常采用压片法，具体操作为：将研细的粉末分散在固体介质中，并用压片机压成透明的薄片后测定。固体分散介质一般是金属卤化物（如 KBr），使用时要将其充分研细，颗粒直径最好小于 2 μm（因为中红外区的波长是从 2.5 μm 开始的）。

【仪器与试剂】

仪器：傅里叶变换红外吸收光谱仪、压片机、膜具和干燥器、玛瑙研钵、药匙、镜纸及红外灯。

试剂：苯甲酸粉末（分析纯）、KBr 粉末（光谱纯）、无水乙醇（分析纯），擦镜纸。

【实训内容】

① 用无水乙醇清洗玛瑙研钵，用擦镜纸擦干后，再用红外灯烘干。

② 取 2～3 mg 苯甲酸与 200～300 mg 干燥的 KBr 粉末，置于玛瑙研钵中，在红外灯下混匀，充分研磨（颗粒粒度 2 μm 左右）后，用不锈钢药匙取 70～80 mg 于压片机模具的两片压舌下。将压力调至 28 kgf 左右，压片，约 5 min 后，用不锈钢镊子小心取出压制好的试样薄片，置于样品架中待用。

③ 将样品的薄片固定好，装入红外吸收光谱仪，设置样品测试的各项参数后进行测试，得到苯甲酸的红外吸收光谱图。

【数据处理】

① 对基线倾斜的谱图进行校正（在仪器键盘上按“flat”，在工作软件上点击“process”下拉菜单里的“baseline correction”），噪声太大时对谱图进行平滑处理（在仪器键盘上按“smooth”，在工作软件上点击“process”下拉菜单里的“smooth”）；有时也需要对谱图进行“abex”处理，使谱图纵坐标处于百分透射比为 0～100%。

② 标出试样谱图上各主要吸收峰的波数值，然后打印出试样的红外光谱图。

③ 选择试样苯甲酸的主要吸收峰，指出其归属。

苯甲酸红外吸收光谱图主要吸收峰的归属见表 4－3。

表 4－3　苯甲酸的红外吸收光谱图

谱带位置/ cm^{-1}	吸收基团的振动形式
1 686.418	$\nu_{C=O}$
1 453.899	$\nu_{C=C}$
1 292.206	δ_{C-H}（面内）
1 179.663	ν_{C-O}
934.479	δ_{O-H}（面外）
707.480	δ_{C-H}（面外）

【注意事项】

① 实验室环境应该保持干燥。

② 确保试剂的纯度与干燥度。

③ 制得的晶片必须无裂痕，局部无发白现象，如同玻璃般完全透明，否则应重新制作。晶片局部发白，表示压制的晶片薄厚不匀；晶片模糊，表示晶片吸潮，水在光谱图 3 450 cm^{-1} 和 1 640 cm^{-1} 处出现吸收峰。

④ 在相同的实验条件下，分别测绘苯甲酸标样和苯甲酸试样的傅里叶变换红外吸收光谱图（每测一个样品前，必须用纯 KBr 晶片扫背景）。

【思考题】

1. 为什么红外吸收光谱检测要采用特殊的制样方法？

2. 用压片法制样时，为什么要求研磨的颗粒粒度为 2 μm 左右？研磨时不在红外灯下操作，谱图上会出现什么情况？

第 3 模块

电化学分析法

项目 5

电化学分析技术

知识目标

- 掌握电位分析法、极谱分析法的基本原理和应用范围。
- 熟悉酸度计、电位滴定仪等装置的基本构造，了解各部件的作用。
- 了解常见酸度计、极谱仪和电位滴定仪的型号、功能和发展现状。

能力目标

- 能够正确选择电极。
- 能够根据需要调试酸度计、电位滴定仪、极谱和库仑滴定等装置，并独立完成测定任务。
- 能根据实验数据计算得到最终结果。
- 掌握常见电化学分析实验数据的处理方法。

任务 5.1　电位分析法

电位分析法（potentiometric analysis）是电化学分析的一个重要分支，可分为直接电位法和电位滴定法，其测量装置是指示电极和参比电极插入待测溶液中组成的原电池，也称工作电池，如图 5-1 所示。

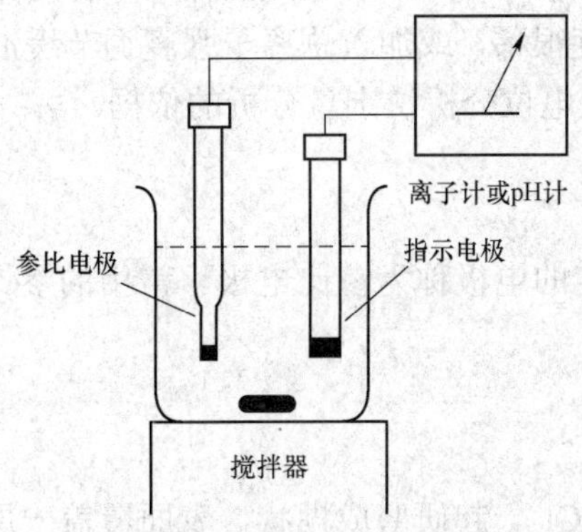

图 5-1　电位分析法示意图

5.1.1 电位分析法的理论依据

溶液中的离子活度与电极电位之间的关系符合能斯特方程式：

$$\varphi = \varphi^{\theta} + \frac{RT}{nF}\ln\frac{\alpha_{Ox}}{\alpha_{Red}} \tag{5-1}$$

式中：φ 为电极平衡时的电极电位；φ^{θ} 为电极的标准电极电位；R 为摩尔气体常数，8.314 $J \cdot K^{-1} \cdot mol^{-1}$；$T$ 为热力学温度，K；n 为电极反应中转移的电子数；F 为法拉第常数，96 487 $C \cdot mol^{-1}$；α_{Ox} 为氧化态活度；α_{Red} 为还原态活度。

对于金属离子 M^{n+} 来说，还原态一般都是固体金属，其活度为 1，能斯特方程可表示为：

$$\varphi_{M^{n+}/M} = \varphi^{\theta}_{M^{n+}/M} + \frac{RT}{nF}\ln\alpha_{M^{n+}} \quad 或 \quad \varphi_{M^{n+}/M} = \varphi^{\theta}_{M^{n+}/M} + \frac{2.303RT}{nF}\lg\alpha_{M^{n+}} \tag{5-2}$$

式中：$\alpha_{M^{n+}}$ 为金属离子 M^{n+} 的活度。

由能斯特方程可知，如果测量出 $\varphi_{M^{n+}/M}$，就可以确定 M^{n+} 的活度。但是，实际上单支电极的电位是无法测量的，它必须用一支电极电位随待测离子活度变化而变化的指示电极和一支电极电位已知且恒定的参比电极与待测溶液组成工作电池，通过测量工作电池的电动势来获得。

在图 5－1 中，假设参比电池的电位比指示电极的电位高，该工作电池的组成可表示为：

（－）M | M^{n+} ‖ 参比电极（+）

习惯上用“|”把溶液和固体分开，“‖”代表连接两个电极的盐桥。按照国际上公认的规则，把电极电位较高的正极写在电池的右边，电极电位较低的负极写在电池的左边，在计算电池的电动势时，把正极的电极电位减去负极的电极电位，使电池的电动势为正值，于是上述电池的电动势为：

$$\begin{aligned} E &= \varphi_{参比} - \varphi_{M^{n+}/M} \\ &= \varphi_{参比} - \varphi^{\theta}_{M^{n+}/M} - \frac{RT}{nF}\ln a_{M^{n+}} \\ &= K - \frac{RT}{nF}\ln a_{M^{n+}} \end{aligned} \tag{5-3}$$

在一定温度下，$\varphi_{参比}$ 与 $\varphi^{\theta}_{M^{n+}/M}$ 均为常数，只要测出工作电池的电动势，由式（5－3）可求出 M^{n+} 的活度。当溶液浓度很稀，或加入总离子强度调节缓冲剂时，可由 M^{n+} 的浓度代替其活度。因此，式（5－3）是电位分析法定量分析的依据。

5.1.2 参比电极

在工作电池中，电位恒定的电极称为参比电极。常用的参比电极有甘汞电极和银－氯化银电极。

1. 甘汞电极

1）电极的制备和结构

将 Hg、Hg_2Cl_2 和饱和 KCl 一起研磨成糊状，表面覆盖一层纯净金属汞制成甘汞芯，放入电极管中，并充入 KCl 作盐桥，以铂（Pt）丝作导线，电极管下端用多孔纤维等封口就制成了甘汞电极，其结构如图 5-2 所示。

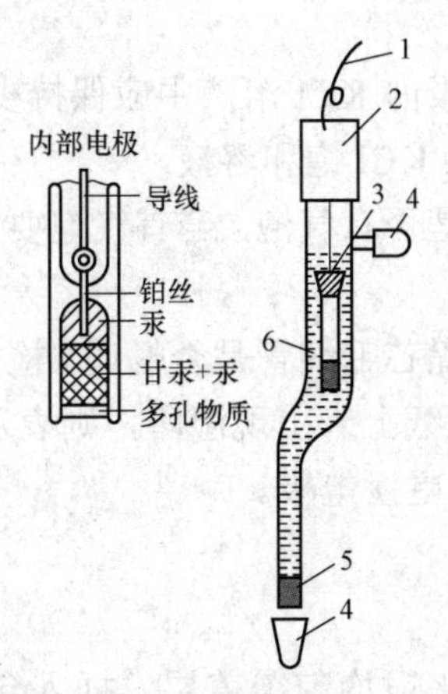

图 5-2　甘汞电极结构示意图

1—导线；2—绝缘体；3—内部电极；4—橡皮帽；
5—多孔物质；6—饱和 KCl 溶液

半电池组成为：

$$Hg，Hg_2Cl_2（固）|KCl（液）$$

2）电池反应和电极电位

电极反应为：

$$Hg_2Cl_2（s）+2e^- \rightleftharpoons 2Hg（l）+2Cl^-$$

25 ℃时电极电位为：

$$\varphi_{Hg_2Cl_2/Hg}=\varphi^{\theta}_{Hg_2Cl_2/Hg}-\frac{0.059\,2}{2}\lg\alpha^2_{Cl^-}=\varphi^{\theta}_{Hg_2Cl_2/Hg}-0.059\,2\lg\alpha_{Cl^-} \tag{5-4}$$

可见，在一定温度下，甘汞电极电位取决于 KCl 溶液的浓度，当 Cl^- 活度一定时，其电位值是一定的。KCl 溶液浓度不同时，甘汞电极的电极电位见表 5-1。因饱和 KCl 溶液的浓度易于控制，所以在电位分析法中最常用的参比电极是饱和甘汞电极（SCE）。饱和甘汞电极在高温时（80 ℃以上）电位值不稳定，不宜使用。

表 5-1　甘汞电极的电极电位（25 ℃）

	0.1 mol·L⁻¹ 甘汞电极	标准甘汞电极	饱和甘汞电极（SCE）
c_{KCl}	$0.1\ mol\cdot L^{-1}$	$1.0\ mol\cdot L^{-1}$	饱和溶液
电极电位 φ/V	+0.336 5	+0.282 8	+0.243 8

3）使用注意事项

① 使用前应取下电极上侧加液口和下端口的橡皮帽，不用时要及时套上。

② 电极内饱和 KCl 溶液的液位要保持足够的高度，以浸没内电极为宜，不足时要及时从加液口补加溶液。

③ 安装电极时，电极要垂直置于溶液中，并使内参比溶液液面高于待测溶液液面，以防待测溶液向电极内渗透。

④ 使用饱和甘汞电极时，电极内 KCl 溶液中应保持少量 KCl 晶体，否则必须由上侧加液口补加少量 KCl 晶体，以保证为 KCl 饱和溶液。

⑤ 使用前要检查玻璃弯管处是否有气泡。若有气泡要及时排出，否则会引起电路短路或仪器读数不稳定。

⑥ 使用前要检查电极下端陶瓷芯毛细管是否畅通。检查的方法是：先将电极外部擦干再用滤纸紧贴陶瓷芯下端片刻，若滤纸上未出现湿印，则表示毛细管未堵塞，可以使用。若滤纸上太潮湿，表明电极漏液，必须更换电极。

2. 银－氯化银电极

1）电极的结构

在银（Ag）丝表面镀一层氯化银均匀覆盖层，插入含 Cl^- 的溶液中，组成半电池，其结构如图 5－3 所示。

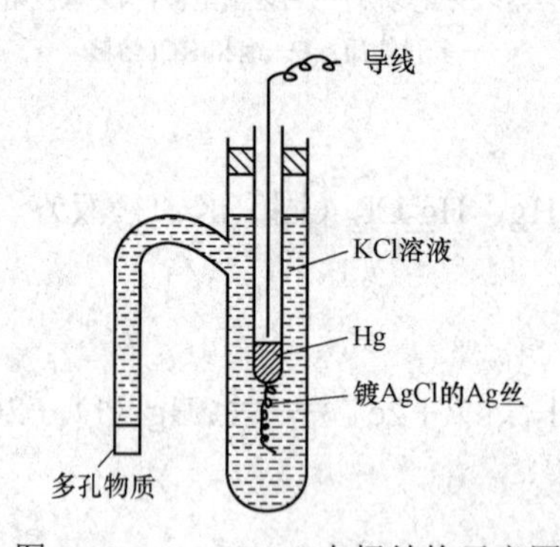

图 5－3　Ag－AgCl 电极结构示意图

半电池组成为：

$$Ag, AgCl（固）|KCl（液）$$

2）电池反应和电极电位

电极反应为：

$$AgCl（s）+ e^- \rightleftharpoons Ag（s）+ Cl^-$$

25 ℃时电极电位为：

$$\varphi_{AgCl/Ag} = \varphi^{\theta}_{AgCl/Ag} - 0.059\,2\lg \alpha_{Cl^-} \quad (5-5)$$

在不同浓度的 KCl 溶液中，银－氯化银电极的电极电位见表 5－2。

表 5－2　银－氯化银电极的电极电位（25℃）

	0.1 mol·L^{-1}银－氯化银电极	标准银－氯化银电极	饱和银－氯化银电极
c_{KCl}	0.1 mol·L^{-1}	1.0 mol·L^{-1}	饱和溶液
电极电位 φ/V	+0.288 0	+0.222 3	+0.200 0

3）特点

① 银－氯化银电极的体积小，常用作离子选择性电极的内参比电极。

② 因 AgCl 在 KCl 溶液中有一定的溶解度，故银－氯化银电极所用的 KCl 溶液必须事先用 AgCl 饱和，否则会使电极上的 AgCl 溶解。

③ 银－氯化银电极作外参比电极时，使用前必须除去电极内的气泡，内参比溶液的液面要有足够高度。

④ 银－氯化银电极不像甘汞电极那样有较大的温度滞后效应，在温度高达 275 ℃时仍可使用，且有足够的稳定性。因此，可在高温下替代甘汞电极使用。

5.1.3 指示电极

在工作电池中，电位随待测离子活度的变化而改变的电极称为指示电极。按测定原理的不同，可将指示电极分为金属基电极和离子选择性电极。

金属基电极是以金属为基体的电极，其特点是电极上有电子交换，电极电位主要来源于电极表面发生的氧化还原反应，常见的有以下三类。

1. 金属－金属离子电极（$M|M^{n+}$）

金属－金属离子电极也称第一类电极，是将金属片或金属棒 M 浸入含有该金属离子 M^{n+} 的电解质溶液中组成的，简称金属电极。电极反应为：

$$M^{n+} + ne^{-} \rightleftharpoons M$$

25 ℃时，其电极电位为：

$$\varphi_{M^{n+}/M} = \varphi^{\theta}_{M^{n+}/M} + \frac{0.059\,2}{n}\lg\alpha_{M^{n+}} \quad (5-6)$$

其电极电位与溶液中金属离子活度的对数呈线性关系，并随着活度的增加而增大。常用来组成这类电极的金属有锌、铜、铅、汞等，铁、钴、镍等金属不能构成这类电极。金属－金属离子电极使用前应彻底清洗金属表面。清洗方法是：先用细砂纸打磨金属表面，再分别用自来水和蒸馏水冲洗干净。

2. 金属－金属难溶盐电极（$M|MX_n$）

金属－金属难溶盐电极也称第二类电极，是将金属表面覆盖其难溶盐，再将其浸入该金属难溶盐的相同阴离子溶液中组成的电极，其电极电位取决于溶液中能与该金属离子形成难溶盐的阴离子的活度，所以又称阴离子电极。此类电极作指示电极时，可用于测定不参与电子转移的金属难溶盐的同种阴离子活度。由于这类电极电位稳定、重现性好，常在固定阴离子活度条件下作参比电极，如前面所述的甘汞电极和银－氯化银电极均属于该类电极。

3. 惰性电极

惰性电极也称零类电极。它是由化学性质稳定的惰性材料（如铂、金、石墨等）制成棒状或片状，插入含有氧化还原电极物质的溶液中构成的。惰性电极本身不参与反应，但其晶格间的自由电子可与溶液进行交换。因此，惰性电极可作为溶液中氧化态和还原态获得电子或释放电子的场所。如 Pt/Fe^{3+}，Fe^{2+} 电极，Pt/Ce^{4+}，Ce^{3+} 电极等。电极反应为：

$$Fe^{3+} + e^{-} \rightleftharpoons Fe^{2+}$$

25 ℃时，其电极电位为：

$$\varphi_{Fe^{3+}/Fe^{2+}} = \varphi^{\theta}_{Fe^{3+}/Fe^{2+}} + 0.059\,2\lg\frac{\alpha_{Fe^{3+}}}{\alpha_{Fe^{2+}}} \quad (5-7)$$

式（5－7）表明，Pt 未参加电极反应，只提供 Fe^{3+} 与 Fe^{2+} 进行电子交换的场所，但其电极电位能反映溶液中 Fe^{3+} 和 Fe^{2+} 活度比的大小，即惰性电极的电位取决于溶液中进行电极反应金属的氧化态与还原态的活度比。基于此特征，这类电极常被选作氧化还原电位滴定中的指示电极。铂电极使用前，先要在 10%硝酸溶液中浸泡数分钟，然后清洗干净再用。

5.1.4 电位分析法的特点

电位分析法具有以下特点。

① 仪器设备简单，价格低廉，操作简便，适合现场操作。

② 测定速度快。由于输出的是电信号，易传递，适合连续测定和自动显示，目前在化工生产自动控制和环境监测中已广泛应用。

③ 选择性好。利用离子选择性电极，可测定一些组成复杂的试样，对有色、浑浊、不透明溶液中的组分也可直接测定。

④ 测量范围宽。直接电位法适用于微量组分的测定，检出下限可达 10^{-8} mol·L^{-1}；而电位滴定法则适用于半微量组分和常量组分的测定。

⑤ 应用广泛。近年来，随着一些新型离子选择性电极的研制成功，电位分析法尤其是直接电位法的应用越来越广泛。

任务 5.2 离子选择性电极

离子选择性电极也称膜电极，是一种利用选择性薄膜对特定离子产生选择性响应，以测量或指示溶液中离子活（浓）度的电极。它与金属基电极的区别在于电极的薄膜并不给出或得到电子，而是选择性地让一些离子渗透，同时也包含着离子交换过程。离子选择性电极具有简便、快速和灵敏的特点，特别适用于某些难以测定的离子，因此发展非常迅速，应用极为广泛。

5.2.1 离子选择性电极的分类

离子选择性电极的分类如下：

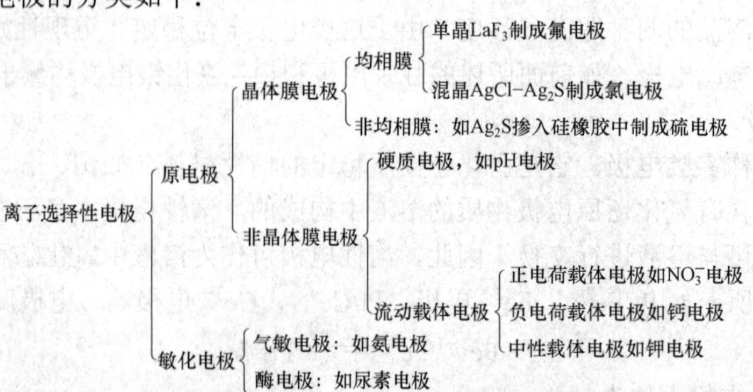

5.2.2 离子选择性电极的基本构造

尽管离子选择性电极种类很多，但其基本构造相同，都由敏感膜、内参比溶液、内参比电极等部分组成，其结构示意图如图 5－4 所示。离子选择性电极的内参比电极常用的是银－氯化银，内参比溶液一般由响应离子的强电解质及氯化物溶液组成，敏感膜由不同敏感材料做成，它是离子选择性电极的关键部件。

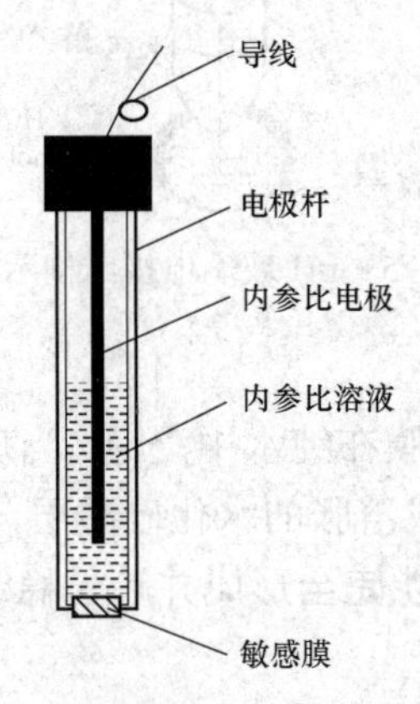

图 5－4 离子选择性电极结构示意图

5.2.3 离子选择性电极膜电位

将某一合适的离子选择性电极浸入含有一定活度的待测离子溶液中时，在敏感膜的内外两个相界面处会产生电位差，这个电位差就是膜电位（$\varphi_{膜}$）。膜电位产生的根本原因是离子交换和扩散。

$\varphi_{膜}$ 与溶液中待测离子活度的关系符合能斯特方程：

$$\varphi_{膜} = K \pm \frac{2.303RT}{n_{\mathrm{i}}F}\lg \alpha_{\mathrm{i}} \tag{5-8}$$

25 ℃时，

$$\varphi_{膜} = K \pm \frac{0.059\,2}{n_{\mathrm{i}}}\lg \alpha_{\mathrm{i}} \tag{5-9}$$

式中：K 为离子选择性电极常数，在一定条件下为常数，它与电极的敏感膜、内参比溶液、内参比电极、温度有关；α_{i} 为 i 离子的活度；n_i 为 i 离子的电荷数。当 i 为阳离子时，第二相为正值；当 i 为阴离子时，第二相为负值。

5.2.4 常见的离子选择性电极

1. pH 玻璃电极

1）pH 玻璃电极的构造

pH 玻璃电极是应用最早的离子选择性电极，其结构示意图如图 5－5 所示。它对 H^+ 有响应。

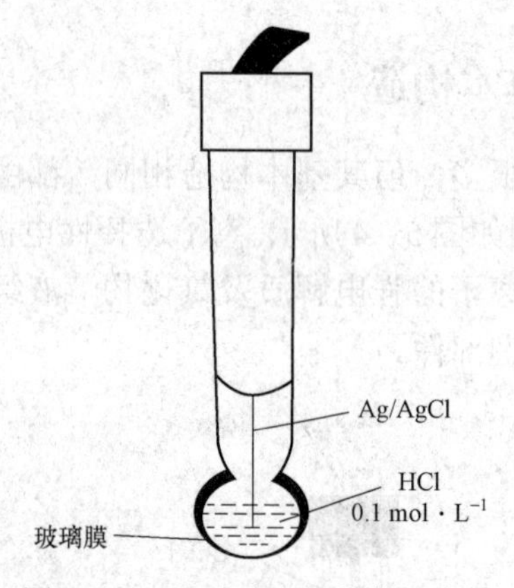

图 5-5　pH 玻璃电极结构示意图

2）膜电位

pH 玻璃电极在使用前要把玻璃膜在纯水中浸泡，当玻璃膜浸入水溶液中时，玻璃表面会吸水而使玻璃溶胀，在它的表面形成溶胀的水化硅酸层，这种水化层是逐渐形成的，只有当玻璃膜充分浸泡后（24 h 以上），才能完全形成并趋于稳定。同样，膜内表面与内参比溶液接触，亦已形成水化层。

当 H^+ 活度变化，会有额外的 H^+ 由溶液进入水化层，或由水化层转入溶液，因而膜外层的固液界面上电荷分布不同，$\varphi_{膜}$ 发生改变，这个改变与溶液中的 α_{H^+} 有关。

$$\varphi_{膜} = \varphi_{外} - \varphi_{内} = 0.059\,2\lg\alpha_{H^+_{外}/H^+_{内}} \tag{5-10}$$

式中：$\varphi_{外}$ 为外膜电位，$\varphi_{内}$ 为内膜电位；$\alpha_{H^+_{外}}$ 是外部待测溶液 H^+ 的活度；$\alpha_{H^+_{内}}$ 为内部参比电极 H^+ 的活度，为恒定值，设为 K。因此

$$\varphi_{膜} = K + 0.059\,2\lg\alpha_{H^+_{外}} = K - 0.059\,2pH_{外} \tag{5-11}$$

式中：K 由玻璃膜电极本身性质决定，对于某一确定的 pH 玻璃电极，为常数。因此，一定温度下，pH 玻璃电极 $\varphi_{膜}$ 与待测溶液 pH 值呈线性关系。

3）不对称电位

如果玻璃膜两侧溶液的 pH 值相同，则膜电位应等于零，但实际上仍存在一微小的电位差（几到几十毫伏），这个电位差称为不对称电位 $\varphi_{不}$。$\varphi_{不}$ 是由于玻璃膜内、外结构和表面张力性质的差异而产生的，当玻璃膜在水溶液中长期浸泡后（24 h）可使 $\varphi_{不}$ 达到恒定值，合并于常数 K' 中。

4）玻璃电位

玻璃电位应包括内参比电极的电极电势（$\varphi_{内参比}$）、$\varphi_{膜}$ 和 $\varphi_{不}$ 三部分，pH 玻璃电极的内参比电极通常为 Ag-AgCl 电极，电位恒定，与待测溶液 pH 无关。即

$$\varphi_{玻璃} = \varphi_{膜} + \varphi_{内参比} + \varphi_{不} = K - 0.059\,2pH_{外} + \varphi_{内参比} + \varphi_{不}$$

或

$$\varphi_{玻璃} = \varphi_{膜} + \varphi_{内参比} + \varphi_{不} = K + 0.059\,2\lg\alpha_{H^+_{外}} + \varphi_{内参比} + \varphi_{不} \tag{5-12}$$

令 $K + \varphi_{内参比} + \varphi_{不} = K'$，则

$$\varphi_{玻璃} = K' - 0.059\,2pH_{试液} \quad 或 \quad \varphi_{玻璃} = K' + 0.059\,2\lg\alpha_{H^+_{外}} \tag{5-13}$$

由此可知，在一定温度下，玻璃电位与待测溶液的 pH 和 $\alpha_{H^+_{外}}$ 呈线性关系。

5）pH 玻璃电极的特性

pH 玻璃电极的碱差：pH 玻璃电极在测量 pH>9 的溶液时，由于玻璃膜的溶解，pH 玻璃电极对 Na^+ 也有响应，因而求得的 H^+ 活度高于真实值，即 pH 读数低于真实值，产生负误差，称为碱差或钠差。

pH 玻璃电极的酸差：在 pH<1 的溶液中，电位值偏离线性关系，玻璃电极测得的 pH 高于真实值，产生正误差，这种误差称为酸差。

2. 氟离子选择性电极

晶体膜电极是最常用的离子选择性电极。其敏感膜是由常温下能导电的难溶盐晶体制成的。只有溶解度小、常温下能导电的难溶盐才能用作为敏感膜的制作材料。由于晶格缺陷（空穴）引起离子的传导作用，接近空穴的可移动离子移动至空穴中，由于晶格中空穴的大小、形状和电荷分布只允许特定的离子进入空穴并传递电荷，其他离子不能进入空穴，也不参与导电，因而晶体膜电极对特定离子具有选择性响应。

1）氟离子选择性电极的构造

氟离子选择性电极是典型的晶体膜电极。氟离子选择性电极的构造为：① 敏感膜：掺少量 EuF_2 或 CaF_2 的 LaF_3 单晶膜；② 内参比电极：Ag－AgCl 电极；③ 内参比溶液：0.1 mol·L^{-1} 的 NaCl 和 0.1 mol·L^{-1} 的 NaF 混合溶液（F^- 用来控制膜内表面的电位，Cl^- 用以固定内参比电极的电位），如图 5－6 所示。

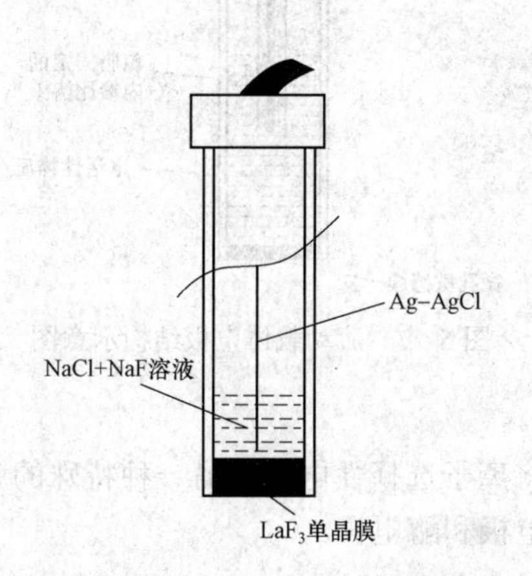

图 5－6 氟离子选择性电极的结构示意图

2）氟离子选择性电极的电极电位

与 pH 玻璃电极相似，将氟离子选择性电极插入含有 F^- 的溶液时，F^- 在 LaF_3 单晶膜表面交换。溶液中的 F^- 活度较高时，F^- 可以进入单晶的空穴，单晶表面的 F^- 也可进入溶液，当单晶内、外表面与溶液中的 F^- 交换达到平衡时，也产生膜电位。其膜电位与试液中被测 F^- 活度间的关系也符合能斯特方程，即

$$\varphi_{F^-} = \varphi - \frac{2.303RT}{F}\lg\alpha_{F^-} \qquad (5-14)$$

依据式（5－14），可用氟离子选择性电极为指示电极测定待测溶液中的氟离子活度。

3）氟离子选择性电极的特点

① 选择性较高。当 Cl^-、Br^-、I^-、SO_4^{2-}、NO_3^-等的含量为 F^-含量的 1 000 倍时，无明显干扰。

② 线性范围宽，为 $1\sim10^{-6}\ mol\cdot L^{-1}$。

③ 适宜的 pH 为 5～6。pH 值过低时，试液中的 F^-部分形成 HF 或 HF_2^-，降低了 F^-的活度；pH 值过高时，LaF_3 单晶膜与 OH^-发生交换，在晶体表面形成 $La(OH)_3$，而释放出 F^-干扰测定。

④ 当待测溶液中含有能与 F^-生成稳定配合物或难溶化合物的阳离子（如 Al^{3+}、Fe^{2+}等）时，会干扰测定，需要加入掩蔽剂消除。

3. 流动载体电极

流动载体电极是利用液态膜作为敏感膜，所以又称液膜电极。如钙离子选择性电极，其中含有两种液体，一种是内参比溶液（$0.1\ mol\cdot L^{-1}$的 $CaCl_2$ 溶液），其中插入内参比电极；另一种是 $0.1\ mol\cdot L^{-1}$二癸基磷酸钙的苯基磷酸二辛酯溶液，为离子交换剂，该溶液不溶于水，故不能进入试液但极易扩散进入微孔敏感膜。微孔滤膜是憎水的，仅支持液体离子交换剂形成一层薄膜即为电极的敏感膜，如图 5－7 所示。

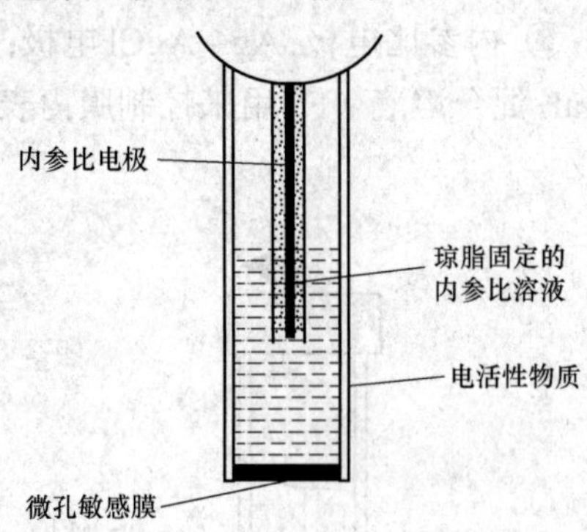

图 5－7　流动载体电极结构示意图

4. 敏化离子选择性电极

敏化离子选择性电极是将离子选择性电极与另一种特殊的膜结合起来组成的一种覆膜电极，属于这类电极的有气敏电极和酶电极。

1）气敏电极

气敏电极是一种气体传感器，常用于分析溶于水中的气体和能在水溶液中生成这些气体的离子。作用原理是待测气体与电解质溶液反应，生成一种能被敏化离子选择性电极响应的离子。它一般由透气膜、中间溶液、离子选择性电极及参比电极组成。

能用气敏电极测定的气体有 NH_3、CO_2、SO_2、NO_2、H_2S、HCN、HF、Cl_2、Br_2 和 I_2 的蒸气等，其中以 NH_3 电极比较成熟，应用较广。

2）酶电极

生物酶具有高效、高选择性的催化性能。将生物酶涂布在敏化离子选择性电极的敏感膜上，试液中的待测物质受酶的催化发生化学反应，生成能为该敏感膜所响应的离子或化合物，由此可间接测定待测物质的含量，如图 5－8 所示。

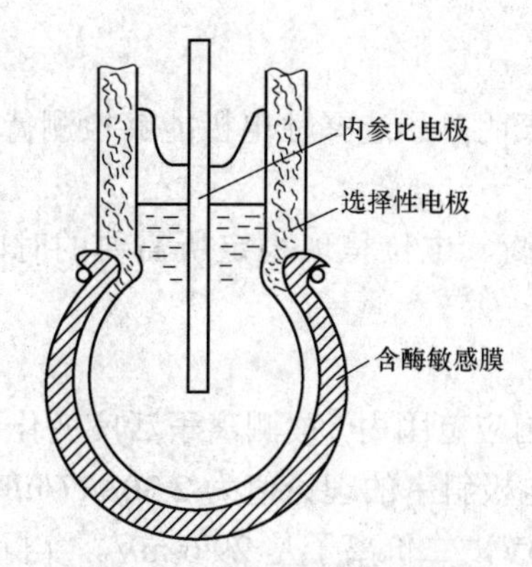

图 5-8 酶电极结构示意图

5.2.5 离子选择性电极的性能

1. 电极选择性系数

离子选择性电极的电位与待测离子活度的对数之间呈线性关系，或者说只对待测离子产生电位响应，实际上，电极除了对待测离子（响应离子 i）有响应，对其他共存离子（干扰离子 j）也能产生不同程度的响应。

电极选择性是指电极对待测离子和干扰离子响应差异的特性。其大小用电极选择性系数 $K_{i,j}$ 表示，$K_{i,j}$ 的意义为：在相同测定条件下，待测离子和干扰离子产生相同电位时待测离子的活度 α_i 与干扰离子活度 α_j 的比值。$K_{i,j}$ 反映了干扰离子对响应离子的干扰程度。

$$K_{i,j}=\frac{\alpha_i}{\alpha_j^{n_i/n_j}} \tag{5-15}$$

式中：n_i 和 n_j 分别为待测离子和干扰离子所带电荷。

2. 线性范围及检测限

离子选择性电极的电位与响应离子活度的对数呈线性关系。

将其电位对 $\lg\alpha_i$ 作图，可得校正曲线，从理论上说，响应离子的活度不论为何值，其电位与 $\lg\alpha_i$ 始终呈直线关系，直线的斜率为 $2.303RT/n_iF$，实际所得校正曲线和检测限如图 5-9 所示。此校正曲线的直线部分（图中 CD 部分）所对应的离子活度范围称为离子选择性电极响应的线性范围。当直线部分（CD 部分）的斜率符合或接近 $2.303RT/n_iF$ 时，则称电极在给

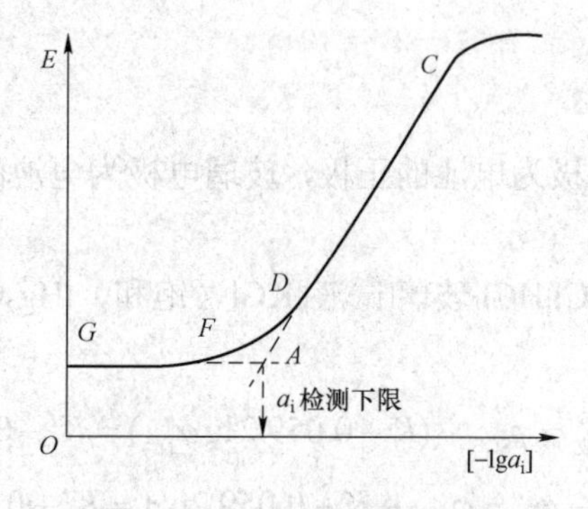

图 5-9 校正曲线和检测限

定活度范围内具有能斯特响应。

检测限又称检测限度，它表明离子选择性电极能够检测待测离子的最低浓度。

3. 响应时间

响应时间是指电极达到平衡、电位呈现稳定所需要的时间。响应时间越短，电极性能越好。

4. 电极的斜率

离子选择性电极在能斯特响应范围内，被测离子活度变化 10 倍，所引起的电位变化值称为该电极对给定离子的斜率。电极斜率的理论值为 $2.303RT/nF$，在一定温度下为常数。例如，在 25 ℃时，一价离子是 59.2 mV，二价离子是 29.6 mV。实际测量中的斜率与理论斜率存在一定的偏差，但只有实际值达到理论值 95%以上的电极才可以进行准确的测定。

5. 温度和 pH 范围

使用电极时，温度变化不仅影响测定的电位值，还会影响电极正常的响应性能。电极允许使用的温度范围与膜的类型有关。一般使用温度下限为 −5 ℃，上限为 100 ℃，有些液膜电极只能用到 50 ℃。

离子选择性电极在测量时允许的 pH 范围与电极类型和所测溶液有关。大多数电极适宜在接近中性的介质中进行测定，但也可在较宽的 pH 范围内使用。

6. 电极的稳定性

电极的稳定性是指一定时间（如 8 h 或 12 h）内，电极在同一溶液中的响应值变化，也称为响应值的漂移。电极表面的玷污或物质性质的变化，以及电极密封不良和导线接触不良等都会导致电极不稳定。对于稳定性较差的电极需要测定前后对响应值进行校正。

任务 5.3　直接电位法

5.3.1　基本原理

直接电位法通常以饱和甘汞电极为参比电极，以离子选择性电极为指示电极。将这两个电极插入待测溶液中组成一个工作电池，用精密酸度计、毫伏计或离子计测量两电极间的电动势（或直读离子活度）。

1. 直接电位法测定 pH

1）测定原理

测量溶液 pH 时，参比电极为电池的正极，玻璃电极为电池的负极，如图 5－10 所示。工作电池可表示为

Ag，AgCl|HCl|玻璃|试液||KCl（饱和）|Hg_2Cl_2，Hg

工作电池的电动势为

$$E=\varphi_{SCE}-\varphi_{玻}=\varphi_{SCE}-(K+0.059\,2\lg\alpha_{H^+})=K'-0.059\,2\lg\alpha_{H^+}$$

或

$$E=\varphi_{SCE}-\varphi_{玻}=\varphi_{SCE}-K+0.059\,2\text{pH}=K'+0.059\,2\text{pH} \quad (5-16)$$

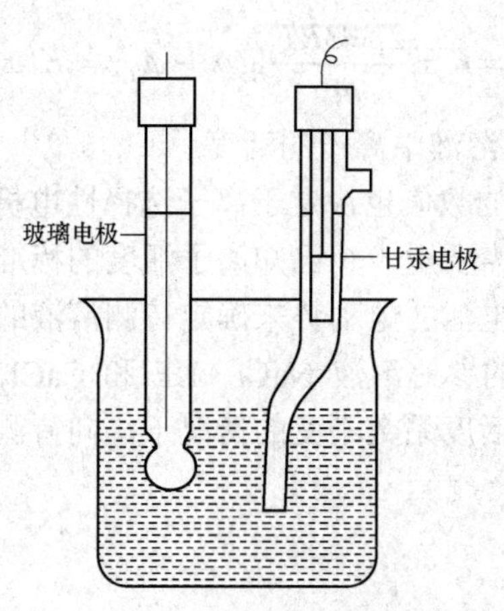

图 5－10　直接电位法测定 pH

可见，溶液中 H^+ 活度（或浓度）和 pH 与工作电池的电动势 E 呈线性关系，据此可以测定溶液的 pH。

2）*溶液 pH 的测定*

只要测出工作电池的 E，并求出 K 值，就可以计算试液的 pH。但 K 包括了饱和甘汞电极的电位 φ_{SCE}，内参比电极电位 $\varphi_{不}$，以及参比电极与溶液间的接界电位等，十分复杂，难以测定。因此，实际工作中难以依据式（5－16）计算得出 pH，待测溶液的 pH_x 是通过与标准缓冲溶液的 pH_s 相比较而确定的。

在相同条件下，标准缓冲溶液的 E_s 和待测溶液的 E_x 分别为，

$$E_s = K'_s + 0.059\,pH_s$$

$$E_x = K'_x + 0.059\,pH_x$$

在同一测定条件下，采用同一支 pH 玻璃电极和 SCE，则上两式中 $K'_s \approx K'_x$，两式相减可得

$$pH_x = pH_s + \frac{E_x - E_s}{0.059\,2} \qquad (5-17)$$

式中：pH_s 为已知值，测量出 E_s 和 E_x 即可求出 pH_x。

由式（5－17）可知，E_x 和 E_s 的差值与 pH_x 和 pH_s 的差值呈线性关系，在 25 ℃时直线斜率为 0.059 2，直线斜率（$S = \frac{2.303RT}{F}$）是温度函数。为保证不同温度下测量准确，测量中需要进行温度补偿，pH 测量仪器一般都有温度补偿功能。

式（5－17）在 $K'_s \approx K'_x$ 的前提下成立，而实际测量中 K' 值并不恒定，导致 pH_x 测定结果有偏差。为减少偏差，测量过程中应尽可能保证溶液温度恒定，并选择 pH 与待测溶液相近的标准溶液，标准溶液 pH_s 与待测液 pH_x 相差应小于 3 个 pH 单位。

2. 直接电位法测定离子活（浓）度

测量其他离子活度时，离子选择性电极通常为电池的正极，参比电极为电池的负极，电池电动势为

$$E=\varphi_{膜}-\varphi_{SCE}=K\pm\frac{2.303RT}{nF}\lg\alpha_i-\varphi_{SCE}=K'\pm\frac{2.303RT}{nF}\lg\alpha_i \qquad (5-18)$$

根据式（5－18）即可测量溶液中离子的活度。

与测定 pH 同样原理，K' 的数值也决定于离子选择性电极的薄膜、内参比溶液及内外参比电极的电位等，难以确定，需要用一个已知离子活度的标准溶液为基准，比较包含待测溶液和包含标准溶液的两个工作电池的电动势来确定待测溶液的离子活度。目前，除用于校正 Cl^-、Na^+、Ca^{2+}、F^-电极用的参比溶液 NaCl、KF 和 $CaCl_2$ 外，尚没有其他离子活度标准溶液。通常在要求不高并保证活度系数不变的情况下，向待测液中加入缓冲溶液，用浓度代替活度进行测定。

5.3.2 仪器装置

常见的直接电位法仪器装置示意图如图 5－11 所示。将指示电极和参比电极插入待测溶液中组成原电池，通过精密毫伏计测量原电池的电动势。由于原电池电动势与待测离子的活度（浓度）之间符合能斯特方程式，从而可计算出待测离子的活度。为了缩短电极响应时间、加快分析速度，通常需配置磁力搅拌装置。将试液容器放在电磁搅拌器上，向待测溶液中加入铁芯搅拌棒，打开电磁搅拌器可带动搅拌棒旋转，并可根据需要调节搅拌速度。

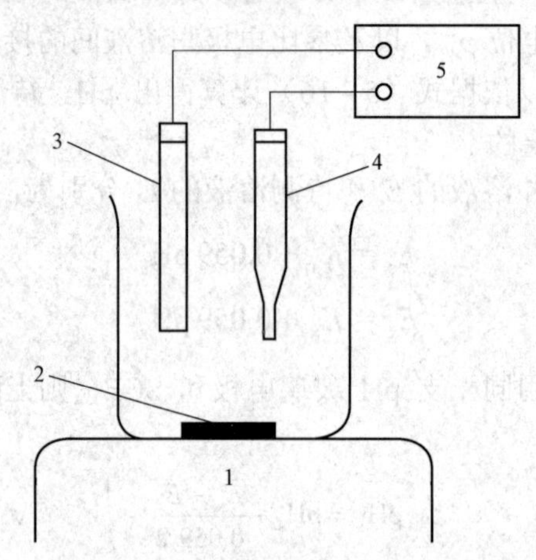

图 5－11　直接电位法仪器装置示意图

1—磁力搅拌器；2—转子；3—离子电极；4—参比电极；5—精密毫伏计

5.3.3 测定方法

直接电位法的测定方法有直接比较法、标准曲线法和标准加入法等。

1. 直接比较法

以标准溶液为对比，通过测定标准溶液和待测溶液的电动势来确定待测溶液浓度的方法称为直接比较法。以参比电极为正极，离子选择性电极（ISE）为负极，向待测液中加入总离子强度调节缓冲溶液（total ionic strength adjustment buffer，TISAB），在相同条件下测定两种溶液电动势 E_s 和 E_x，用浓度代替活度。

如被测离子为阳离子，则

$$E_x = \varphi_{参比} - \varphi_{ISE} = \varphi_{参比} - \left(K + \frac{2.303RT}{nF}\lg c_x\right) = K' - \frac{2.303RT}{nF}\lg c_x$$

$$E_s = K' - \frac{2.303RT}{nF}\lg c_s$$

则
$$\lg c_x = \lg c_s - \frac{E_x - E_s}{2.303RT/nF} \tag{5-19}$$

同理，如果被测离子为阴离子，则

$$\lg c_x = \lg c_s + \frac{E_x - E_s}{2.303RT/nF} \tag{5-20}$$

直接比较法适用于要求不高，浓度与标准溶液浓度相近的少数试样的测定。

2. 标准曲线法

将离子选择性电极（包括 pH 玻璃电极）与参比电极插入一系列添加了相同量 TISAB（总离子强度缓冲液）的已知浓度标准溶液中，测出相应的电动势，绘制 $E-\lg c_x$ 标准曲线。在相同条件下，用相同方法测定试样溶液的 E 值，即可从标准曲线上查出被测溶液的浓度，如图 5-12 所示。

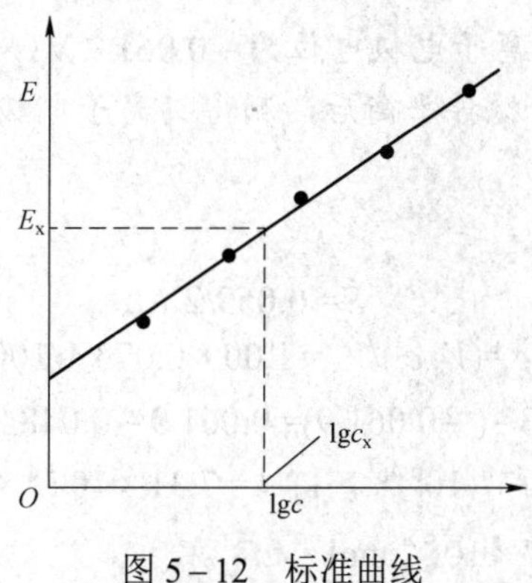

图 5-12　标准曲线

标准曲线法主要适用于大批同种试样的测定。由于 K' 容易受温度、液接电位、搅拌速度等的影响，标准曲线不是很稳定，若试剂、测试条件改变，需重作标准曲线。

3. 标准加入法

设某一试液体积为 V_0，其待测离子的浓度为 c_x，测定的工作电池电动势为

$$E_x = K + \frac{2.303RT}{nF}\lg c_x \tag{5-21}$$

往试液中准确加入体积为 V_s（大约为 V_0 的 1/100）待测离子的标准溶液，浓度为 c_s（约为 c_x 的 100 倍）。由于 $V_0 \gg V_s$，可认为溶液体积基本不变。浓度增量为

$$\Delta c = \frac{c_s V_s}{V_0}$$

再次测定工作电池的电动势为

$$E_{x,s} = K + \frac{2.303RT}{nF}\lg(c_x + \Delta c)$$

则

$$\Delta E = E_{x,s} - E_x = \frac{2.303RT}{nF}\lg\left(1+\frac{\Delta c}{c_x}\right)$$

$$令\ S = \frac{2.303RT}{nF}$$

则

$$\Delta E = S\lg\left(1+\frac{\Delta c}{c_x}\right)$$

所以

$$c_x = \Delta c(10^{\Delta E/s}-1)^{-1} \tag{5-22}$$

因此，只要测出ΔE和S，计算出Δc，就可求出c_x。

标准加入法不需要校正和作标准曲线，只需要一种标准溶液，溶液配制简便，可以消除试样中的干扰因素，适用于测定组成不确定或复杂的个别试样。标准加入法的误差主要来源于S、K等在加入标准溶液前后能否保持一致，因此，标准加入法要求在相同实验条件下测定。

［**例 5-2**］将钙离子选择电极和饱和甘汞电极插入 100.00 mL 水样中，用直接电位法测定水样中的Ca^{2+}。25 ℃时，测得钙离子电极电位为 −0.061 9 V（对 SCE），加入 0.073 1 mol·L^{-1}的$Ca(NO_3)_2$标准溶液 1.00 mL，搅拌平衡后，测得钙离子电极电位为 −0.048 3 V（对 SCE）。试计算原水样中钙离子的浓度。

解：由标准加入法计算公式

$$S=0.059/2$$

$$\Delta c=(V_s c_s)/V_o=1.00\times0.0731/100$$

$$\Delta E=-0.0483-(-0.0619)=0.0619-0.0483=0.0136\ \mathrm{V}$$

$$c_x=\Delta c(10^{\Delta E/s}-1)^{-1}=7.31\times10^{-4}(10^{0.461}-1)^{-1}=7.31\times10^{-4}\times0.529=3.87\times10^{-4}\ \mathrm{mol\cdot L^{-1}}$$

试样中钙离子的浓度为3.87×10^{-4} mol·L^{-1}。

5.3.4 实验技术

1. pH 标准缓冲溶液及其配制

pH 标准缓冲溶液具有准确的 pH，是 pH 测定的基准物质。常用的 pH 标准缓冲溶液有六种，它们的 pH 随温度发生变化，见表 5-3。

表 5-3 pH 标准缓冲溶液在通常温度下的 pH

pH 标准缓冲溶液	浓度/mol·L^{-1}	pH 标准缓冲溶液在不同温度下的 pH								
		0 ℃	5 ℃	10 ℃	15 ℃	20 ℃	25 ℃	30 ℃	35 ℃	40 ℃
草酸盐	0.05	1.67	1.67	1.67	1.67	1.68	1.68	1.69	1.69	1.69
酒石酸盐	饱和	—	—	—	—	—	3.56	3.55	3.55	3.55
苯二甲酸氢盐	0.05	4.00	4.00	4.00	4.00	4.00	4.01	4.01	4.02	4.04
磷酸盐	0.025	6.98	6.95	6.92	6.90	6.88	6.86	6.85	6.84	6.84
硼酸盐	0.01	9.46	9.40	9.33	9.27	9.22	9.18	9.14	9.10	9.06
氢氧化钙	饱和	13.42	13.21	13.00	12.81	12.63	12.45	12.30	12.14	11.98

pH 标准缓冲溶液的配制方法如下。

① 草酸盐标准缓冲溶液：称取 12.71 g 四草酸钾［$KH_3(C_2O_4)_2 \cdot 2H_2O$］溶于无二氧化碳的水中，稀释至 1 000 mL。

② 酒石酸盐标准缓冲溶液：在 25 ℃时，用无二氧化碳的水溶解外消旋的酒石酸氢钾（$KHC_4H_4O_6$），并剧烈振摇制成饱和溶液。

③ 苯二甲酸氢盐标准缓冲溶液：称取于（115.0±5.0）℃干燥 2～3 h 的邻苯二甲酸氢钾（$C_6H_4CO_2HCO_2K$）10.21 g，溶于无 CO_2 的蒸馏水中，并稀释至 1 000 mL。

④ 磷酸盐标准缓冲溶液：分别称取在（115.0±5.0）℃干燥 2～3 h 的磷酸氢二钠（Na_2HPO_4）3.53 g 和磷酸二氢钾（KH_2PO_4）3.39 g，溶于预先煮沸过 15～30 min 并迅速冷却的蒸馏水中，稀释至 1 000 mL。

⑤ 硼酸盐标准缓冲溶液：称取硼砂（$Na_2B_4O_7 \cdot 10H_2O$）3.80 g，溶于预先煮沸过 15～30 min 并迅速冷却的蒸馏水中，并稀释至 1 000 mL。置于聚乙烯塑料瓶中密闭保存，存放时要防止空气中 CO_2 的进入。

⑥ 氢氧化钙标准缓冲溶液：在 25 ℃，用无二氧化碳的蒸馏水制备氢氧化钙的饱和溶液。

2. 酸度计电极

1）电极的选择

由于测量介质和场合的差异，酸度计需要配不同的电极，这样才能最有效地提高测量效果。电极选用时主要考虑以下几个因素。

① 高温：一般是指 100 ℃以上，在这种条件下溶液对玻璃电极的侵蚀作用特别严重，尤其是在碱性 pH 范围时更为强烈，这种侵蚀作用引起玻璃电极电势漂移，以至电极性能变差。因此，高温 pH 测量首先要解决电极抗侵蚀的问题。在制药、发酵、食品等工业的微生物发酵中，pH 测量要求玻璃电极能够承受 120～130 ℃的高温消毒作用，也就是要求电极能够承受高温溶液的侵蚀作用。金属氧化物电极如锑电极可在高温 pH 测量中作为指示电极。

② 低温：玻璃电极内阻急剧上升，因此应选用低内阻的玻璃电极用于低温测量。

③ 高压：在介质温度高于 100 ℃时进行 pH 测量，一般都伴随有高压。为了使玻璃电极能够承受高压力，玻璃膜必须加厚至 0.3 mm 以上。必须解决参比电极的压力补偿问题，否则被测溶液将倒灌入参比电极内部使测量无法进行。参比电极的压力补偿方法有外加压力补偿及自压力补偿两种类型。

④ 电极膜的类型：应根据电极的耐用强度（压力）、温度适用范围及在高强碱的环境下钠离子的影响而选择不同的玻璃膜。

pH 敏感玻璃膜是由具有氢功能的锂玻璃熔融吹制而成的，一般呈球形，大部分电极均使用常规的敏感玻璃膜；另外还有高温介质的敏感玻璃膜、高温强酸介质的敏感玻璃膜、高温蒸气消毒（130 ℃）的敏感玻璃膜和低电阻敏感玻璃膜（用于纯水测定）等，应区别不同情况选用。非玻璃电极（ISFET）适用于食品等固态物质的测量，避免玻璃碎片在生产线上带来的危险因素。

⑤ 电极插口的选择：pH 电极最常用的插口为 BNC 型（亦称 Q9 型），除此外还有其他多种形式，主要取决于相应仪器的匹配（通常电极型号最末一位字母即表示插口形式）。

⑥ 电极外壳的选择：pH 电极外壳一般采用 PC 塑料（聚碳酸酯）外壳和玻璃外壳两种。

玻璃外壳具有较好的耐腐蚀性、抗溶解性及超过 100 ℃的耐高温性能（适用温度为 0～150 ℃）。因此玻璃外壳电极适用于精密、高温的常规 pH 测量（除氢氟酸溶液外一般不易腐蚀，但易碰撞损坏）。

PC（聚碳酸酯）外壳耐碰撞和冲击，但适用温度小于 80 ℃，且在高碱溶液及部分介质中易受腐蚀。四氯化碳、三氯乙烯、四氢呋喃等能溶解 PC 材料，不能用 PC 外壳的电极。

2）电极的使用

① 电极球泡前端不应有气泡，如有气泡应用力甩去。

② 电极从浸泡瓶中取出后，应用去离子水冲洗，滤纸吸干。不要用纸巾擦拭球泡，否则由于静电感应电荷转移到玻璃膜上，会延长电势稳定的时间。

③ pH 复合电极插入被测溶液后，要搅拌晃动几下再静止放置，这样会加快电极的响应。尤其使用塑壳 pH 复合电极时，球泡和塑壳之间会有小的空腔，电极浸入溶液后有时空腔中的气体来不及排除会产生气泡，使球泡或液接界与溶液接触不良，必须搅拌晃动以排除气泡。

④ 在黏稠性试样中测试之后，电极必须用去离子水反复冲洗多次，以除去附着在玻璃膜上的试样。有时还需要先用其他溶液洗去试样，再用水洗去溶剂，浸入浸泡液中活化。

⑤ 避免接触强酸强碱或腐蚀性溶液，如果测试此类溶液，应尽量减少浸入时间，用后仔细清洗干净。

⑥ 避免在无水乙醇、重铬酸钾、浓硫酸等脱水性介质中使用，它们会损坏球泡表面的水化硅胶层。

3）电极的浸泡

（1）pH 玻璃电极的浸泡

pH 玻璃电极玻璃膜表面有一薄层水化硅胶层，只有在充分湿润的条件下才能与溶液中的 H^+有良好的响应。同时，pH 玻璃电极经过浸泡，可以使不对称电势大大下降并趋向稳定。pH 玻璃电极通常使用 pH 4.00 缓冲溶液浸泡，浸泡 8～24 h 或更长，根据球泡玻璃膜厚度、电极老化程度而不同。

（2）参比电极的浸泡

液接界干涸会使液接界电势增大或不稳定。参比电极的浸泡液必须和参比电极的参比溶液一致，即采用 3.3 mol・L^{-1} KCl 溶液或饱和 KCl 溶液浸泡数小时。

注意事项：

① pH 复合电极（把 pH 玻璃电极和参比电极组合在一起的电极就是 pH 复合电极）必须浸泡在含 KCl 的 pH 4.00 缓冲溶液中。

② pH 复合电极头部装一个密封的塑料小瓶，内装电极浸泡液，电极头长期浸泡其中，使用时拔出洗净即可。这种保存方法不仅方便，而且对延长电极寿命也是非常有利的，只是塑料小瓶中的浸泡液不要受污染，要注意更换。

③ pH 复合电极浸泡液的配制方法为：取 250 mL pH 4.00 缓冲溶液，溶于 250 mL 纯水中，加入 56 g 分析纯 KCl，适当加热，搅拌至完全溶解即可。

4）电极的清洗

电极长时间使用后，响应可能会变慢或产生噪声。每隔一个月左右，应对电极进行清洗，先用柔和的水流喷洗附着物，然后将电极浸泡于清洗液中一段时间，用清水洗净，用标准缓冲剂溶液标定，最后，浸泡保存。

① 参比电极的清洗：参比盐桥阻塞是最常见的问题，现象包括响应变慢、指示超出正常范围及产生噪声。电极参比的类型不同，清洗步骤也不同。

a）凝胶填充型（不可充型）：将电极浸入一盛有 60 ℃温水的烧杯内 15 min，去除干固在盐桥上的凝胶或盐。然后将电极放入一盛有 4 mol・L^{-1} KCl 温溶液的烧杯内，直至其回复到室温，凝胶应成湿润状并恢复盐桥流。

b）液体填充型（可充型）：将电极内的电解液抽干；用蒸馏水漂洗腔体；重新注入新鲜电解液，然后将电极浸泡在 60 ℃温水内 15 min 即可。

② 玻璃电极的清洗：玻璃电极球泡受污染可能使电极响应时间加长。可用 CCl_4 或皂液揩去污物，然后浸入蒸馏水一昼夜后继续使用。污染严重时，可用 5% HF 溶液浸泡 10～20 min，立即用水冲洗干净，然后浸入 0.1 mol・L^{-1} 盐酸溶液一昼夜后继续使用。

5）电极老化的处理

pH 玻璃电极老化后响应迟缓，膜电阻高，斜率低。老化的电极可浸泡在 1 mol・L^{-1} 醋酸和 1 mol・L^{-1} 氯化钾的混合溶液（1:1）中，活化 10 min 后取出清洗干净。老化情况不严重的电极，可浸泡在蒸馏水或 0.1 mol・L^{-1} 稀盐酸溶液中活化 24 h。若能用氢氟酸清除胶层，则电极的寿命会得到延长。

任务 5.4 电位滴定法

5.4.1 基本原理

电位滴定法是在滴定过程中通过测量电位变化以确定滴定终点的方法，和直接电位法相比，电位滴定法不需要准确测量电极电位值，因此，温度、液体接界电位的影响并不重要，其准确度优于直接电位法。

普通滴定法依靠指示剂颜色变化来指示滴定终点，如果待测溶液有颜色或浑浊时，终点的指示就比较困难，或者根本找不到合适的指示剂。而电位滴定法是靠电极电位的突跃来指示滴定终点，终点指示准确。

进行电位滴定时，在被测溶液中插入待测离子的指示电极，与参比电极组成原电池，溶液用电磁搅拌器进行搅拌。随着滴定剂的加入，由于发生化学反应，待测离子的浓度不断发生变化，指示电极的电极电位（或电池电动势）也随之发生变化。在化学计量点附近，待测离子的浓度发生突变，指示电极的电极电位也相应发生突变。因此，通过测量滴定过程中电池电动势的变化，可以确定滴定终点。最后，根据滴定剂浓度和终点时滴定剂的消耗体积计算试液中待测组分含量。

电位滴定法与普通滴定法相比，具有以下特点。

① 利用电池电动势突跃指示终点，而非指示剂颜色变化，更客观。

② 电位滴定法的结果更准确，测定误差可低于±0.2%。

③ 能用于难以用指示剂判断终点的浑浊或有色试液的滴定分析。

④ 用于非水溶液的滴定。某些有机物的滴定需在非水溶液中进行，一般缺乏合适的指示剂，可采用电位滴定法。

⑤ 能用于连续自动滴定，适用于微量分析。

5.4.2 滴定装置

在直接电位法的装置中，加一滴定管，即组成电位滴定法的装置。电位滴定法的装置由五部分组成：指示电极、参比电极、搅拌器、测量仪器和滴定装置。图 5-13 是手动电位滴定装置结构示意图。

手动电位滴定装置是普通滴定管，可控制和读取滴定剂消耗的体积。根据被测物质含量的高低，可以选用常量滴定管、半微量滴定管或微量滴定管。

电位滴定法在滴定分析中应用广泛，可用于各类普通滴定。不同类型滴定需要选用不同的指示电极，参比电极一般选用饱和甘汞电极。实际工作中应使用产品分析标准规定的指示电极和参比电极。

自动电位滴定装置在滴定管末端连接可通过电磁阀的细乳胶管，此管下端接上毛细管。滴定前根据具体的滴定对象，为仪器设置电位（或 pH）的终点控制值（理论计算值或滴定实验值）。滴定开始时，电位测量信号使电磁阀断续开关，滴定自动进行。电位测量值到达仪器设定值时，电磁阀自动关闭，滴定停止，如图 5-14 所示。

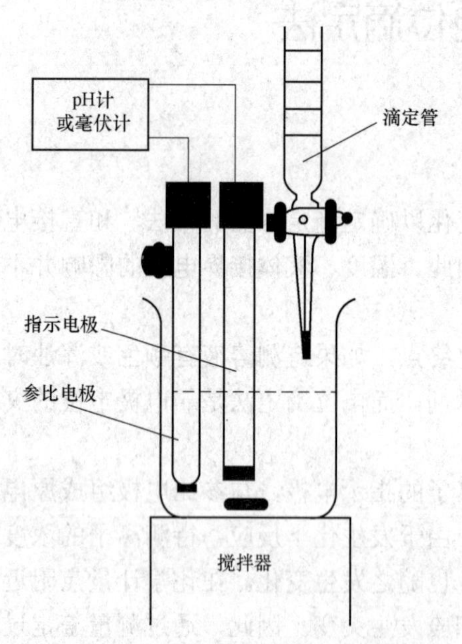

图 5-13　手动电位滴定装置结构示意图

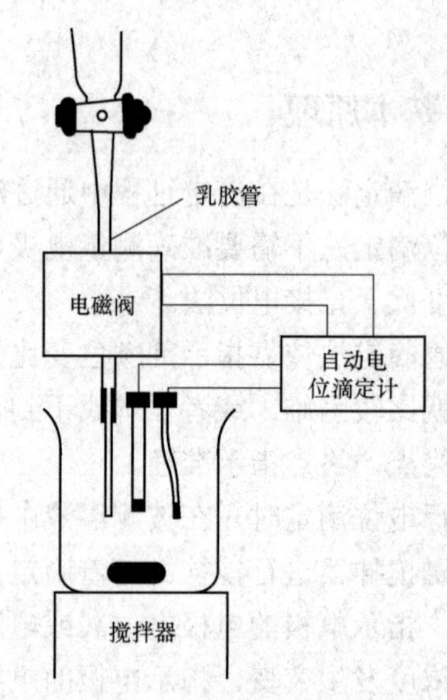

图 5-14　自动电位滴定装置结构示意图

自动电位滴定已广泛采用计算机控制。计算机对滴定过程中的数据自动采集、处理，并利用滴定反应化学计量点前后电位突变的特性，自动寻找滴定终点、控制滴定速度，到达终点时自动停止滴定，因此更加快速。

5.4.3 实验技术

1. 操作方法

进行电位滴定时，先要称取一定量试样并将其制备成试液。然后选择一对合适的电极，经适当的预处理后，浸入待测试液中，组装好装置。开动电磁搅拌器和毫伏计，先读取滴定前试液的电位值（读数前要关闭搅拌器），然后开始滴定。滴定过程中，每加一次一定量的滴定溶液就应测量一次电位（或 pH），滴定刚开始时可快些，测量间隔可大些，当标准滴定溶液滴入约为所需滴定体积的 90%的时候，测量间隔要小些。滴定至近化学计量点前后时，应每隔 0.1 mL 标准滴定溶液测量一次电位（或 pH），直至电位（或 pH）变化不大为止。记录每次滴加标准滴定溶液后滴定管相应读数及测得的电位（或 pH）。根据所测得的一系列电位（或 pH）以及相应的滴定消耗的体积确定滴定终点。表 5－4 所列的是以银电极为指示电极，饱和甘汞电极为参比电极，用 0.100 0 mol·L^{-1} $AgNO_3$ 溶液滴定 NaCl 溶液的实验数据。

表 5－4　0.100 0 mol/L $AgNO_3$ 溶液滴定 NaCl 溶液的实验数据

滴入 $AgNO_3$ 的体积 V/mL	测量电位 E/V	$\Delta E/\Delta V$/（V·mL^{-1}）	$\Delta^2 E/\Delta V^2$
24.00	0.174		
		0.09	
24.10	0.183		0.2
		0.11	
24.20	0.194		2.8
		0.39	
24.30	0.233		4.4
		0.83	
24.40	0.316		－5.9
		0.24	
24.50	0.340		－1.3
		0.11	
24.60	0.351		－0.4
		0.07	
24.70	0.358		

2. 确定滴定终点的方法

电位滴定时，加入一定体积滴定剂的同时，测定电位 E，以电位 E 对体积 V 作图，绘制滴定曲线，并根据滴定曲线来确定滴定终点。

1）绘制 $E-V$ 曲线法

以加入滴定剂的体积 V 为横坐标，相应电位 E 为纵坐标，绘制 $E-V$ 曲线。其曲线突跃的突跃点（转折点）即为滴定终点，所对应的体积即为终点体积 V_{ep}。具体方法为：在曲线的两个拐点处作两条切线，然后在两条切线中间作一条平行线，平行线与曲线的交点即为滴定终点，如图 5－15 所示。

与一般容量分析相同，电位突跃范围和斜率的大小取决于滴定反应的平衡常数和被测物质的浓度。电位突跃范围越大，分析误差越小。

此方法的缺点是准确度不高，特别是当滴定曲线斜率不够大时，较难确定终点。

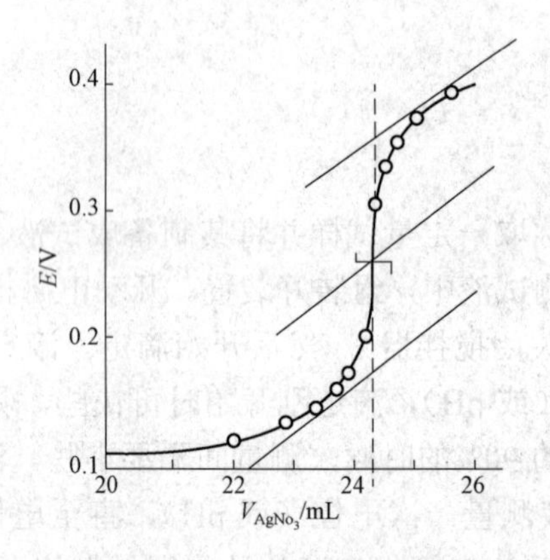

图 5-15　$E-V$ 曲线法确定滴定终点示意图

［例 5-3］用电位滴定法测定硫酸含量，称取试样 1.196 9 g 于小烧杯中，用 c_{NaOH}= 0.500 1 mol・L^{-1}的氢氧化钠溶液滴定，记录滴定终点时滴定体积与相应的电位值见表 5-5。

已知滴定管在终点附近的体积校正值为 -0.03 mL，溶液的温度体积校正值为 -0.4 mL・L^{-1}，请计算试样中硫酸含量的质量分数（硫酸的相对分子质量为 98.08）。

表 5-5　滴定终点时滴定体积与相应电位值

滴定体积/mL	电位值/mV	滴定体积/mL	电位值/mV
23.70	183	24.00	316
23.80	194	24.10	340
23.90	233	24.20	351

解：作 $E-V$ 曲线确定滴定终点，如图 5-16 所示。

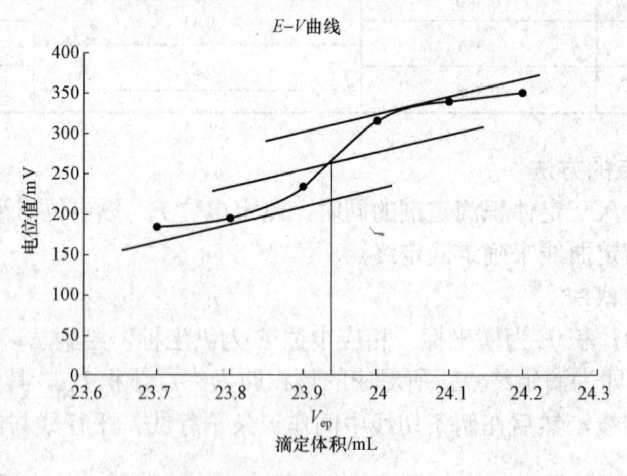

图 5-16　$E-V$ 曲线

在曲线的两个拐点处作两条切线，然后在两条切线中间作一条平行线，平行线与曲线的交点即为滴定终点。

得

$$V_{ep}=23.95\ \text{mL}$$

则 $$w_{H_2SO_4}=\frac{0.5\times(23.93-0.03-0.4)\times10^{-3}\times98.08}{2\times1.190\,9}=48.97\%$$

2）绘制 $\Delta E/\Delta V-V$ 曲线法（一阶微商法）

若 $E-V$ 曲线突跃不明显，则可以绘制 $\Delta E/\Delta V$ 对 V 的一阶微商曲线，如图 5－17 所示。

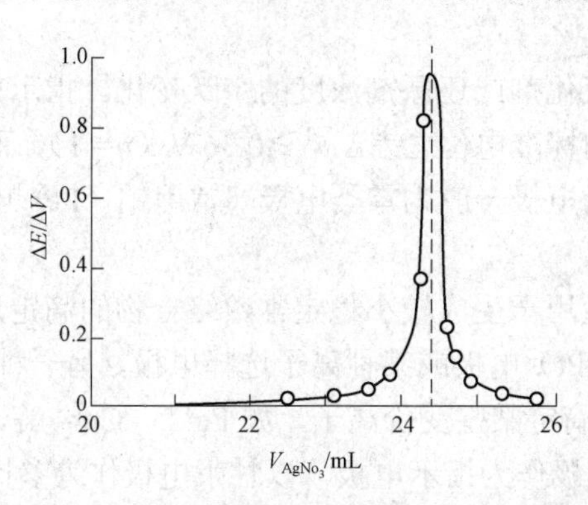

图 5－17　一阶微商法确定滴定终点示意图

首先，根据实验数据计算出：① ΔV——相邻两次加入滴定体积之差，即 $\Delta V=V_2-V_1$；② ΔE——相邻两次测得电位之差，即 $\Delta E=E_2-E_1$；③ $\Delta E/\Delta V$——（V_2-V_1）/（E_2-E_1）；④ V——相邻两次加入滴定体积的平均值，即 $V=$（V_2-V_1）/2。然后，绘制 $\Delta E/\Delta V-V$ 曲线。曲线极大值对应的体积即为终点时消耗滴定剂的体积 V_{ep}。

3）绘制 $\Delta E^2/\Delta V^2-V$ 曲线法（二阶微商法）

此法的依据是一阶微商曲线的极大点是终点，那么二阶微商 $\Delta^2 E/\Delta V^2=0$ 处就是终点。该法准确度高。

首先，计算出：① ΔV——相邻两次 $\Delta E/\Delta V$ 之差，即 $\Delta V=V_2-V_1$；② $\Delta(\Delta E/\Delta V)$——相邻两次 $\Delta E/\Delta V$ 之差，即 $\Delta(\Delta E/\Delta V)=(\Delta E/\Delta V)_2-\Delta(\Delta E/\Delta V)_1$；③ $\Delta E^2/\Delta V^2$——$((\Delta E/\Delta V)_2-\Delta(\Delta E/\Delta V)_1)/V_2-V_1$；④ V——相邻两次加入滴定体积的平均值，即 $V=(V_2-V_1)/2$。

然后，绘制 $\Delta E^2/\Delta V^2-V$ 曲线，$\Delta E^2/\Delta V^2=0$，所对应的体积即为终点时消耗滴定剂的体积 V_{ep}，如图 5－18 所示。

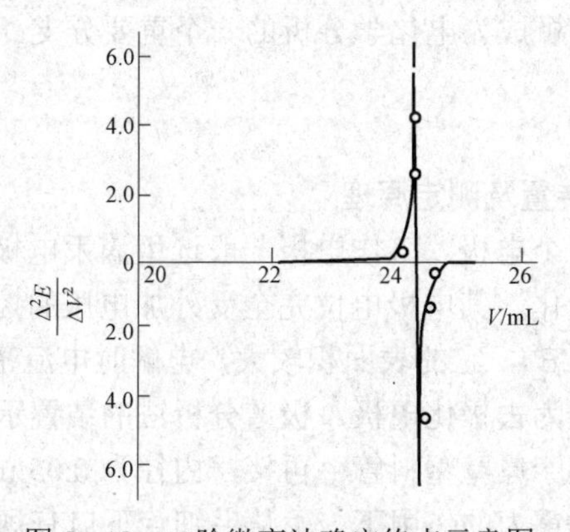

图 5－18　二阶微商法确定终点示意图

3. 滴定类型及电极的选择

1）酸碱滴定

可进行某些极弱酸（碱）的滴定，化学计量点是溶液中 H^+ 浓度的突跃变化。通常以 pH 玻璃电极作为指示电极，饱和甘汞电极作为参比电极。

2）氧化还原滴定

化学计量点是溶液中氧化剂或还原剂浓度的突跃变化。指示剂法准确滴定的要求是滴定反应中，氧化剂和还原剂的标准电位之差 $\Delta\varphi^{\theta} \geqslant 0.36$ V（$n=1$），而电位法只需 $\geqslant 0.2$ V，应用范围广；电位法采用的指示电极一般为零类电极（常用铂（Pt）电极）。

3）络合滴定

电位法较指示剂法更适用于生成较小稳定常数络合物的滴定反应。电位法所用的指示电极一般有两种，一种是铂（Pt）电极或某种离子选择电极，另一种是 Hg 电极（实际上是第三类电极）。例如，用 EDTA 滴定某些变价离子，如 Fe^{3+}、Cu^{2+} 等，可加入 Fe^{2+}、Cu^{+} 构成氧化还原电对，以铂（Pt）电极作为指示电极，以甘汞电极作为参比电极；用 EDTA 滴定金属离子，在溶液中加入少量 Hg^{2+}-EDTA，用汞电极作为指示电极，以甘汞电极作为参比电极。

4）沉淀滴定

该类滴定中，电位法应用比指示剂法广泛，尤其是某些在指示剂滴定法中难找到指示剂或难以进行选择滴定的混合物体系，电位法往往可以进行；电位法所用的指示电极主要是离子选择电极，也可用银电极或汞电极。

任务 5.5　极谱分析法

极谱分析法（polarographic analysis）是根据测量特殊情况下电解过程中的电压电流曲线来进行分析的方法。极谱分析法包括以滴汞电极为工作电极的经典极谱法和以非滴汞电极或非汞电极为工作电极的现代极谱法。经典极谱法诞生于 1925 年，近一个世纪以来，极谱分析法在理论研究和实际应用上都取得了长足的发展。为克服经典极谱法的缺陷，先后出现了单扫描极谱、交流极谱、方波极谱、脉冲极谱、溶出伏安法等现代极谱法，极大提高了测定的灵敏度和准确度，使极谱分析成为电化学分析的一个重要分支。

5.5.1　基本原理

1. 经典极谱分析法的装置及测定原理

极谱分析法的装置有两个电极。工作电极一般选用滴汞电极，其面积很小，电解时电流密度很大，容易发生浓差极化，其电极电位完全受外加电压的控制，为极化电极；参比电极通常选用饱和甘汞电极（SCE），它的表面积较大，电解时电流密度小，不发生浓差极化，电极电位在电解时保持恒定，为去极化电极。极谱分析法的装置示意图如图 5-19 所示。

滴汞电极由贮汞瓶下接一厚壁塑料管，再接一内径为 0.05 mm 的玻璃毛细管构成。毛细管伸进电解池的溶液中，在重力的作用下，汞从毛细管下口有规则地、周期性地（2～3 滴每 10 s）滴落。

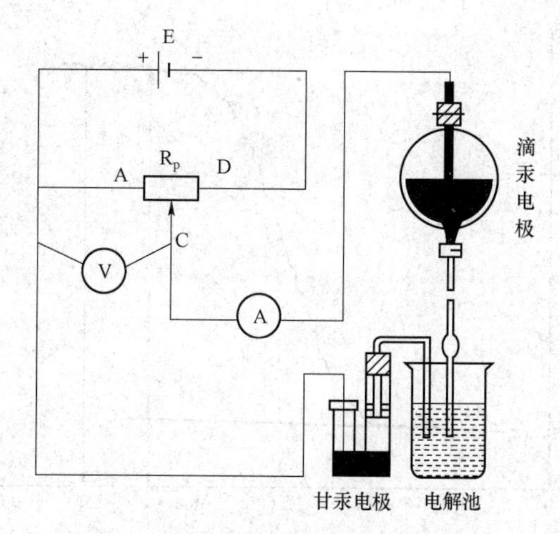

图 5－19 极谱分析法的装置示意图

直流电源 E、滑线电阻 R_p 构成电位计线路，进行分析时，以 100～200 $mV \cdot min^{-1}$ 的速度在 0～2.5 V 的范围内移动接触键 C，使两电极上的外加电压自零逐渐增加，从而连续改变加于两电极间的电位差，由伏特计显示电位差值。随着电压的变化，在电解池中将发生电解反应，由检流计 A 测量产生的电解电流。记录电流（i）和外加电压（U），以电压为横坐标，电流为纵坐标，绘制电流－电压曲线（$i-U$ 曲线）。

在极谱分析过程中，主要观察极化电极（发生浓差极化的电极）在电位改变时相应的电流变化情况，因此电流－滴汞电极电位曲线（$i-E_{de}$ 曲线）更为重要。若阳极为饱和甘汞电极，阴极为滴汞电极，则它们与外加电压 U 的关系为

$$U=(E_{SCE}-E_{de})+iR \tag{5-23}$$

式中：i 为通过的电流，R 为电解线路的总电阻。在极谱电解过程中，电流一般很小，电解线路的电阻 R 也不会太大，iR 可以忽略，则

$$U=E_{SCE}-E_{de} \tag{5-24}$$

饱和甘汞电极的电位是不变的，可作为参比标准，则有

$$U=-E_{de}\ (\text{vs.}\ E_{SCE}) \tag{5-25}$$

式中（vs. E_{SCE}）表示以饱和甘汞电极为标准时某电极的电位。

由此可见，滴汞电极的电极电位受外加电压控制，外加电压越大，滴汞电极电位的绝对值越大。通过调节外加电压可控制滴汞电极的电位，从而使各种离子在各自所需电极电位处析出。离子的 $i-E_{de}$ 曲线称为该离子的极谱波，因为 $U=-E_{de}$，故同一离子的极谱波和电流－电压曲线是相同的。

2. 极谱波的产生过程

以电解 5×10^{-4} $mol\cdot L^{-1}CdCl_2$ 稀溶液（含有 0.1 $mol\cdot L^{-1}$ 的 KCl）为例来说明极谱波的产生过程。向待测溶液通入氮气或氢气以除去溶解于其中的氧，调整汞柱高度使汞滴以 2～3 滴/10 s 的速度滴下，自零连续增加工作电极和参比电极上的电压，记录电压和相应的电解电流 i，可得到 Cd^{2+} 的极谱波，如图 5－20 所示。

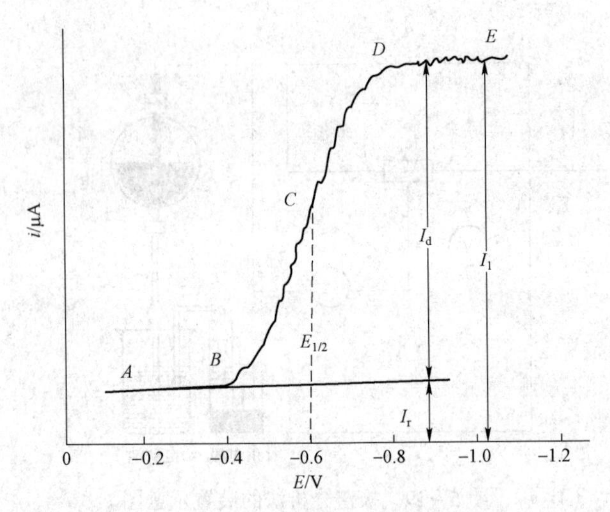

图 5-20　镉离子的极谱波

（1）$A-B$ 段，残余电流部分：在未达到 Cd^{2+} 的分解电位之前，电极上没有 Cd^{2+} 还原，理论上应该没有电解电流通过电解池。但此时，由于存在汞滴充电电流，并且电解液中有少量电活性物质发生电解，会导致有极微小的电流通过，称为残余电流（i_c）。

（2）$B-D$ 段，电流上升与急剧增加部分：继续增大电压，当达到 Cd^{2+} 的分解电压 B 时，Cd^{2+} 开始在滴汞电极上还原析出金属镉，并与汞结合成镉汞齐，产生电解电流，电极反应如下：

滴汞电极反应式：$Cd^{2+}+2e+Hg=Cd(Hg)$

甘汞电极反应式：$2Hg+2Cl^-=Hg_2Cl_2+2e^-$

随着外加电压的增大，Cd^{2+} 迅速在滴汞电极表面还原，电解电流急剧增大，极谱波上升。由于溶液静止，将引起滴汞电极表面的 Cd^{2+} 浓度 c_s 低于溶液中 Cd^{2+} 浓度 c_0，从而出现浓差极化现象，使得溶液中 Cd^{2+} 向滴汞电极表面不断地扩散，产生厚度约 0.05 mm 的扩散层。Cd^{2+} 不断地还原和扩散会持续地产生电解电流。

电极反应速度很快，而扩散速度很慢，所以电流的大小决定于扩散速度，故该电流称为扩散电流 i。扩散速度又与扩散层中的浓度梯度成正比，因此扩散电流大小与浓度梯度成正比，即

$$i=K(c_0-c_s) \tag{5-26}$$

式中：K 为比例常数。

（3）$D-E$ 段，极限扩散电流部分：继续增大外电压，使滴汞电极电位达到一定数值后，c_s 趋近于零。此时溶液主体浓度和电极表面之间的浓度差达到极限情况，即达到完全浓差极化。电流不再随外加电压的增大而增大，仅受 Cd^{2+} 从溶液主体扩散到电极表面的速度所控制，曲线为一平台，此阶段产生的电流称为极限电流（i_{max}）。极限电流与残余电流之差称为极限扩散电流（i_d）。

i_d 与 Cd^{2+} 的扩散速度成正比，而扩散速度又与浓度梯度成正比，则

$$i_d=Kc_0 \tag{5-27}$$

i_d与电解液中Cd^{2+}的浓度成正比，这是极谱定量分析的基础。

当试液中含有数种可还原或氧化的组分时，每种组分都产生相应的极谱波。例如Pb^{2+}、Cd^{2+}、Zn^{2+}在KCl支持电解质存在下，可得到连续的极谱波：第一个波为Pb^{2+}的还原；第二个波为Cd^{2+}的还原；第三个波为Zn^{2+}的还原。

5.5.2 极谱定量分析

1. 极谱定量分析基础理论—扩散电流方程式

1）定义

极谱分析法是通过测量极限扩散电流来进行定量分析的。极限扩散电流与滴汞电极上进行电极反应的物质浓度之间的定量关系称为扩散电流方程式。

2）扩散电流方程式（尤考维奇方程式）

式（5－26）中的比例常数K，在滴汞电极上的值为

$$K=708nD^{1/2}m^{2/3}\tau^{1/6}$$

任一时刻的电流符合瞬时极限扩散电流方程式

$$i_d=708nD^{1/2}m^{2/3}\tau^{1/6}c_0 \qquad (5-28)$$

式中：n——电极反应转移的电子数；

D——待测组分测定形式的扩散系数，$cm^2 \cdot s^{-1}$；

m——汞滴流速，$mg \cdot s^{-1}$；

τ——时间，s；

c_0——待测物质浓度，$mol \cdot L^{-1}$；

可见，滴汞电极i_d随形成汞滴时间τ的增加而增加，即随着滴汞面积的增长而周期性地变化。这是因为电极表面积不恒定，汞滴在滴落之前不断长大，电极表面积也随之增大，正比于电极表面积的电流则随之增大；当汞滴滴落时，电流也随之骤然降低至零，新的汞滴又开始长大，电流又随之增大。如此继续下去，因此，i_d随时间τ的延长呈周期性地变化，电流出现锯齿形振动现象。

当τ为从汞滴开始生成到滴下所需时间t时，i_d达最大值，以$(i_d)_{max}$表示。

$$(i_d)_{max}=708nD^{1/2}m^{2/3}t^{1/6}c_0 \qquad (5-29)$$

式（5－29）为最大极限扩散电流方程式，最大极限扩散电流是在每滴汞寿命的最后时刻获得的。

在极谱分析中常采用平均极限扩散电流i_d作为定量参数，该值符合平均极限扩散电流方程式

$$i_d=607nD^{1/2}m^{2/3}t^{1/6}c_0 \qquad (5-30)$$

在极谱分析中，极限扩散电流通常就是指平均极限扩散电流i_d。

当待测溶液组成一定、测量条件一定时，式中n、D、m、t也一定，可见，当其他各项因素不变时，极限扩散电流与被测物质的浓度成正比，它是极谱定量分析的依据。

2. 极谱定量分析方法

1）波高的测量方法

由式$i_d=Kc$可知，只要测得极限扩散电流就可以确定待测物质的浓度。在极谱图上通常

以波高（h）来表示扩散电流的相对大小，而不必测量其绝对值，于是有

$$h = K'c \tag{5-31}$$

实际工作中先度量极谱波波高，再通过标准曲线法或标准加入法进行定量分析。

对于波形良好的极谱波，测定残余电流部分和极限电流部分两条平行线之间的垂直距离即为波高。

对于不规则的极谱波，测量波高常用三切线法。即分别作残余电流切线 AB，极限电流切线 CD，以及扩散电流切线 EF，三条切线相交于两点 O 和 P，通过这两点作平行于横轴的平行线，二平行线间的垂直距离即为波高，如图 5-21 所示。

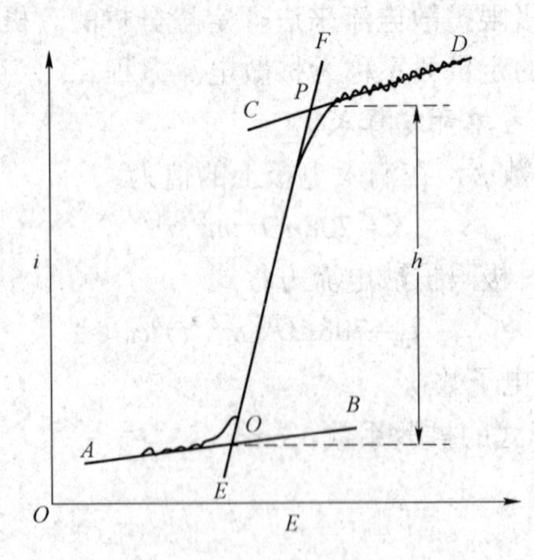

图 5-21　三切线法测量波高

2）工作曲线法

先配制一系列浓度不同的标准溶液，在相同的实验条件下（相同的底液、同一毛细管），分别测定各溶液的波高（或扩散电流），绘制波高-浓度曲线，然后在同样的实验条件下测定试样溶液的波高，从标准曲线上查出试样的浓度。

3）标准加入法

首先测量浓度为 c_x、体积为 V 的待测液的波高 h；然后在同一条件下，加入浓度为 c_s 体积为 V_s 的相同物质标准液，测量波高 H。则有

$$h = K'c_x$$

$$H = K'\frac{Vc_x + V_sc_s}{V + V_s}$$

由以上两式可求出待测液浓度 c_x：

$$c_x = \frac{c_sV_sh}{H(V + V_s) - hV} \tag{5-32}$$

。

5.5.3　极谱分析法的特点及其存在的问题

极谱分析法具有以下特点。

① 应用非常广泛，凡能在电极上被还原或被氧化的无机物质和有机物质，一般都可用该

法测定，某些不起氧化还原反应的物质也可应用间接法测定。

② 极谱分析所用试液的浓度较低，一般为 1 μg·L^{-1}～1 mg·L^{-1}（10^{-5}～10^{-2} mol·L^{-1}）。

③ 相对误差较小，一般为±2%。

④ 在电解过程中，不搅拌溶液。

⑤ 在电解时通过溶液的电流很小，不超过 100 μA，所以经电解后溶液的组分和浓度基本上没有显著变化，试液可以连续反复使用。

⑥ 分析时只需要少量的试样。

上述特点决定了极谱分析法应用广泛，但上述极谱分析法（通常称为经典极谱分析法）与后续发展起来的极谱分析新技术相比存在一些问题。

① 检测下限较高，对极微量的物质不适用，这主要是由于电容电流的存在造成的。

② 分辨能力低。只有两种物质的半波电位相差 200 mV 以上时才能将两个波分开，否则不能准确测量波高。

③ 当试样中含有的大量组分比待测微量组分更易还原时，该组分会产生一个很大的前波，使 $E_{1/2}$ 较负的组分受到掩蔽。

④ *iR* 降。在经典极谱法中，常使用两支电极，当溶液 *iR* 降增加时，会造成半波电位位移以及波形变差。因此，在现代极谱法中，常采用三电极系统。

为解决以上问题，在经典极谱分析法的基础上发展了许多新方法，使极谱分析在实际应用中得到了很大的发展，已经成为一种常用的研究方法和分析手段。现代极谱法包括溶出伏安法、极谱催化波、示波极谱、方波极谱、脉冲极谱、半微分极谱或半积分极谱等。

项目小结

电化学分析是应用电化学的基本原理和实验技术，依据物质电化学性质来测定物质组成及含量的分析方法。电化学分析方法依据测定电参数可以分为电位分析法、电导分析法、库仑分析法、伏安分析法等。依据应用方式不同可分为：直接法和间接法。

电化学分析法的特点：（1）灵敏度、准确度高，选择性好，被测物质的最低量可以达到10～12 moL·L^{-1} 数量级。（2）电化学仪器装置较为简单，操作方便，直接得到电信号，易传递，尤其适合于化工生产中的自动控制和在线分析。（3）应用广泛。

直接电位法，通过测量溶液的电动势，电极电位与溶液中电活性物质的活度有关，根据能斯特方程计算被测物质的含量。

电位滴定法，用电位测量装置指示滴定分析过程中被测组分的浓度变化，通过记录或绘制滴定曲线来确定滴定终点的分析方法。

练习题

一、选择题

1. 在电位法中离子选择性电极的电位与待测离子的浓度（　　）。

A. 成正比　　　　B. 成反比

C. 符合扩散电流公式　　　　　　　D. 符合能斯特方程

2. 电位法测定pH时，常用的指示电极是（　　）。

A. 甘汞电极　　B. pH玻璃电极　　C. 氯电极　　D. 银电极

3. pH玻璃电极在使用前一定要在蒸馏水中浸泡24 h，目的在于（　　）。

A. 清洗电极　　B. 校正电极　　C. 活化电极　　D. 检查电极好坏

4. 电位法中标准加入法适用的分析对象是（　　）。

A. 组成简单的大批试样的同时分析　　B. 组成不清楚的个别试样的分析

C. 组成复杂的大批试样的同时分析　　D. 组成清楚的大批试样的同时分析

5. pH玻璃膜电极使用的适宜pH为（　　）。

A. 小于9大于1　　　　B. 小于1或大于9

C. 小于1　　　　　　D. 大于9

6. 在恒定组成和温度的溶液中，离子选择性电极的电位随时间缓慢而有秩序地改变称为（　　）。

A. 漂移　　B. 响应时间性　　C. 稳定　　D. 重现性

二、填空题

1. 原电池通常由________、________、________组成。

2. 以电参数________为基础建立的电化学分析法称为电位分析法；以电参数________为基础建立电化学分析方法称为极谱分析法；以电参数________为基础建立的电化学分析方法称为电导分析法；以电参数________为基础建立的电化学分析方法称为电解分析法。

3. 离子选择性电极由________、________、________等基本构造组成。

4. 常用的参比电极有________和________电极，其中________的电位在较高温度亦很稳定。

5. pH玻璃电极使用前需要________，主要目的是使________固定。

6. 极谱分析的基本原理是________。在极谱分析中使用________电极作参比电极，这是由于它不出现浓度差极化现象，故通常把它叫作________。

三、计算题

1. 某电池为：$Pb|PbSO_4$（固），K_2SO_4（0.200 mol·L^{-1}）‖ $Pb(NO_3)_2$（0.100 mol·L^{-1}）| Pb（已知$\varphi^{\theta}_{Pb^{2+}/Pb}$ = −0.126 V，K_{sp}（$PbSO_4$）= 2.0×10^{-8}）。请计算该电池的电位。

2. 用氯离子选择性电极测果汁中氯化物的含量。在100 mL果汁中测得电位为−26.8 mV，加入1.00 mL 0.500 mol·L^{-1}经酸化的NaCl溶液，测得电位为−54.2 mV。计算果汁中氯化物浓度（假定加入NaCl前后离子浓度不变）。

3. 用电位滴定法测定碳酸钠中NaCl的含量，称取2.111 6 g试样，加HNO_3中和至溴酚由蓝色变为黄色，以$c(AgNO_3)$= 0.050 03 mol·L^{-1}的硝酸银标准溶液的滴定结果见表5−6。

表5−6　实验结果

加入$AgNO_3$溶液体积/mL	相应的电位值/mV	加入$AgNO_3$溶液体积/mL	相应的电位值/mV
3.40	411	3.70	471
3.50	420	3.80	488
3.60	442	3.90	496

根据表 5－8 的数值，计算样品中 NaCl 的质量分数。

4. 某含有铜离子的水样 10.0 mL，在极谱仪上测得扩散电流为 12.3 μA。取此水样 5.0 mL，加入 0.10 mL1.00×10^{-3} mol・L^{-1} 铜离子，扩散电流为 28.2 μA，求水样中铜离子的浓度。

5. 用 pH 玻璃电极测定 pH＝5.0 的溶液，其电极电位为 43.5 mV，测定另一未知溶液时，其电极电位为 14.5 mV，若该电极的响应斜率为 58.0 mV/pH，试求未知溶液的 pH。

四、简答题

1. 请比较原电池与电解池的相同点和不同点，简述它们在电化学分析法中的应用。

2. 指示电极和参比电极在电化学分析法中各发挥什么作用？

水溶液 pH 的测定

【实训目的】

1. 掌握酸度计的构造和测定溶液 pH 的基本原理。

2. 学习测定玻璃电极响应斜率的方法。

3. 掌握用酸度计测定溶液 pH 的步骤。

【方法原理】

以玻璃电极作指示电极、饱和甘汞电极作参比电极、插入待测溶液中组成原电池，在一定条件下，测得电池的电位 E 与 pH 呈直线关系：

$$E = K + \frac{2.303RT}{F}\text{pH}$$

常数 K 取决于内外参比电极电位、电极的不对称电位和液体接界电位，因此无法准确测量 K 值，实际上测量 pH 是采用相对方法：

$$\text{pH}_x = \frac{F}{2.303RT}(E_x - E_s) + \text{pH}_s$$

玻璃电极的响应斜率 $2.303RT/F$ 与温度有关，在一定的温度下应该是定值，25 ℃时玻璃电极的理论响应斜率为 0.059 2。但是由于玻璃电极制作工艺和老化程度等的差异，每个 pH 玻璃电极其斜率可能不同，须用实验方法来测定。

【仪器与试剂】

1. 仪器：pHS－3C＋型数字酸度计，复合 pH 玻璃电极。

2. 试剂：邻苯二甲酸氢钾标准缓冲溶液，pH＝4.00；磷酸二氢钾和磷酸氢二钠标准缓冲溶液，pH＝6.86；硼砂标准缓冲溶液，pH＝9.18；待测水溶液。

【实训内容】

1. 标准缓冲溶液的配置

用蒸馏水溶解从市场购买的标准缓冲溶液试剂，转入到试剂包规定的容量瓶中定容，贴标签备用。

2. 酸度计的标定

按照操作说明书操作进行一点标定和二点标定。

3. pH 玻璃电极响应斜率的测定

选择“mV”测量状态，将电极插入 pH 4.00 的标准缓冲溶液中，摇动烧杯，使溶液均匀，在显示屏上读出溶液的电位值，依次测定 pH 为 6.86、9.18 时标准缓冲溶液的电位值。

4. 水溶液 pH 的测定

用蒸馏水缓缓淋洗电极 3～5 次，再用待测溶液淋洗 3～5 次。然后插入装有待测溶液的烧杯中，摇动烧杯使溶液均匀，待读数稳定后，读取 pH。用蒸馏水清洗电极，滤纸吸干。

【数据处理】

1. pH 玻璃电极响应斜率的测定

作 E－pH 图，求出直线斜率即为该玻璃电极的响应斜率。若偏离 59 mV/pH（25 ℃）太多，则该电极不能使用。

2. 计算水溶液 pH 的平均值。

【注意事项】

① 正确配制 pH 标准缓冲溶液，保证溶液 pH 准确。

② pH 复合电极使用时注意：

a）在使用复合电极时，溶液一定要超过电极头部的陶瓷孔。

b）观察敏感膜玻璃是否有刻痕和裂缝；参比溶液是否浑浊或发霉（有絮状物）；参比电极的液接界部位是否堵塞；电极的引出线及插头是否完好，要保持电极插头的干燥与清洁。

c）玻璃球泡易破损，使用时要小心。

d）电极不得测试非水溶液，如油脂、有机溶剂、牛奶及胶体等，若不得以测试必须马上清洗，用稀 $NaHCO_3$ 溶液浸泡清洗，时间不能太长，然后用蒸馏水漂洗干净。

e）电极正常测试水温为 0～60 ℃，超过 60 ℃极易损坏电极。

f）电极不得测试 F^- 浓度高的水样。

g）每次测试结束，电极都须用蒸馏水冲洗干净，特别是测量过酸过碱溶液。

h）电极保护套内的 KCl 溶液（3 $mol \cdot L^{-1}$）要及时补充不能干涸。

【思考题】

1. 一点标定法标定后，未进行二点标定的电极能否准确测定溶液 pH？
2. 酸度计上显示的 pH 与溶液中氢离子活度有何定量关系？

用离子选择性电极测定牙膏中的氟含量

【实训目的】

1. 掌握用离子选择性电极进行直接电位分析的原理及方法。
2. 学会使用离子计和离子选择性电极。

【方法原理】

氟离子选择电极的电极膜由 LaF_3 单晶制成，电位与 F^-活（浓）度的关系符合能斯特方程，即

$$E_{F^-}=K-\frac{2.303RT}{F}\lg\alpha_{F^-}$$

氟离子选择电极与饱和甘汞电极组成的测量电池为

氟离子选择电极|试液（c_x）‖SCE

测定方法：

（1）标准曲线法，配制一系列标准溶液，测定电位，绘制 $E-\lg c_x$ 曲线，然后测定未知试液的电位 E_x，在标准曲线上查得其浓度。

（2）标准加入法，首先测量体积为 V_0、浓度为 c_x 的待测试液的电位 E_x，接着在试液中加入体积为 V_s、浓度为 c_s 的被测离子的标准溶液，并测量其电位 E_{x+s}：

$$c_x=\frac{\Delta c}{10^{\Delta E/S}-1}$$

式中：Δc 为加入标准溶液后被测离子浓度的增加量；ΔE 为两次测得的电位之差；S 为电极斜率，$S=\frac{2.303RT}{nF}$。

用标准加入法时，通常要求加入的标准溶液的体积比试液体积小 100 倍，浓度大 100 倍，使加入标准溶液后测得的电位变化达 20～30 mV。

【仪器与试剂】

1. 仪器

数字离子酸度计，磁力搅拌器，电极，氟离子选择电极和饱和甘汞电极。

2. 试剂

① 1.0×10^{-1} mol·L^{-1} F^-标准贮备液：准确称取 NaF（120 ºC 烘 1 h）4.198 g 于烧杯中，加蒸馏水溶解，转移至 1 000 mL 容量瓶稀释至刻度，摇匀。贮存于聚乙烯瓶中待用。

② 1.000×10^{-5}～1.00×10^{-2} mol·L^{-1} 氟离子标准溶液用上述贮备液配制。

③ TISAB：称取 NaCl 58.5 g，柠檬酸钠 10 g，溶解于 800 mL 蒸馏水中，再加入冰醋酸 57 mL，用 40%氢氧化钠溶液调节 pH 为 5～5.5，稀释到 1 L。

④ 日用牙膏。

【实训内容】

1. 氟离子选择电极的准备

将氟离子选择电极泡在 1×10^{-4} mol·L^{-1} 氟离子溶液中约 30 min，然后用蒸馏水清洗数次直至测得的电位为 −300 mV 左右（此值各支电极不同）。若氟离子选择电极暂不使用，宜于干放。

2. 牙膏溶液制备

1 g 牙膏，然后加水溶解，加入 5 mL TISAB。煮沸 2 min，冷却并转移至 100 mL 容量瓶中，用蒸馏水稀释至刻度，待用。

3. 配制空白溶液

在 100 mL 容量瓶中加入 5 mL TISAB，用蒸馏水稀释至刻度。

4. 标准曲线法测定氟含量

1）绘制标准曲线

在 5 只 100 mL 容量瓶中分别配制内含 5 mL 离子强度调节剂的 1.00×10^{-5}～1.00×10^{-2} mol·L^{-1} 氟离子标准溶液，分别倒入 5 只塑料烧杯中。浓度由低到高，插入氟离子选择电极和饱和甘汞电极，搅拌，测量标准溶液的电位 E，绘制标准曲线。

测量完毕后将电极用蒸馏水清洗直至测得电位为 −300 mV 左右待用。

2）牙膏溶液中氟含量的测定

准确移取牙膏溶液 50 mL 于 100 mL 容量瓶中，加入 5 mL TISAB，用蒸馏水稀释至刻度，摇匀。然后全部倒入一烘干的塑料烧杯中，插入电极，连接线路。在搅拌条件下待电位稳定后读取电位 E_x。

5. 标准加入法测定氟含量

参照标准曲线法测得牙膏溶液的电位值 E_x 后，准确加入 1 mL1.00×10^{-4} mol·L^{-1} 氟离子标准溶液，测定电位值 E_{x+s}（若读得的电位值变化小于 20 mV，应使用 1 mL 1.00×10^{-3} mol·L^{-1} 氟离子标准溶液，此时实验需重新开始）。

空白试验，以蒸馏水代替试样，重复上述测定。

牙膏试样同样可按上述方式测定。

【数据处理】

1. 标准曲线法

用计算机绘制 $E-\lg c$ 曲线，根据牙膏溶液测得的电位 E_x，在校正曲线上查得对应的浓度，计算 F^- 含量。牙膏中 F^- 含量计算公式：

$$\frac{1.000\ \text{g}\times a\%}{19\ \text{g}\cdot\text{mol}^{-1}}=c_x\times0.100\ 0\ \text{L}$$

2. 标准加入法

根据标准加入法公式，计算得到试样中 F^- 的浓度。

$$c_x=\frac{\Delta c}{10^{\Delta E/S}-1}$$

【注意事项】

① 测量时浓度应由稀至浓，每次测定前将搅拌子和电极上的水珠用滤纸擦干，但注意不要碰到底部晶体膜。

② 绘制标准曲线时测定一系列标准溶液后，应将电极清洗至原空白电位值，然后再测定未知试液的电位值。

③ 测定过程中更换溶液时，“测量”键必须处于断开位置，以免损坏离子计。

④ 测定过程中搅拌溶液的速度应恒定。搅拌 5～8 min 后，停止搅拌测量，测量结束后用水冲洗，再用滤纸吸干。

⑤ 本实验中氟电极接负极，所以测出的电池电位势 E 是负值，随浓度增加，E 增加（绝

对值下降)。

⑥ 氟电极不用时干燥保存。氟离子储备液要用聚乙烯瓶子装。

⑦ 注意参比电极内是否有气泡,若没充满,应补充饱和氯化钾溶液。

【思考题】

1. 为什么要加入离子强度调节剂?

2. 试比较标准曲线法、标准加入法测得的 F^- 的浓度有何不同。如有,说明原因。

极谱分析法测定水中铅含量

【实训目的】

① 掌握极谱分析法的原理。

② 熟悉和学习极谱分析仪的使用方法。

【方法原理】

在盐酸–乙酸钠缓冲溶液(pH=0.65)–抗坏血酸(10 g·L^{-1})中,通过线性变化的电压,Pb^{2+}可在滴汞电极上还原或氧化,在示波极谱图上产生特征还原峰(电流)或氧化峰(电流),在相应的电流–电压曲线图上求出试液中铅的含量。

【仪器与试剂】

1. 仪器

示波极谱仪,三电极系统(滴汞电极为指示电极,饱和甘汞电极为参比电极,铂电极为辅助电极)。

2. 试剂

试剂除另有规定外,所用试剂均应符合国家标准规定的分析纯试剂,所用水为使用前制备的去离子水或不含铅的蒸馏水。

(1)抗坏血酸(维生素 C)。

(2)盐酸溶液:c_{HCl}=1 mol·L^{-1}。取 83.3 mL 盐酸(36%~38%),用水稀释至 1 000 mL。

(3)乙酸钠溶液:c_{CH_3COONa}=1 mol·L^{-1}。称取结晶乙酸钠($CH_3COONa \cdot 3H_2O$)136 g 溶于水,用水稀释至 1 000 mL。

(4)盐酸–乙酸钠缓冲溶液:上述盐酸溶液和乙酸钠溶液以(2+1)(V/V)混合。

(5)铅标准贮备溶液:100.0 mg·L^{-1},称取 0.159 8 g 经 110 ℃烘干的硝酸铅(优级纯),溶于含 1 mL 硝酸(优级纯)的水中,用水稀释至 1 000 mL。

(6)铅标准溶液:10.00 mg·L^{-1},使用前吸取 10.0 mL 铅标准贮备溶液于 100 mL 容量瓶中,用水稀释至刻度线。

【实训内容】

1. 样品预处理

移取适量试样(精确至 0.05 mL)于 100 mL 烧杯中,加入 0.2 mL 硝酸,加水至 10 mL,将烧杯置于电热板上微沸蒸发至近干,自然冷却至室温。

2. 测定

（1）向预处理后的试料中缓慢加入盐酸－乙酸钠缓冲溶液 6 mL 溶解残渣，定量转移至 10 mL 比色管中，稀释至刻线。

（2）另取 10 mL 比色管 8 支，分别加入铅标准溶液 0.10 mL，0.40 mL，0.70 mL，1.00 mL，3.00 mL 及铅标准贮备溶液 0.50 mL，0.70 mL，0.90 mL。

（3）各加入缓冲溶液 6 mL，用水稀释至刻线。

（4）将比色管中测试液分别倒入 10 mL 电解烧杯中（约 6 mL 即可），各加入 0.06 g 抗坏血酸，搅拌均匀。

（5）将电解杯置于极谱仪电解杯座上，通入高纯氮气 3 min，放入三电极系统。

注：采用导数峰测铅含量可略去本步骤。

（6）将极谱仪起始电位置于－0.70 V（原点电位为－0.20 V），阳极化扫描至－0.20 V，铅氧化峰的电位约在－0.34 V。

（7）分别记录试样及标准试液的峰高，按式（5－33）求出其峰电流值。

$$i_p = H \cdot K \qquad (5-33)$$

式中：i_p 为峰电流值，μA；H 为峰高，精确至 0.5 格；K 为电流倍率。

（8）以浓度为横坐标，峰电流值为纵坐标，绘制铅校准曲线，从曲线上求出试液中铅的含量。

注：水样澄清可不进行预处理。移取适量试样（精确至 0.05 mL）于 10 mL 比色管中，加入 6 mL 缓冲溶液，稀释至刻线。以下按分析步骤（2）～（8）条进行。

【数据处理】

试料中铅含量按式（5－34）进行计算：

$$c = m/V \qquad (5-34)$$

式中：c 为试料浓度，mg·L^{-1}；m 为从校准曲线上求得试样中铅的含量，μg；V 为试料取样体积，mL。

实训项目 4

$AgNO_3$ 标准溶液自动电位滴定法测定溶液中的氯化物含量

【实训目的】

1. 巩固电位滴定法的理论知识。

2. 学习并掌握用 $AgNO_3$ 标准溶液自动电位滴定法测定氯化物的方法。

【方法原理】

电位法测 Cl^-，通常采用 $AgNO_3$ 作滴定剂，随着滴定剂的加入，溶液中 Ag^+ 和 Cl^- 浓度不断发生变化，以银离子选择性电极作为指示电极，饱和甘汞电极作为参比电极确定终点。滴定反应为

$$Ag^+ + Cl^- = AgCl\downarrow$$

银离子选择性电极电位为

$$E_{Ag^+/Ag} = E^{\ominus}_{Ag^+/Ag} + 0.059\,2\lg\alpha_{Ag^+}$$

在滴定过程中，随着 Cl^-的浓度变化电位也在同步变化，滴定至预定终点时，仪器发出控制信号，使自动电位滴定仪停止滴定。最后由用去的 $AgNO_3$ 体积计算出 Cl^- 含量。终点时

$$[Cl^-] = [Ag^+] = \sqrt{K_{SP,AgCl}}$$

式中：$K_{SP,AgCl}$ 表示 AgCl 的沉淀溶解平衡常数，$K_{SP,AgCl} = 1.8\times10^{-10}$。滴定终点时阴离子选择性电极的电位为

$$E_{ep} = E^{\ominus}_{Ag^+/Ag} + 0.059\,2\lg\sqrt{K_{SP,AgCl}}$$
$$= 0.799 + 0.059\,2\lg\sqrt{1.8\times10^{-10}} = 0.511\ V$$

滴定终点时电池的电位差为

$$\Delta E = E_{ep} - E_{SCE} = 0.277\ V$$

【仪器与试剂】

1. 仪器

ZD－2 型自动电位滴定仪，银离子选择性电极，饱和甘汞电极。

2. 试剂

1:1 HNO_3 溶液，NaCl 标准溶液 0.050 0 mo1 • L^{-1}；$AgNO_3$ 溶液 0.050 0 mo1 • L^{-1}（待标定），未知试液。

【实训内容】

1. $AgNO_3$溶液的标定

（1）NaCl 标准溶液（0.05 mol • L^{-1}）的配制：准确称取基准 NaCl 0.3 g，用水溶解后转移入 100 mL 容量瓶中，稀释至刻度，摇匀，计算 NaCl 的浓度。

（2）$AgNO_3$ 溶液的标定（手动电位滴定法）：用移液管准确移取 25.00 mL NaCl 标准溶液于 250 mL 烧杯中，加入 4 mL1:1HNO_3 溶液，以蒸馏水稀释至 100 mL 左右，置于滴定装置的搅拌器上搅拌，用 $AgNO_3$ 溶液滴定至电位为 400 mV 左右，临近终点时，每加入 0.1 mL$AgNO_3$ 溶液，记录一次电位 E 的值。

2. 氯化物含量的测定

（1）预置滴定终点

① 调试好仪器后，将终点预置在 0.277 V。

② 调试好仪器后，将终点预置为手动电位滴定法找到的终点电位。

（2）未知试样测定

用移液管准确移取 25.00 mL 未知试液于 250 mL 烧杯中，加入 4 mL1:1HNO_3 溶液，加蒸馏水稀释至 100 mL。平行测定三次。

（3）自来水样测定

取 100 mL 自来水于烧杯中，加入 4 mL1:1HNO_3 溶液，按照上述方法，平行测定三次。

3. 实验后处理

清洗滴定装置，尤其注意需用蒸馏水吹洗电极、毛细管。

【数据处理】

1. $AgNO_3$溶液的标定

根据手动滴定的数据，绘制电位（E）对滴定体积（V）的滴定曲线，通过 $E-V$ 曲线确定终点电位和终点体积。

$$c_{AgNO_3}=\frac{V_{NaCl}\times c_{NaCl}}{V_{AgNO_3}}$$

2. 氯化物含量的测定

按下述方法计算 Cl^- 含量

$$c_{Cl^-}=\frac{(V_2-V_1)\times c_{AgNO_3}}{V}$$

式中：V_1 为滴定前读数，V_2 为滴定后读数，V 为未知试样或水样体积。

【注意事项】

1. 测定溶液过程中，搅拌速度要恒定。

2. 将电磁阀调整合适，手动滴定时，应有节奏地按动开关。

【思考题】

1. 手动电位滴定法找到的终点电位与电位滴定原理计算出的终点电位是否一致？两者之间为什么有差异？

2. 电位滴定相对于一般容量滴定有哪些优点？

参考文献

[1] 魏培海，曹国庆. 仪器分析［M］. 北京：高等教育出版社，2014.

[2] 黄一石，吴朝华，杨小林. 仪器分析［M］. 3 版. 北京：化学工业出版社，2013.

[3] 朱明华. 仪器分析［M］. 3 版. 北京：高等教育出版社，2000.

[4] 杨根元. 实用仪器分析［M］. 3 版. 北京：北京大学出版社，2001.

[5] 钱沙华，韦进宝. 环境仪器分析［M］. 2 版. 北京：中国环境科学出版社，2011.

[6] 叶宪曾. 张新祥. 仪器分析教程［M］. 2 版. 北京：北京大学出版社，2009.

[7] 曹国庆. 钟彤. 仪器分析技术［M］. 北京：化学工业出版社，2013.

[8] 刘约权. 现代仪器分析［M］. 3 版. 北京：高等教育出版社，2015.

[9] 苏少林. 仪器分析［M］. 2 版. 北京：中国环境出版社，2017.

[10] 张俊霞. 王利. 仪器分析［M］. 重庆：重庆大学出版社，2015.

第 4 模块

色谱分析法

项目 6

气相色谱分析技术

知识目标

- 了解色谱分析技术的分类及特点。
- 掌握色谱相关术语，掌握分离度计算方法及影响因素。
- 掌握色谱塔板理论和柱效率指标的物理意义。
- 理解速率理论及其意义。
- 掌握常用的定性和定量分析方法。
- 了解气相色谱的分类及特点、原理、流程。
- 掌握气相色谱仪的构造。
- 掌握气相色谱分离条件及其选取。
- 掌握气相色谱分析方法峰面积测量的步骤。

能力目标

- 能独立操作使用气相色谱仪。
- 能够熟练选择气相色谱条件，采用归一化法、内标法、外标法进行定量计算。
- 能够对气相色谱仪进行日常维护。

任务 6.1 色谱分析技术概述

6.1.1 色谱分析技术的发展历史

色谱分析技术是 20 世纪初由俄国植物学家 M.S.Tswett 首先提出的。1906 年，M.S.Tswett 将树叶的石油醚提取液倒入一根装有碳酸钙颗粒的玻璃管顶端，然后用石油醚不断自上而下淋洗，随着淋洗的进行，提取液在淋洗液推动下缓慢移动，植物色素的各组分向下移动的速度各不相同，在管内形成不同颜色的色谱带，如图 6－1 所示。

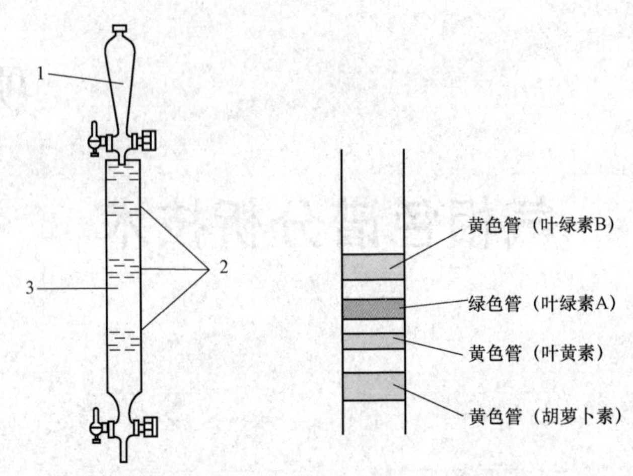

图 6-1 M.S.Tswett 色谱分离实验示意图

1—石油醚；2—谱带；3—碳酸钙

M.S.Tswett 实验结果的产生是由于在石油醚的不断冲洗下，原来在玻璃管上端的色素混合液向下移动。由于色素中各组分与碳酸钙的作用力大小不同，作用小的先流出玻璃管，作用力大的后流出玻璃管，最后将不同色谱带分离。通过将潮湿的含色素的碳酸钙挤出切下各色谱带，分别进行分析测定。经分析，最下面的色谱带呈黄色，经分析是胡萝卜素，接着分别是叶黄素、叶绿素 A 和叶绿素 B 的色谱带。由于不同色谱带有不同的颜色，这种分离方法被称为色谱法（chromatography）或色层法。连续色谱带称为色层或色谱，色谱一词也由此得名，这就是最初的色谱法。后来，随着色谱法的发展，色谱法不仅仅用于分离检测有色物质，也广泛应用于检测无色物质，但色谱一词仍沿用至今。

M.S.Tswett 实验中将相对于石油醚固定不动的碳酸钙称为固定相（stationary phase），装碳酸钙的玻璃管称为色谱柱（column），石油醚称为流动相（moving phase），石油醚淋洗过程称为洗脱（elution），最终得到的色谱带图称为色谱图（chromatogram）。

经典色谱法分离速度慢，分离效率低，随着分离技术和色谱理论的研究和发展，色谱法不仅具有很高的分离能力，同时增加了检测能力，成为现代色谱分析技术。目前，由于高效能的色谱柱、高灵敏的检测器及微处理机的使用，使得色谱分析技术已成为一种分析速度快、灵敏度高、应用范围广的分析技术。广泛应用于工农业生产、医药卫生、石油化工、环境保护、生理生化组分检测、食品检验等领域。

6.1.2 色谱分析技术的分类

色谱分析技术是一种包含多种分离类型、检测方法和操作方法的分离分析技术，可以从不同的角度进行分类。

1. 按流动相和固定相的不同分类

根据流动相的状态，流动相是气体的，称为气相色谱法（gas chromatography，GC）。流动相是液体的，称为液相色谱法（liquid chromatography，LC）。若流动相为超临界流体，则称为超临界流体色谱法（supercritical fluid chromatography，SFC）。固定相也有两种状态，以固体吸附剂作为固定相和以附载在固体上的液体作为固定相。所以，气相色谱法又可分为气－固色谱法（gas-solid chromatography，GSC）和气－液色谱法（gas-liquid chromatography，GLC）；同理，液相色谱法也可分为液－固色谱法（liquid-solid chromatography，LSC）和液－液色谱法（liquid-liquid chromatography，LLC），具体见表 6－1。

表 6－1 色谱分析技术按流动相和固定相的不同分类

流动相	总称	固定相	色谱名称
气体	气相色谱法	固体	气－固色谱法
		液体	气－液色谱法
液体	液相色谱法	固体	液－固色谱法
		液体	液－液色谱法

2. 按色谱分离载体的不同分类

按色谱分离载体的不同色谱分析技术可以分为柱色谱法（colum chromatography）、纸色谱法（paper chrmatography）、薄层色谱法（thin layer chromatography）等，如图 6－2 所示。

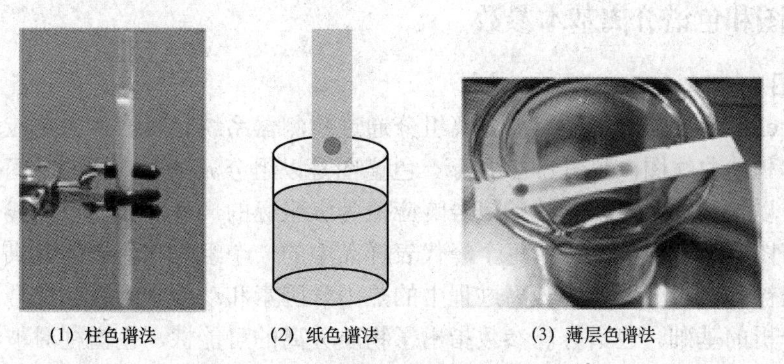
(1) 柱色谱法　(2) 纸色谱法　(3) 薄层色谱法

图 6－2 按色谱分离载体的不同分类

柱色谱法是色谱分离操作在柱内进行的方法。柱色谱法包括填充柱色谱和开管柱色谱，固定相填充在玻璃或金属管中的称为填充柱色谱法；固定相附着在一根吸管内壁上，管中心是空的，称为开管柱色谱法或毛细管柱色谱法。近年来，色谱分离可以在毛细管内进行，有时也称为毛细管色谱法。

纸色谱法是色谱分离在滤纸上进行的方法。

薄层色谱法是色谱分离在吸附剂铺成薄层的平板上进行的方法。

3. 按分离机理分类

在色谱分离过程中被测组分与固定相间的作用机理不完全相同。根据分离机理的不同，色谱分析技术可分为吸附色谱法、分配色谱法、离子交换色谱法、凝胶色谱法、亲和色谱法、电色谱法等。

1）吸附色谱法

吸附色谱是各种色谱分离技术中应用最早的一类。当混合物随流动相通过固定相时，由于各组分在吸附剂表面吸附性能不同，从而使混合物得以分离的方法称为吸附色谱。

2）分配色谱法

分配色谱是利用不同组分在流动相和固定相之间的分配系数（或溶解度）不同，而使之分离的方法。

3）离子交换色谱法

离子交换色谱法是基于离子交换树脂上可电离的离子与流动相具有相同电荷的溶质进行可逆交换，利用不同组分对离子交换剂亲和力的不同而进行分离的方法。

4）凝胶色谱法

凝胶色谱法是以多孔介质（如凝胶）为固定相，利用组分分子大小不同在多孔介质中因阻滞作用不同而达到分离的方法，也称为尺寸排阻色谱法。

5）亲和色谱法

利用固定在载体上的固化分子对组分的亲和性的不同而进行分离的方法称为亲和色谱法，如蛋白质的分离常用亲和色谱。

6）电色谱法

利用带电溶质在电场作用下移动速度不同而将组分分离的色谱方法称为电色谱法。

6.1.3 色谱图和色谱分离基本参数

1. 色谱图

色谱图（elution profile）是指被分离组分通过检测器系统时所产生的响应信号对时间或流动相流出体积的曲线图，如图 6－3 所示。色谱图是以组分流出色谱柱的时间或载气流出体积为横坐标，以检测器对各组分的电信号响应值为纵坐标的一条曲线，该曲线也称为色谱流出曲线。色谱图上有一组色谱峰，每个峰代表样品中的一个组分。色谱图提供了色谱分析的各种信息，是被分离组分在色谱分离过程中的热力学因素和动力学因素的综合体现，也是色谱定性定量分析的基础。色谱分离参数指出了物质分离的可能性，色谱柱对被测组分的选择性，以及色谱条件的选择依据。

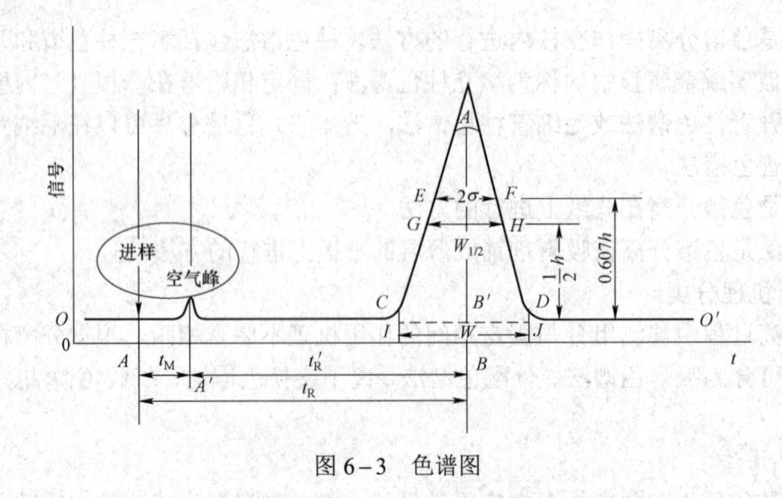

图 6－3　色谱图

1）基线

操作条件稳定后，没有试样通过检测器时，记录到的信号称为基线。它反映了检测器信号随时间的变化，稳定的基线应是一条水平直线，基线的平直可反映出仪器及实验条件的稳定情况，如图6-3中的OO'线。

① 基线漂移：当操作条件不稳定或检测器工作状态变化时会使基线随时间上下倾斜，称为基线漂移。

② 基线噪声：引起基线起伏不定的各种因素称为基线噪声。

2）色谱峰

当有组分进入检测器时，色谱流出曲线就会偏离基线，这时检测器输出信号随检测器中的组分浓度而改变，直至组分全部离开检测器，此时绘出的曲线称为色谱峰。正常色谱峰近似于对称形正态分布曲线，符合高斯正态分布。不对称色谱峰也称畸峰，如拖尾峰和前伸峰等，如图6-4所示。

拖尾峰——前沿陡起后部平缓的不对称色谱峰。

前伸峰——前沿平缓后部陡起的不对称色谱峰。

分叉峰——两种组分没有完全分开而重叠在一起的色谱峰。

馒头峰——峰形比较宽大的色谱峰。

假峰——并非由试样所产生的峰。

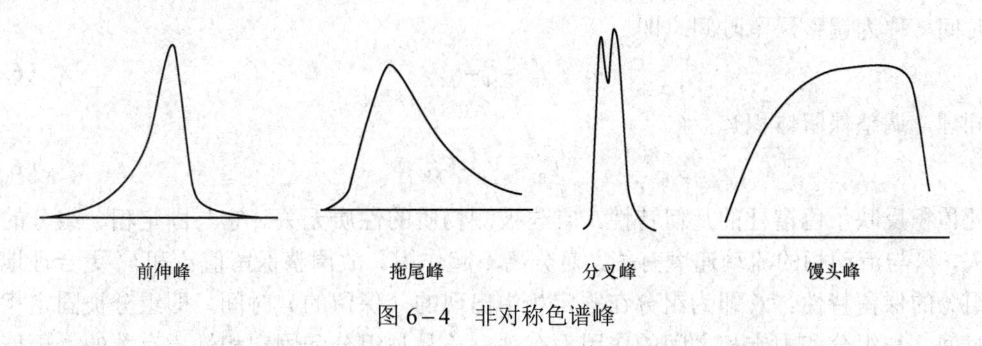

图6-4 非对称色谱峰

3）峰高

峰高是指从色谱峰顶到基线的垂直距离，用h表示。色谱峰的高度与组分的浓度有关，分析条件一定时，峰高是定量的依据。

4）峰宽与半峰宽

色谱峰两侧拐点上的切线与基线两交点之间的距离，称为峰宽，也称基线宽度，用W表示。色谱峰的峰高一半处峰的宽度称为半峰宽，用$W_{1/2}$表示。

5）峰面积

由色谱峰与基线之间所围成的面积称为峰面积，称为峰面积，用A表示，它是色谱定量分析的基本依据。

6）保留值及有关参数

保留值表示试样中各组分在色谱柱中的停留时间或将组分带出色谱柱所需载气的体积。在一定的固定相和操作条件下，任何物质都有确定的保留值，因此保留值可用作定性分析的依据。

① 死时间（t_M）。不被固定相所滞留的组分通过色谱柱所用的时间，即不被固定相所滞留的组分（如空气或甲烷）的保留时间就是死时间。在时间上，它等于流动相分子通过色谱柱所需的时间，死时间与柱前后的连接管道和柱内空隙体积的大小有关。利用死时间可以测定流动相的平均线速度 u，而且当某组分不被固定相所滞留时，即完全随流动相移动，其移动速度完全等于流动相的速度，所以

$$u=L/t_M \tag{6-1}$$

式中，L 为色谱柱长度。

② 死体积（V_0、V_m）。不被固定相滞留的组分的保留体积（或不被固定相滞留的组分流出色谱柱所需要的洗脱剂的体积）。这个体积应等于柱内流动相的体积，即流动相的量，也即固定相之间的空隙。它是对应于死时间 t_M 所需的流动相体积 V_M，等于 t_M 与操作条件下流动相的体积流速 F 的乘积，即

$$V_M=t_MF \tag{6-2}$$

③ 保留时间（t_R）与保留体积（V_R）。流动相携带组分通过柱子所需要的时间，即从进样洗脱到流出液中组分的浓度出现极大值点所需要的时间。

保留体积（V_R）：从进样开始到组分洗脱出柱所用的洗脱剂的体积（与流速无关）。

④ 调整保留时间（t'_R）和调整保留体积（V'_R）。扣除死时间后的组分实际被固定相所保留的时间，称为调整保留时间。即

$$t'_R=t_R-t_M \tag{6-3}$$

同理，调整保留体积 V'_R 为

$$V'_R=V_R-V_M \tag{6-4}$$

死体积反映了色谱柱的几何特性，它与被测物质的性质无关。它与固定相、组分的性质均无关，只与流动相的流动速度有关，对分离不起作用。故调整保留值 t'_R 和 V'_R 更合理地反映被测组分的保留特性。t'_R 即为组分在固定相中出现的（保留的）时间，即组分被固定相所滞留的时间，与组分和固定相之间的作用力有关。t'_R 是与组分和固定相性质有关的，更能从本质上反映出不同组分的差异，反映色谱过程的实质。

保留时间可作为色谱定性分析的依据，但同一组分的保留时间常受到流动相流速的影响，它们是色谱条件的函数。因此保留值也可用保留体积表示，这样可以不随流动相流速变化。

⑤ 相对保留值（$r_{2,1}$）。在相同色谱条件下，组分 2 与组分 1 的调整保留值之比，即

$$r_{2,1}=t'_{R_2}/t'_{R_1}=V'_{R_2}/V'_{R_1} \tag{6-5}$$

需要注意：对于 $r_{2,1}$ 须有 $t'_{R_2}>t'_{R_1}$，$V'_{R_2}>V'_{R_1}$ 即 $r_{2,1}>1$；对于 $r_{2,1}$，“1”表示基准物质，“2”表示待测物质，用于定性分析；相对保留值只与固定相、组分及流动相的性质有关，与柱长、流速等无关；若两组分能分离，则 $r_{2,1}>1$。

$r_{2,1}$ 又称为选择性因子 α，指相邻两组分调整保留值之比。α 的大小反映了色谱柱对难分离组分对的分离选择性，α 越大，相邻两组色谱峰相距越远，色谱柱的分离选择性越高。当 α 等于或接近 1 时，说明相邻两组分不能很好地被分离。

⑥ 标准偏差（σ）。色谱峰两侧两拐点之间的距离的一半，也即 0.607h 处的峰宽的一半。

它们反映被分离的组分分子在柱内迁移时的离散程度，W_b、σ、$W_{1/2}$越小，表示分子相对集中；W_b、σ、$W_{1/2}$越大，表示分子相对分散。

⑦ 保留指数（I）。定性指标的一种参数。通常以色谱图上位于待测组分两侧的相邻正构烷烃的保留值为基准，用对数内插法求得。每个正构烷烃的保留指数规定为其碳原子数乘以100。

⑧ 拖尾因子（T）。用以衡量色谱峰的对称性，也称为对称因子（symmetry factor）或不对称因子（asymmetry factor）。

《中国药典》规定T应为0.95～1.05。

2. 色谱分离基本参数

1）分配系数

分配系数也称因子、容量比，指在一定温度、压力下，在固定相和流动相达到分配平衡时，组分在固定相和流动相中的浓度比，用K表示。

$$K=\frac{\text{组分在固定相中的浓度}}{\text{组分在流动相中的浓度}}=\frac{c_s}{c_m} \tag{6-6}$$

分配系数K是色谱分离的基本参数之一。实际工作中常用分配系数K来表征色谱分配过程。色谱柱中不同组分能够分离的先决条件是其分配系数不同，若两个组分的分配系数相同，则其色谱峰完全重合；反之，分配系数相差越大，相应的色谱峰相距越远，分离越好。

2）容量因子

在平衡状态时，组分在固定液与流动相中的质量之比，等于调整保留时间与死时间之比，也称分配容量、分配比或质量分配比，用k表示。

$$k=\frac{\text{组分在固定相中的质量}}{\text{组分在流动相中的质量}}=\frac{m_s}{m_m}=\frac{t'_R}{t_M} \tag{6-7}$$

分配系数和分配比的关系为

$$K=\frac{c_s}{c_m}=\frac{m_s/V_S}{m_m/V_M}=k\frac{V_M}{V_S}=k\beta \tag{6-8}$$

式中：V_M为流动相的体积；V_S为固定液的体积或吸附剂的表面容量，即比表面积；β为V_M与V_S之比，称相比（相比率），它是反映色谱柱柱型特点的参数。

k值越大，说明组分在固定相中的量越多，相当于柱的容量大，它是衡量色谱柱对被分离组分保留能力的重要参数。

分配系数和分配比都与组分及固定相的热力学性质有关，并随柱温、柱压的变化而变化。分配系数是组分在两相中浓度之比，与两相体积无关；分配比则是组分在两相中分配总量之比，与两相体积有关，组分的分配比随固定相的量而改变。对于一定的色谱体系，组分的分离决定于组分在每一相中的总量大小而不是相对浓度大小，因此分配比更经常用来衡量色谱柱对组分的保留能力。

3）柱长

柱中填充固定相部分的长度，用L表示。

3. 其他参数

1）响应值

组分通过检测器所产生的信号。

2）相对响应值

单位量物质与单位量参比物质的响应值之比，用 s 表示。

3）校正因子

相对响应值的倒数，用 f 表示。校正因子与峰面积的乘积正比于物质的量。

4）线性范围

检测信号与被测组分的物质的量或质量浓度呈线性关系的范围。

5）分析时间

一般指最后流出组分的保留时间。

6.1.4 色谱分析技术的基本原理

色谱分析技术的基本原理有塔板理论和速率理论，分别从热力学角度和动力学角度阐述了色谱分离效能和影响分离效能的因素。

1. 塔板理论

Martin 和 Synge 阐述了色谱、蒸馏和萃取之间的相似性，把色谱柱比作精馏塔（如图 6－5 所示），引用精馏塔理论和概念，研究了组分在色谱柱内的迁移和扩散，描述了组分在色谱柱内运动的特征，成功地解释了组分在柱内的分配平衡过程，导出了著名的塔板理论。该理论将色谱分离过程比作一个精馏过程，即假设色谱柱是由一系列连续的、高度相等的塔板组成。

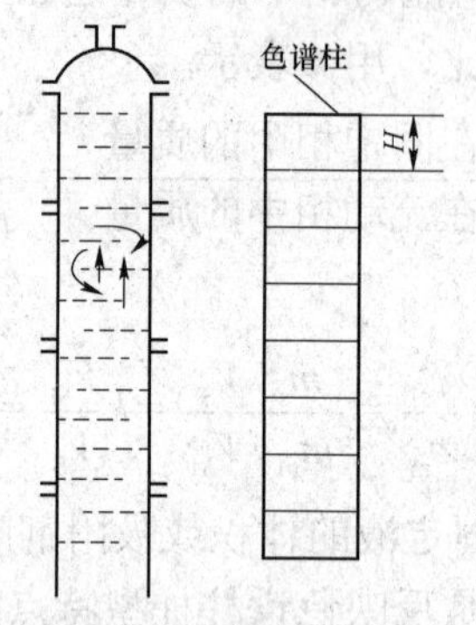

图 6－5 塔板理论示意图

每一块塔板的高度用 H 表示，称为塔板高度，简称板高。塔板理论假设试样由流动相带进入色谱柱，在色谱柱中的每一个小段长度内，被分离组分可以迅速在两相之间达成一次分配平衡，然后随着流动相按一个一个塔板的方式向前转移，经过若干个塔板的多次反复分配，待分离组分由于分配系数不同而彼此分离，分配系数小（挥发性大）的组分首先由色谱柱中流出。

色谱柱内每达成一次分配平衡所需要的柱长称为塔板高度 H，对于长度为 L 的色谱柱，组分分配的次数为：

$$n=\frac{L}{H} \tag{6-9}$$

式中：n 为理论塔板数。

塔板理论指出以下几点：

① 当塔板数 n 较少时，组分在柱内达分配平衡的次数较少，流出曲线为峰形，但不对称；当塔板数 $n>50$ 时，峰形接近正态分布。理论塔板数由组分保留值和峰宽决定。用以评价一根柱子的柱效。在色谱柱中，n 值一般是很大的，如一般气相色谱柱的 n 为 10^3～10^5，因而这时的流出曲线峰形可趋近于正态分布曲线。

② 当塔板数足够多时，即使分配系数差异微小的组分也能得到良好的分离效果。

③ n 与半峰宽度及峰底宽的关系式为

$$n=5.54\times\left(\frac{t_R}{W_{1/2}}\right)^2=16\times\left(\frac{t_R}{W}\right)^2 \tag{6-10}$$

可以看出，当 t_R 一定时，色谱峰越窄，则理论塔板数 n 越大，理论塔板高度 H 越小、柱效越高，对分离越有利。因此 n 或 H 可作为柱效能的指标。但不能预言并确定各组分是否有被分离的可能，因为分离的可能性取决于试样混合组分在固定相中分配系数的差异，而不取决于分配次数的多少。

实际应用中，按式（6－9）和式（6－10）计算出来的 n 和 H 有时并不能充分地反映色谱柱的分离效能，常出现计算出的 n 虽然很大，但色谱柱效却不高，这是由于采用 t_R 计算，保留时间 t_R 包含了死时间 t_M，而 t_M 并不参加柱内的分配过程，为此，提出用有效塔板数 $n_{有效}$ 和有效高度 $H_{有效}$ 评价柱效能的指标：

$$n_{有效}=5.54\times\left(\frac{t'_R}{W_{1/2}}\right)^2=16\times\left(\frac{t'_R}{W}\right)^2 \tag{6-11}$$

$$H_{有效}=\frac{L}{n_{有效}} \tag{6-12}$$

有效塔板数和有效塔板高度消除了死时间的影响。因而较真实地反映了柱效能的高低。应该注意，同一色谱柱对不同物质的柱效能是不一样的，当用这些指标表示柱效能时，除色谱条件外，还应指出是用什么物质来进行测量的。

2. 速率理论

1）速率理论概论

1956 年，荷兰学者 van Deemter（范第姆特）等人在塔板理论的基础上，提出了关于色谱过程的动力学理论——速率理论。他们吸收了塔板理论中板高的概念，并充分考虑了组分在两相间的扩散和传质过程，从而在动力学基础上较好地解释了影响板高的各种因素。该理论模型对气相、液相色谱都适用。van Deemter 方程的数学简化式为

$$H=A+\frac{B}{u}+Cu \tag{6-13}$$

式中：u 为流动相的线速度；A、B、C 在一定条件下为常数，分别代表涡流扩散项系数、分子扩散项系数、传质阻力项系数。

欲降低塔板高度，提高柱效，需降低上述 3 个系数，各项的物理意义如下。

（1）涡流扩散项系数

A 为涡流扩散项系数，同时进入色谱柱内的组分 1、2、3（如图 6－6 所示），如果固定相颗粒大小及填充不均匀，组分分子经过这些空隙时碰到大小不一的颗粒将会不断改变流动方向，使组分在柱内形成了“涡流”，在不同通道中穿过，径向上不同位置的流动相流速不同，不同的组分分子所经过的路径长短也不同，造成组分分子或前或后流出色谱柱，引起色谱峰峰形的展宽。

涡流扩散系数影响因素的经验公式为

$$A = 2\lambda d_p \tag{6-14}$$

式中：λ为填充不规则因子，d_p为固定相颗粒平均直径。

A 与填充物的平均粒径大小和填充不规则因子有关，而与载气性质、线速度和组分性质无关。可以通过使用较细粒度和颗粒均匀的填料，并尽量填充均匀来减小涡流扩散。

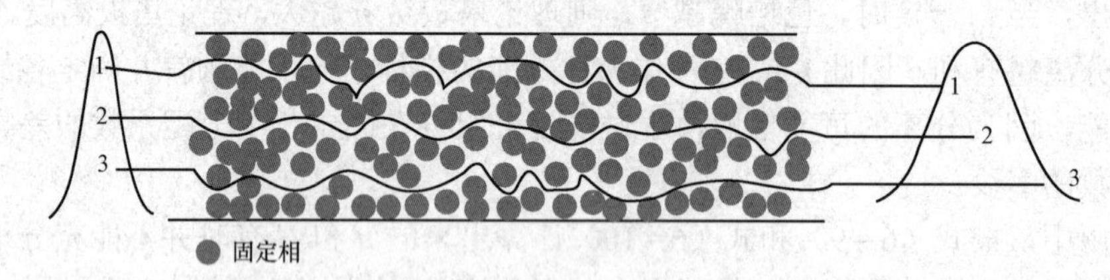

图 6－6 涡流扩散示意图

（2）分子扩散项系数

试样进入色谱柱后，由于存在浓度梯度，组分分子自发地向前和向后扩散，即样品在色谱柱轴向上向前后扩散结果使色谱峰扩张，造成的谱带展宽，板高增大。分子扩散系数为

$$B = 2\gamma D_m \tag{6-15}$$

式中：D_m为组分在流动相中的扩散系数，与流动相的相对分子质量平方根成反比，与柱温成正比，与柱压成反比，组分在液体中的扩散系数很小（约为气体中的 $1/10^5$），此项可忽略不计；

γ为弯曲因子，也称阻碍因子，它反映固定相颗粒对分子扩散项的阻碍情况，为小于 1 的系数，填充柱$\gamma<1$，空心毛细管柱$\gamma=1$。

载气流速越快，纵向扩散越小。谱带通过色谱柱所用的时间越长，纵向扩散就越严重。分子扩散项系数与组分的性质，载气的流速、性质、温度、压力等有关，为减小分子扩散项系数可以采用相对分子质量大的载气和增加其线速度的方法。

（3）传质阻力项系数

传质阻力项系数由两部分组成，即固定相的传质阻力项 C_s 和流动相的传质阻力项 C_m，反映流动相和固定相对样品组分在其中扩散所具有阻力。

$$C = C_s + C_m \tag{6-16}$$

$$C_m = (0.1k/1+k)^2 \times d_p^2/D_m \tag{6-17}$$

$$C_s = 2k/3(1+k)^2 \times d_f^2/D_s \tag{6-18}$$

式中：C_m为流动相的传质阻力，指试样从流动相扩散到流动相与固定相界面进行质量交换过程中所受到的阻力。与固定相粒度 d_p 的平方成正比，与组分在流动相中的扩散系数 D_m 成反比。用相对分子质量小的气体如 H_2、He 为流动相和选用小粒度的固定相可使 C_m 减小，柱效提高。

C_s 为固定相的传质阻力，指组分从两相界面扩散到固定相内部达到分配平衡后又返回到两相界面时受到的阻力。与固定相液膜厚度 d_f 的平方成正比，与组分在固定相中的扩散系数 D_s 成反比。固定相液膜越薄，扩散系数越大，固定相传质阻力 C_s 就越小，但固定相液膜不宜过薄，否则会减少样品容量，降低柱的寿命。

所以，Cu 与填充物粒度的平方成正比，对于液相色谱，传质阻力项是柱效的主要影响因素，减小固定相粒度或减小固定相液膜厚度是减小传质阻力项的最有效方法。

样品分子要在流动相和固定相之间建立分配或吸附平衡，就必须快速完成从流动相到固定相以及在固定相中的传质过程，事实上这往往是难以实现的。样品进入色谱柱后，谱带前沿的样品分子首先与固定相发生作用而被保留，在平衡建立起来之前，未被保留的分子就会被流动相带走。从而造成谱带展宽，在大多数实际分析条件下，这是引起谱带展宽的主要原因。

2）速率理论方程

综上所述，当 u 一定时，当 A、B、C 三项较小时，才能使 H 较小，柱效较高。气相色谱中的 van Deemter 方程为

$$H=A+B/u+C\,u=2\lambda d_p+2\gamma D_m/u+[(0.1k/1+k)^2\times d_p^2/D_m+2k/3(1+k)^2\times d_f^2/D_s]u \tag{6-19}$$

如果以不同流速下测得的塔板高度 H 对流动相线速度作图，可得图 6－7 所示的曲线，从图可知 H-u 曲线有一最低点，与最低点对应的塔板高度 H 最小，该点对应的线速为最佳线速 u_{opt}，此时可得到最高柱效。

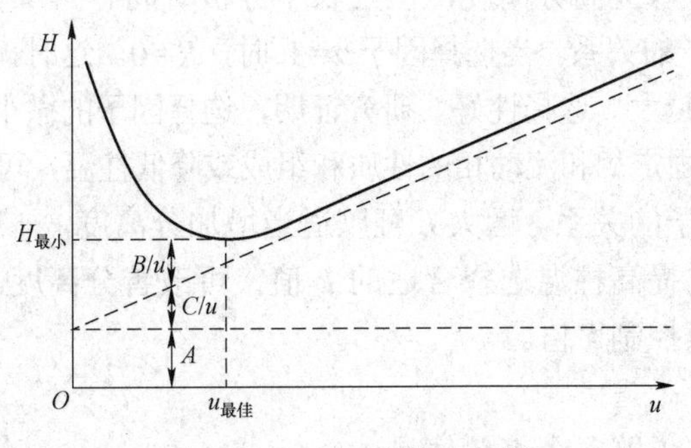

图 6－7　$H-u$ 曲线示意图

3）分离度

分离度也称分辨率，用 R 表示，是两色谱峰分离程度的量度，常用其作为柱总分离效能指标，其大小为相邻两色谱峰保留值之差与峰宽总和的一半的比值，即

$$R=2(t_{R_2}-t_{R_1})/(W_1+W_2) \tag{6-20}$$

分离度越大，说明相邻两组分分离效果越好。对一般分析要求分离度为 1～1.5。$R=1.0$ 时，分离程度可达 98%；$R<1$ 时，两峰有部分重叠；$R=1.5$ 时，分离程度达到 99.7%。所以，通常用 $R=1.5$ 作为相邻两色谱峰完全分离的指标，如图 6－8 所示。

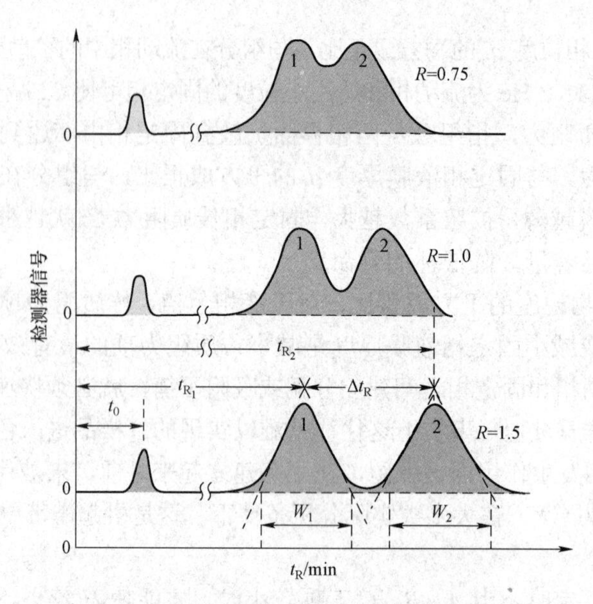

图 6-8　不同分离度时色谱峰分离的程度

实际上，分离度受柱效 $n_{有效}$、选择因子 α 和容量因子 k 3 个参数的影响。

① 当固定相确定后，被分离物质对的选择因子确定后，分离度将取决于 $n_{有效}$，因此，提高分离度的好方法是制备出一根性能优良的柱子，通过降低板高，以提高分离度。对于一定理论板高的柱子，分离度的平方与柱长成正比，即

$$(R_1/R_2)^2=n_1/n_2=L_1/L_2 \tag{6-21}$$

说明较长的色谱柱可以提高分离度，但延长了分析时间。

② 分离度与选择因子的关系。当选择因子 $\alpha=1$ 时，$R=0$。这时，无论怎样提高柱效也无法使两组分分离。选择因子越大，选择性好。研究证明，选择因子的微小变化，就能引起分离度的显著变化，一般通过改变固定相和流动相的性质和组成或降低柱温，可有效增大选择因子值。

③ 分离度与容量因子的关系。增大 k 可以适当增加分离度，一般 k 通常控制在 2～10 为宜。对于气相色谱，通过提高柱温选择合适的 k 值，可改善分离度。对液相色谱，改变流动相的组成比例，就能有效控制 k 值。

4）色谱图信息

利用色谱图可直观地了解多个重要信息：

① 根据色谱峰的数目，可以判断试样中所含组分的最少个数。

② 根据色谱峰的保留值可以进行定性分析。

③ 根据色谱峰高或面积可以进行定量测定。

④ 根据色谱峰峰间距及宽度，可对色谱柱的分离效能进行评价。

6.1.5　色谱分析技术的定性分析和定量分析

通过色谱分析技术测定被测试样可以获得色谱图，它能够给出与试样的组成和含量有关的信息。但是需要了解和掌握定性分析和定量分析的具体方法，才能根据信息确定试样的组成和含量。气相色谱和液相色谱的定性分析、定量分析的原理及方法是相同的。

1. 定性分析

色谱分析是一种非常有效的分离方法，但对于组分的定性，不如定量分析方法那样“擅长”，由于实际工作中需要先确定组成，才能进行定量分析，因此发展了多种定性分析方法。

色谱图中每个峰的保留值原则上代表样品中的一种组分，每个峰的面积的大小与样品组分的含量成正比。定性分析主要根据未知组分的保留值与相同条件下的标准物质的保留值进行比较，但是在相同的色谱条件下，不同物质也可能有相近或相同的保留值，所以仅凭色谱法对未知物定性是有一定困难的，必要时还需要与其他化学方法或仪器分析方法联合技术对物质进行准确判断分析。

1）根据色谱保留值进行定性分析

根据色谱保留值进行定性分析是最常用也是最简单的方法。在相同色谱条件下，如果标准物质与待测样品中某色谱峰的保留值一致，可初步判断二者可能是同一物质。为了提高定性分析的可靠性，还可以进一步改变色谱条件（分离柱、流动相、柱温等），如果待测物质的保留时间仍然与已知物质相同，则可以认为它们是同一种物质（如图 6-9 所示）。也可以在样品中加入已知的标准物质，若某一峰明显增高，则可认为此峰代表该物质。

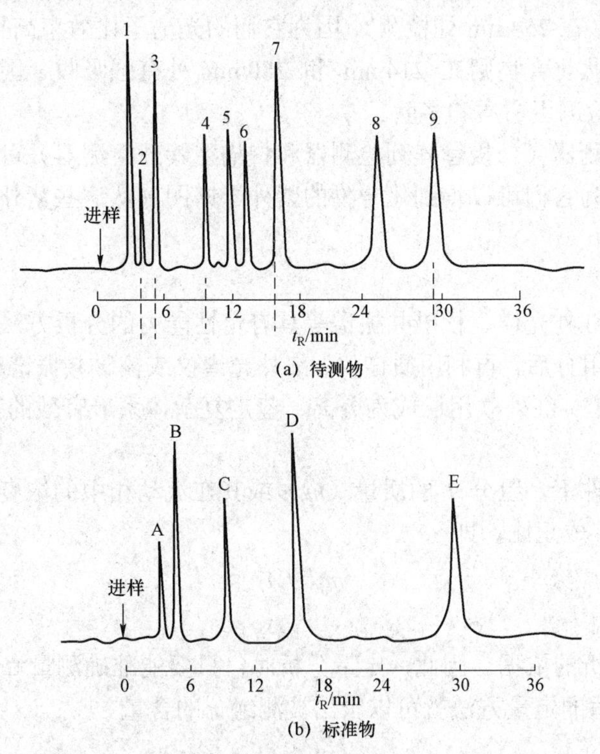

图 6-9 以已知纯物质对照进行定性分析示意图

已知纯物质：A—甲醇；B—乙醇；C—正丙醇；D—正丁醇；E—正戊醇

无纯物质进行对照分析时，可以利用文献中相同条件下的相对保留值进行比较。由于相对保留值是待测组分与加入的参比组分（其保留值应与被测组分相近）的调整保留值之比，因此当载气的流速和温度发生微小变化时，待测组分与参比组分的保留值同时发生变化，而它们的比值、相对保留值则不变。也就是说相对保留值只受柱温和固定相性质的影响，而柱长、固定相的填充情况（即固定相的紧密情况）和载气的流速均不影响相对保留值。因此在柱温和固定相一定时相对保留值为定值，可作为定性的较可靠参数。

E. Kovars 首先提出用保留指数进行定性分析，这是被国际上公认的定性指标。如果将对照定性与保留值规律定性结合，如碳数规律、比保留体积等，则可以大大提高定性结果的准确度。

2）根据检测器的选择性进行定性分析

分析时可根据样品中某些待测化合物的不同特性和元素组成选择相应的选择性检测器进行检测。如分析含氯、溴和碘的卤化物时，可根据所含卤素原子的种类和数目不同，选用不同的检测器。一氯化物可选用电化学检测器，电子捕获检测器（ECD）；二氯化物、多氯化物和含溴、碘的卤化物以用电子捕获检测器为宜，因为在电子捕获检测器上，随卤原子增加，响应值急剧增加，很有特性。在使用火焰光度检测器（FPD），当使用 526 nm 滤光片时，可选择性地检测含磷化合物；而当使用 394 nm 滤光片时，可选择性地测定含硫化合物。当在火焰光度检测器上采用双光路（使用两个光电检测原件分别安装）时，394 nm 滤光片和 526 nm 滤光片可同时记录硫和磷的信号，这时可通过测定磷的响应信号值与硫的响应信号值之比来测定分子中磷和硫的原子数之比。对于含苯环的多环芳烃化合物，可采用光离子气体（PID）检测器和紫外检测器（在 254 nm 处检测），因为它们的光离子化效率高且在紫外 254 nm 处有强吸收。蛋白质和多肽化合物则在 214 nm 和 280 nm 处有强吸收，因此可用紫外检测器在 214 nm 和 280 nm 处检测蛋白质和多肽。

利用三维紫外检测器（二极管阵列检测器和扫描型紫外检测器）可对含共轭体系的化合物进行定性鉴定，因为它们可以得到化合物的紫外光谱图，从这些紫外光谱图中可以判定共轭体系的共轭情况。

3）联用技术法

将色谱与质谱、红外光谱、核磁共振谱等具有定性能力的分析方法联用，复杂的混合物先经色谱分离成单一组分后，再利用质谱仪、红外光谱仪或核磁共振谱仪进行定性。近年来，色谱–质谱联用、色谱–红外联用已成为分离、鉴定复杂体系最有效的手段。

2. 定量分析

在一定的色谱条件下，组分 i 的质量（m_i）或其在流动相中的浓度，与检测器响应信号（峰面积 A_i 或峰高 h_i）成正比，即

$$m_i = f_i A_i \qquad (6-22)$$

式中：f_i 为绝对校正因子。

这是色谱定量分析的依据。因此，定量分析时，只要能准确测量峰面积 A_i，准确求出校正因子 f_i，并选用合适的定量方法就可以求出被测组分的含量。

1）峰面积的测定

目前气相色谱仪和液相色谱仪都装有数据处理机或配备了化学工作站系统，其峰面积由数据处理机或化学工作站自动计算。峰面积的大小不易受操作条件如柱温、流动相的流速、进样速度等的影响，比峰高更适合于定量的依据。

2）绝对校正因子

$$f_i = m_i / A_i$$

f_i代表单位峰面积所代表的某组分含量，也是指某组分 i 通过检测器的量与检测器对该组分的响应信号之比。m_i 的单位常用质量、物质的量或体积表示，与此相应的校正因子称为质量校正因子（f_m）、摩尔校正因子（f_M）和体积校正因子（f_v）。

在实际测定时，由于精确测定绝对进样量比较困难，因此要精确求出 f_i 的值往往是比较困难的，故其应用受到限制。在实际定量分析中，一般常采用相对校正因子 f_i'。

3）相对校正因子

相对校正因子 f_i' 是组分的决定校正因子 f_i 与某一标准物质绝对校正因子 f_s 的比值，即

$$f_i'=f_i/f_s=A_s\,m_i\,/\,A_i\,m_s$$

式中：f_i 为组分 i 的绝对校正因子；f_s 为标准物质 s 的绝对校正因子。

相对校正因子只与检测器类型有关，而与色谱操作条件、柱温、载气流速和固定液的性质等无关。一般文献上提到的校正因子就是相对校正因子。一些化合物的相对校正因子见表 6-2。

表 6-2　一些化合物的相对校正因子

化合物	沸点/℃	相对分子质量	热导检测器		氢焰检测器
			f_M	f_m	f_m
甲烷	−160	16	2.8	0.45	1.03
乙烷	−89	30	1.96	0.59	1.03
苯	80	78	1.00	0.78	0.89
甲苯	110	92	0.86	0.79	0.94
甲醇	65	32	1.82	0.58	4.35
乙醇	78	46	1.39	0.64	2.18
丙酮	56	58	1.16	0.68	2.04
乙酸乙酯	77	88	0.9	0.79	2.64

同一检测器对不同物质具有不同的响应值，就是说等量的不同物质在同一检测器上产生的信号往往是不相同的，相同量的同一物质在不同的检测器上相应信号也不相同。所以引入相对校正因子加以校正，它能够把混合物中不同组分的峰面积（或峰高）校正为相当于某一标准物质的峰面积（或峰高），然后用校正的信号值计算各组分的含量。

常用的标准物质，对热导检测器（TCD）是苯，对氢焰检测器（FID）是正庚烷。

3. 常用的几种定量方法

色谱分析技术的定量方法主要有归一化法、内标法和外标法。

1）归一化法

归一化法是色谱法中常用的定量方法。当样品中所有组分均能流出色谱柱，并在检测器上都能产生信号时，组分的量与其峰面积成正比（在线性范围内），能够测定或查到所有组分的相对校正因子的样品，可用归一化法定量。

归一化法是把所有出峰的组分含量之和按 100%计算，以它们相应的色谱峰面积或峰高为定量参数，通过下列公式计算各组分的质量分数。其中组分 i 的质量分数可按下式计算

$$\omega_i=\left(f_iA_i\,/\sum_{i=1}^{n}A_i\,f_i\right)\times 100\% \tag{6-23}$$

式中：ω_i为组分 i 的质量分数，A_i为组分 i 的峰面积，f_i为组分 i 的质量校正因子。

当各组分的 f_i 相同时，式（6－23）可简化为

$$\omega_i = \left(A_i / \sum_{i=1}^{n} A_i\right) \times 100\% \tag{6-24}$$

对于较狭窄的色谱峰或峰宽基本相同的色谱峰，可采用峰高代替面积进行归一化定量。这种方法简便易行，但此时 f_i 应为峰高校正因子。

归一化法的优点是简便、准确，特别是进样量不容易准确控制时，进样量的变化对定量结果的影响很小。其他操作条件，如流速、柱温等变化对定量结果的影响也很小。

2）内标法

当只需要测定试样中某几个组分或试样中所有组分不可能全部出峰时，可采用内标法。内标法是色谱分析中一种比较准确的定量方法，尤其在没有标准物对照时，此方法更显其优越性。内标法是将一定重量的纯物质作为内标物加到一定量的被分析样品混合物中，然后对含有内标物的样品进行色谱分析，分别测定内标物和待测组分的峰面积（或峰高）及相对校正因子，按公式和方法即可求出被测组分在样品中的百分含量。

$$\frac{A_i}{A_s} = \frac{f_s}{f_i} \times \frac{m_i}{m_s} \tag{6-25}$$

则

$$m_i = \frac{A_i f_i}{A_s f_s} \times m_s \tag{6-26}$$

所以

$$\omega_i = \frac{m_i}{m} \times 100\% = \frac{A_i f_i}{A_s f_s} \times \frac{m_s}{m} \times 100\% \tag{6-27}$$

式中：m_s 和 m 为内标物的质量和试样质量，A_i，A_s 为被测组分和内标物的峰面积，f_i，f_s 为被测组分和内标物的相对质量校正因子。

一般以内标物作为基准物质，即 $f_s = 1$，此时式（6－27）可简化为

$$\omega_i = \frac{m_i}{m} \times 100\% = \frac{A_i}{A_s} \times \frac{m_s}{m} \times f_i \times 100\% \tag{6-28}$$

内标物选择的原则：应是样品中不存在的纯物质；内标峰位于被测组分峰附近并与组分峰完全分离；内标物性质与样品中被测组分相近并能与样品互溶；内标物浓度恰当，其峰面积与待测组分相差不大。

内标法的优点：进样量的变化，色谱条件的微小变化对内标法定量结果的影响不大，特别是在样品前处理（如浓缩、萃取、衍生化等）之前加入内标物，可部分补偿欲测组分在样品前处理时的损失。若要获得很高精度的结果时，可以加入数种内标物，以提高定量分析的精度。

内标法的缺点：选择合适的内标物比较困难，内标物的称量要准确，操作较麻烦。使用内标法定量时要测量欲测组分和内标物的两个峰的峰面积（或峰高），根据误差叠加原理，内标法定量的误差中，由于峰面积测量引起的误差较标准曲线法大。但是由于进样量的变化和色谱条件变化引起的误差，内标法比标准曲线法要小很多，所以总的来说，内标法定量比标准曲线法定量的准确度和精密度都要好。

为了减少称量和数据计算的麻烦，可用内标标准曲线法进行定量。内标标准曲线法是在用

内标法做色谱定量分析时，先配制一定重量比的被测组分和内标样品的混合物进行色谱分析，测量峰面积，作重量比和面积比的关系曲线，此曲线即为标准曲线。在实际样品分析时所采用的色谱条件应尽可能与制作标准曲线时所用的条件一致，因此，在制作标准曲线时，不仅要注明色谱条件（如固定相、柱温、载气流速等），还应注明进样体积和内标物浓度。在制作内标标准曲线时，各点并不完全落在直线上，此时应求出面积比和重量比的比值与其平均位的标准偏差，在使用过程中应定期进行单点校正，若所得值与平均值的偏差小于 2，曲线仍可使用，若大 2，则应重作曲线，如果曲线在较短时期内即产生变动，则不宜使用内标法定量。

3）外标法

外标法又称标准曲线法或已知样校正法，是所有定量分析中最通用的一种方法，可用于测定指定组分的含量。用待测组分的纯品作对照物质，以对照物质和样品中待测组分的响应信号相比较进行定量的方法。此法可分为工作曲线法及外标一点法等。

工作曲线法是用对照物质配制一系列浓度的对照品溶液确定工作曲线，求出斜率、截距。在完全相同的条件下，准确进样与对照品溶液相同体积的样品溶液，根据待测组分的信号，从标准曲线上查出其浓度，或用回归方程计算，工作曲线法也可以用外标二点法代替。通常截距应为零，若不等于零说明存在系统误差。工作曲线的截距为零时，可用外标一点法（直接比较法）定量。

外标一点法是用一种浓度的对照品溶液对比测定样品溶液中组分 i 的含量。将对照品溶液与样品溶液在相同条件下进样，测得峰面积的平均值，用下式计算样品中组分 i 的量

$$w_i = (A_i/A_s) \times w_s \qquad (6-29)$$

式中：A_i，A_s 为分别为被测组分和标准物的峰面积，w_s 为标准物的质量分数。也可用峰高代替峰面积进行计算。

外标法简便，不需要用校正因子，不论样品中其他组分是否出峰，均可对待测组分定量，计算方便，适合于分析大量样品。但此法的准确性受进样重复性和实验条件稳定性的影响。此外，为了降低外标一点法的实验误差，应尽量使配制的对照品溶液的浓度与样品中组分的浓度相近。

6.1.6 色谱分析技术的特点

色谱分析技术是以其高超的分离能力为特点，它的分离效率远远高于其他分离技术如蒸馏、萃取、离心等方法。

1. 分离效率高

由于使用了细颗粒、高效率的固定相和均匀填充技术，色谱分析技术分离效率极高，柱效一般可达每米 10^4 理论塔板。近几年来出现的微型填充柱（内径 1 mm）和毛细管液相色谱柱（内径 0.05 μm），理论塔板每米超过 10^5，能实现高效的分离，馏分容易收集。

2. 应用范围广

色谱分析技术几乎可用于所有化合物的分离和测定，无论是有机物、无机物、低分子或高分子化合物，甚至有生物活性的生物大分子也可以进行分离和测定。

3. 分析速度快

一般在几分钟到几十分钟就可以完成一次复杂样品的分离和分析。

4. 样品用量少

用极少的样品就可以完成一次分离和测定。

5. 灵敏度高

由于紫外、荧光、电化学、质谱等高灵敏度检测器的使用，使高效液相色谱（HPLC）的最小检测量可达 10^{-11}～10^{-9} g。

6. 易于自动化

色谱分析技术与高度自动化计算机的应用，使高效液相色谱不仅能自动处理数据、绘图和打印分析结果，而且还可以自动控制色谱条件，使色谱系统自始至终都在最佳状态下工作。

任务6.2 气相色谱分析技术

6.2.1 气相色谱分析技术概述

气相色谱法（gas chromatography，GC）是用气体作为流动相的色谱分析方法。气相色谱法主要应用于分析沸点不是太高（通常不超过 300 ℃）的样品，对于沸点比较高的样品，则采用液相色谱法（或进行衍生化处理降低沸点后再用气相色谱法，如对羧酸的分析）。

气相色谱法是由惰性气体将汽化后的试样带入加热的色谱柱，并携带组分分子与固定相发生作用，并最终又将组分从固定相中带出，达到样品中各组分的分离。用气相色谱法分离分析试样的基本过程如图 6－10 所示，由高压钢瓶供给的流动相，作为载气，经减压阀、净化器、稳压阀和流量计后，以稳定的压力和流速连续经过汽化室、色谱柱、检测器，最后放空。汽化室与进样口相接，它的作用是把从进样口注入的试样（若为液体，需要瞬间在汽化室内汽化为蒸气）随载气进入色谱柱，根据被测组分的不同分配性质在色谱柱中进行分离。分离后的试样随载气依次进入检测器，检测器将组分的浓度（或质量）变化转变为电信号。电信号经放大器放大后，由记录仪就记录下来，即得到色谱图。利用色谱图就可进行定性分析和定量分析。

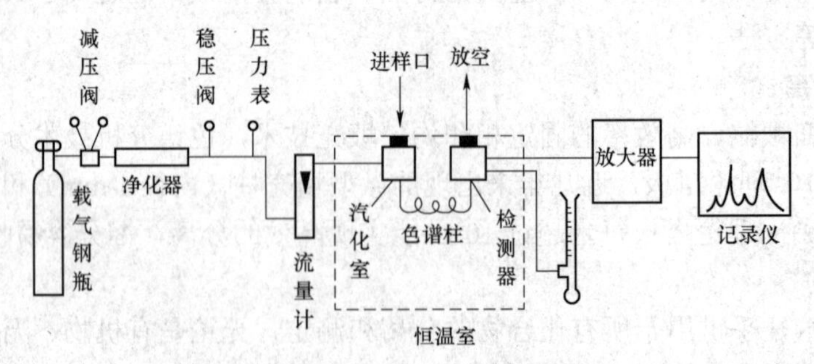

图 6－10　气相色谱法分离分析试样的基本过程

6.2.2 气相色谱仪

气相色谱仪的种类繁多，但它们的基本结构是一致的，都是由气路系统、进样系统、分离系统、温控系统、检测系统和数据处理系统等部分组成的，如图 6－11 为北京普析通用制造的 GC1100 气相色谱仪。

图 6－11　GC1100 气相色谱仪

1. 气路系统

气路系统是指流动气体连续运行的密闭管路系统，通过该系统可获得纯净的、流速（或压力）稳定的载气。气路的气密性、载气流量的稳定性和测量流量的准确性，对气相色谱仪的测定结果起着重要的作用。

1）气源

气源分载气和辅助气两种。载气是流动相，携带分析试样通过色谱柱。辅助气是提供检测器燃烧或吹扫用的气体。常用的载气包括氮气、氢气、氦气、氩气等；辅助气常用空气，如火焰原子化和火焰光度检测器需要氢气和空气作燃气和助燃气。

载气一般储存在钢瓶、空气泵、气体发生器中，它们是能够提供足够压力的气源。载气要求化学惰性，不与有关物质反应。载气的选择除要求考虑对柱效的影响外，还要与分析对象及选用的检测器相匹配。通常选用 H_2 和 He 作热导检测器（TCD）的载气，N_2 作电子捕获检测器（ECD）的载气。

2）气路结构

气路结构分为单柱单气路（如图 6－12 所示）和双柱双气路（如图 6－13 所示），单柱单气路适用于恒温分析，双柱双气路适用于程序升温分析。

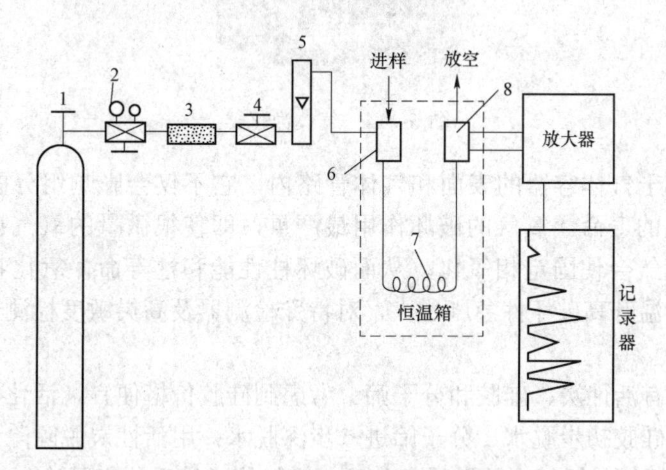

图 6－12　单柱单气路气相色谱仪

1—载气钢瓶；2—减压阀；3—净化器；4—气流调节阀；5—转子流量计；6—汽化室；7—色谱柱；8—检测器

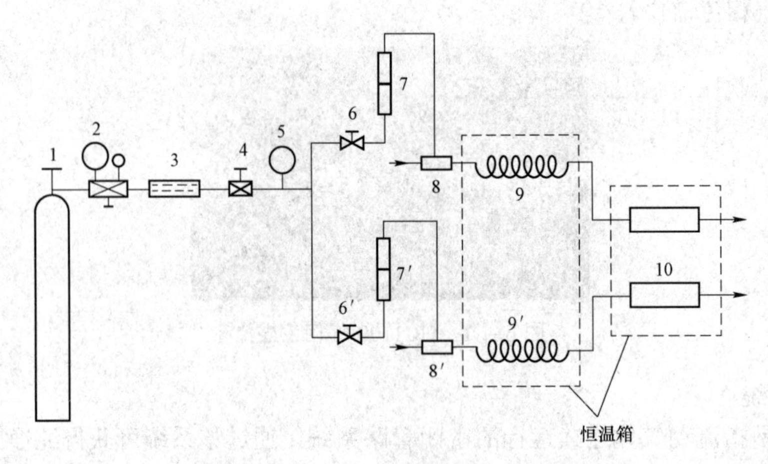

图 6-13　双柱双气路气相色谱仪

1—载气钢瓶；2—减压阀；3—净化器；4—稳压阀；5—压力表；6、6′—针形阀；7、7′—转子流量计；8、8′—进样-汽化室；9、9′—色谱柱；10—检测器

3）净化器

为了保护色谱柱及检测器并获得稳定的基流，载气在进入色谱仪之前，必须对载气及辅助气进行严格的脱水、脱氧、脱碳氢合物等净化处理。载气的净化由装有气体净化剂的气体净化器来完成（如图 6-14 所示）。

图 6-14　气体净化器

因为水分存在于气体容器的表面和气体管路内，它不仅会影响组分的分离，还会使固定相降解，缩短柱的寿命。氧气的破坏作用最严重，即使很微量的氧气也会破坏毛细管柱及极性填充柱，氧气会使固定相氧化，从而破坏柱性能和柱寿命，氧化物还会引起基线噪声的飘移，并随柱温升高破坏性急剧增大，对特殊检测器及高灵敏度检测器氧气的破坏作用更加明显。

常用的净化剂有活性炭、硅胶和分子筛。考虑到硅胶价格便宜，活化再生方便的特点，通常采用室温下用硅胶初步脱水、分子筛进一步深脱水；用活性炭脱除除甲烷外的碳氢化合物；用脱氧剂脱除氢气或氮气中的微量氧气。一般气体净化后纯度要达到 99.99%以上方可使用，特殊检测器如 ECD 对电负性较强组分的脱除要求更高。

4）稳压装置和稳流装置

气体钢瓶中的气体需经减压后才可使用。载气流速的变化对柱分离效能及检测器灵敏度的影响尤其突出，所以保证载气流速的稳定性是色谱定性分析、定量分析可靠性的极为重要的条件。流速的调节和稳定靠稳压阀和稳流阀来控制（如图6-15所示）。稳压阀首先通过改变输出气压来调节气体流量的大小，其次是稳定输出气压。在恒温色谱中，当操作条件不变时，整个系统阻力不变，单独使用稳压阀便可使色谱柱入口压力稳定，从而保持稳定的流速。但在程序升温色谱中，由于柱内阻力随温度不断改变，因此需要在稳压阀后串联一个稳流阀，以保持恒定的流量。在先进的气相色谱仪上为了保证压力和流量的高度稳定性一般都采用电子压力控制器（EPC）代替一般阀件，并以计算机控制流速保持不变。

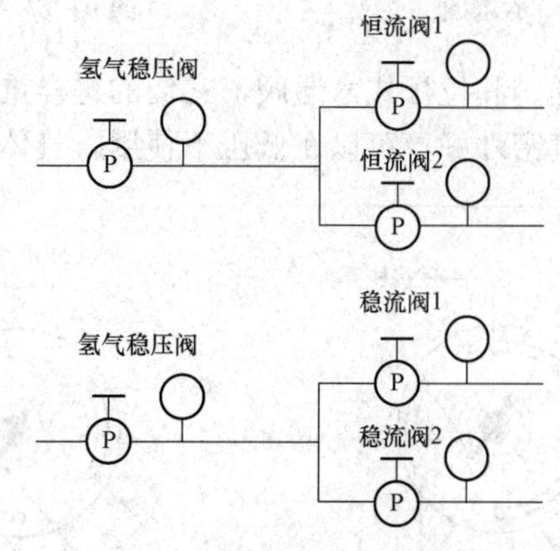

图6-15 稳压阀和稳流阀

2. 进样系统

进样就是把气体、液体、固体样品快速地加到色谱柱头上，进行色谱分离。进样量的准确度和重复性以及进样器的结构等对定性分析和定量分析有很大影响。

气相色谱仪的进样系统包括进样器和气化室。进样量的大小、进样时间的长短和样品气化速度等都会影响色谱分离效率和分析结果的准确性及重现性。

1）汽化室

液体样品在进柱前必须在汽化室内变成蒸气。汽化室为不锈钢材质的圆柱管，上端为进样口，载气由侧口进入，柱管外部用电炉丝加热。汽化室的温度通常控制在50～500 ℃以保证液体试样能快速汽化。汽化室要求热容量大，使样品能够瞬间汽化，并要求死体积小。对于易受金属表面影响而发生催化、分解或异构化现象的样品，可在汽化室通道内置一石英管，避免样品与金属直接接触。汽化室注射孔用厚度为5 mm的硅橡胶垫密封，由散热式压管压紧，采用长针头注射器将样品注入热区，以减少汽化室死体积，提高柱效。图6-16是常用的填充柱进样口示意图。

2）填充柱进样系统

气体样品和液体样品常用的进样器有微量进样器（如图6-17所示）和进样阀，微量注射器规格有0.5 μL、1 μL、50 μL、100 μL等。这种方法简单、灵活，但是误差相对较大，重现性差。

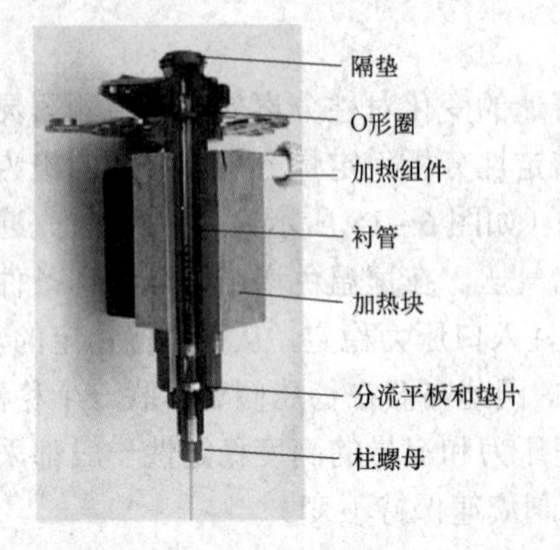

图 6－16　填充柱进样口示意图

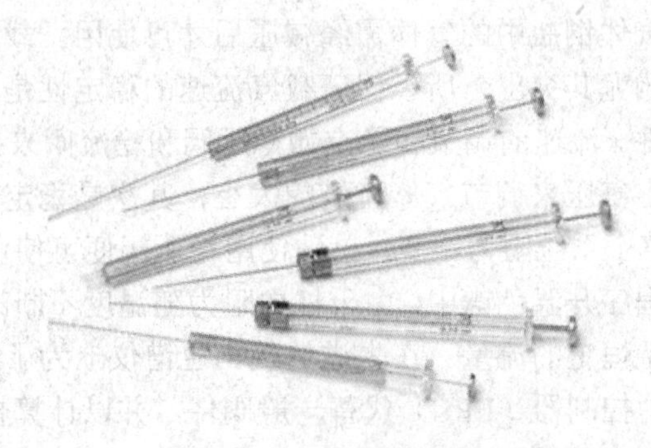

图 6－17　微量进样器

常用的进样阀有平面六通阀和拉杆式六通阀，它们的进样重复性好，使用温度较高、寿命长、耐腐蚀、死体积小、气密性好，可以在低压下使用。气体旋转式六通阀工作示意图如图 6－18 所示。

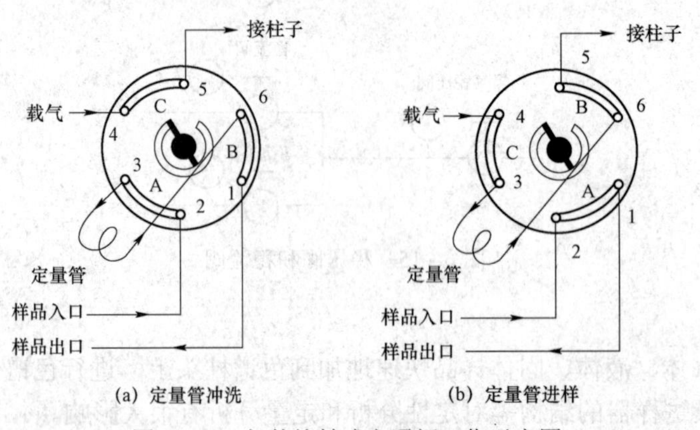

图 6－18　气体旋转式六通阀工作示意图

固体样品通常用溶剂溶解后，用液体进样的方式分析。目前，随着进样器技术的不断提高，许多高档的色谱仪还配置了自动进样器，它使气相色谱分析实现了完全的自动化。

3）毛细管柱进样系统

在毛细管柱气相色谱中，由于毛细管柱样品容量很小，一般采用分流进样器，即在样品汽化后只允许一小部分被载气带入色谱柱，大部分被放空。进入柱内的样品量占进样量的比例，称为分流比。通常采用的分流比为 10:1～200:1。这是毛细管柱最经典的进样方式，进入进样口的载气分两路，一路冲洗进样隔垫，另一路以较快的速度进入汽化室与汽化后的样品混合，并在毛细管柱入口处进行分流，如图 6－19 所示。在分流进样中，只有极少部分样品被载气带入色谱柱。

不分流进样与分流进样的区别：在进样时分流出口关闭，如图 6－19 所示，当大部分溶剂和样品进入色谱柱后，打开分流阀吹扫衬管中剩余的蒸气，这可避免由于进样量大应和柱流量小引起的溶剂拖尾。采用这种方式进样几乎所有的样品都进入了色谱柱，所以适用于痕量分析。

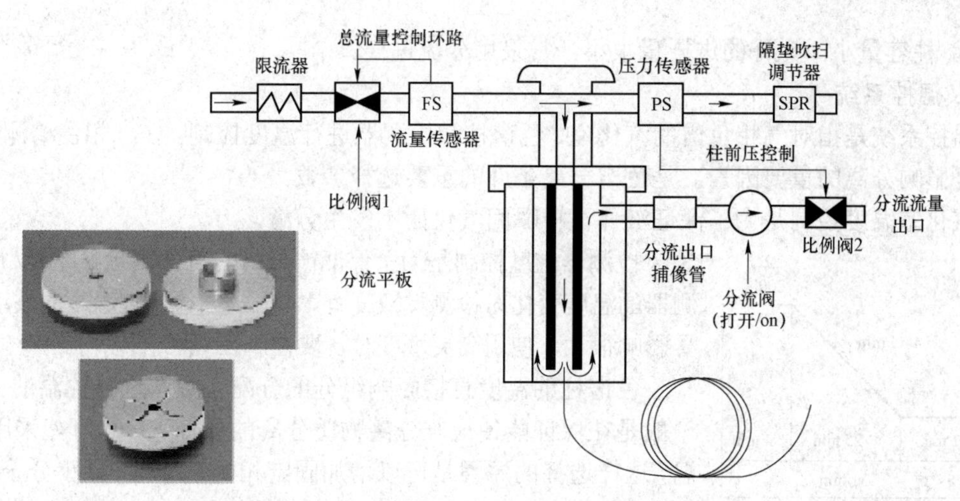

图 6－19　安捷伦 6890 分流、不分流进样口

此外，随着气相色谱技术的不断提高，目前有冷柱头进样、程序升温进样、顶空进样等多种方式。

3. 分离系统

色谱仪的分离系统就是色谱柱，是气相色谱仪的心脏，它的作用是使试样在柱内移动中得到分离。色谱柱装在有温度控制装置的柱箱内。色谱柱可以分为填充柱（如图 6－20 所示）和毛细管柱（如图 6－21 所示）。

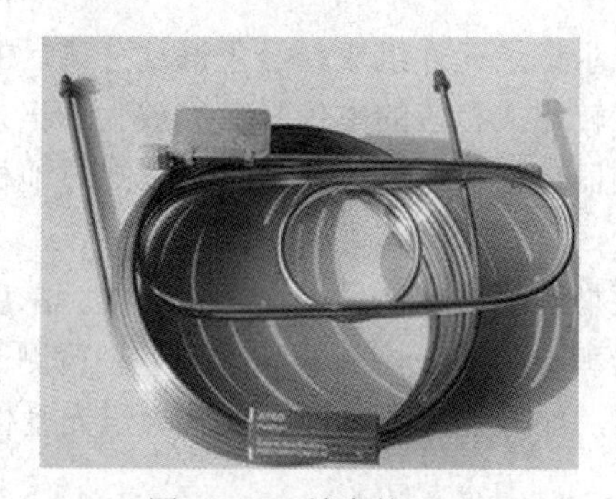

图 6－20　填充柱

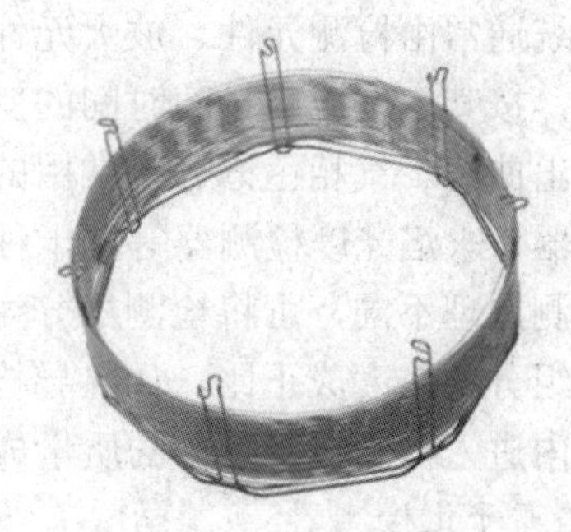

图 6－21　毛细管柱

填充柱是将固定相填充在金属或玻璃管中，形状为 U 形或螺旋形，内径通常为 2～4 mm，长 0.5～10 m。固定相的填充情况及固定相的颗粒大小对柱效有很大影响。填充柱制备简单，可供选择的固定相种类多，柱容量大，分离效率也足够高，应用很普遍。

毛细管柱又分为填充毛细管柱和空心毛细管柱。它的固定相是通过在内壁涂渍或化学键合的方式固定在毛细管壁上。其分离效率比填充柱要高得多。毛细管柱的柱内径通常小于 1 mm，柱长一般为 25～100 m。柱材料大多用熔融石英，称为弹性石英毛细管柱。

毛细管柱的特点：

① 由于毛细管柱涡流扩散不存在，传质阻力小，谱带展宽小，因此一根毛细管柱的理论塔板数可达 10^4～10^6。

② 分析速度快。空心毛细管使得载气流速很高，组分在固定相的传质速度极快。

③ 柱容量小。允许的进样量很小，常采用分流进样。

4. 温控系统

温控系统是指对气相色谱的汽化室、色谱柱和检测器进行温度控制。在气相色谱测定中，柱温是影响分离的重要因素，是色谱分离条件的重要选择参数。

汽化室温度控制是为了保证液体试样瞬间气化而不发生分解。

检测器温度控制是为了保证被分离的组分在此不冷凝，并且检测器的温度变化对检测灵敏度有影响。热导检测室温度的波动对信号影响很大，使用高灵敏度时，要控制在0.05 ℃以内。

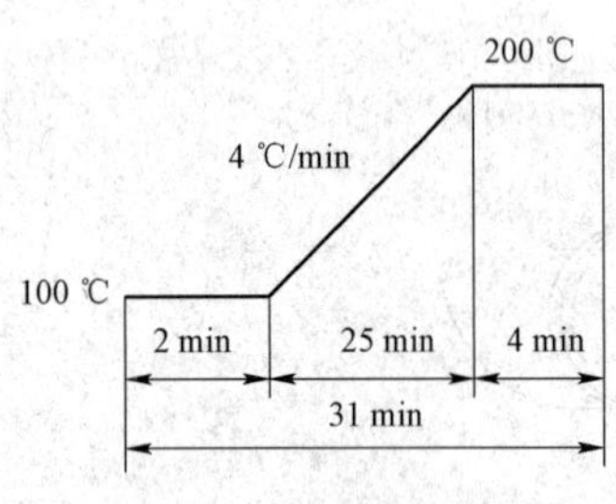

图 6-22　程序升温示意图

色谱柱的温度直接影响组分的分配系数。选择柱温的原则，一般是在保证能使最难分离物质分离的条件下，尽可能采用低柱温，这样选择的原因是可以增加固定相的选择性，减小分子扩散，提高柱效，减少固定液的流失。柱温一般选择接近或略低于组分平均沸点。当样品复杂时，可以利用程序升温，使各组分在最佳温度下分离。色谱柱的温控方式有恒温和程序升温两种。对于沸点很宽的混合物，往往采用程序升温法进行分析，如图 6-22 所示。程序升温是指在一个分析周期内，炉温连续地随时间由低温到高温线性或非线性地变化，使沸点不同的组分在其最佳柱温时流出，从而改善分离效果缩短分析时间。程序升温方式具有改进分离、使峰变窄、检测限下降及省时等优点。

5. 检测系统

检测系统通常由检测元件、放大元件和显示记录元件组成。经色谱柱分离后的组分依次进入检测器，按其浓度或质量随时间的变化，转化成相应的电信号，经放大后记录和显示，得到色谱流出曲线。气相色谱分析常用的检测器包括氢焰离子化检测器、热导池检测器、电子俘获检测器、火焰光度检测器等几十种。

根据检测原理不同，可将检测器分为浓度型检测器和质量型检测器两类。浓度型检测器的响应值与组分的浓度成正比，如热导检测器和电子捕获检测器等。质量型检测器的响应值与单位时间内进入检测器某组分的质量成正比，如氢焰离子化检测器和火焰光度检测器等。

1）氢焰离子化检测器

（1）检测原理

氢焰离子化检测器（flame ionization detector，FID）简称氢焰检测器，是气相色谱分析中最常用的检测器，是典型的质量型检测器。氢焰离子化检测器是以氢气与空气燃烧生成的火焰为能源，利用含碳有机物在火焰中燃烧产生离子，极化电压将这些离子吸收到吸收极上，产生的电流与样品量成正比。

（2）基本构造

氢焰离子化检测器主要是由离子室、离子头和气体供应三部分构成，如图 6-23 所示。离子室一般用不锈钢制成，包括气体入口、石英火焰喷嘴、一对电极（发射极和收集极）和外罩。在离子室下部，被测组分被载气携带，从色谱柱中流出，与氢气混合后通过喷嘴，再与空气混合后点火燃烧，形成氢火焰。燃烧所产生的高温使被测有机物组分电离成正负离子。在火焰上方收集极和发射极所形成的静电场作用下，离子流定向运动形成电流，经放大、记录即得到色谱峰。

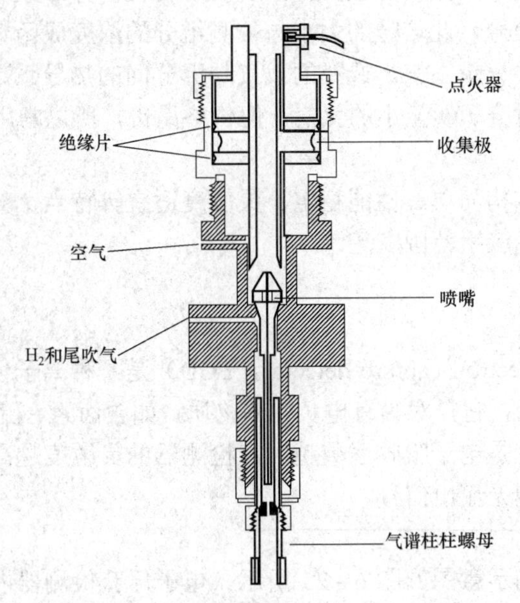

图 6-23 氢焰离子化检测器结构示意图

（3）特点

氢焰离子化检测器对有机化合物具有很高的灵敏度，但对无机气体、水、四氯化碳等含氢少或不含氢的物质灵敏度低或不响应。氢焰离子化检测器具有结构简单、稳定性好、灵敏度高、响应迅速等特点。

2）热导池检测器

（1）检测原理

热导池检测器（thermal conductivity detector，TCD）是根据不同的物质具有不同的热导率这一原理制成的，属于浓度敏感型检测器，即检测器的响应值与组分在载气中的浓度成正比。它是基于不同物质具有不同的热导系数的原理设计的，是目前应用最广泛的通用型检测器。

（2）基本构造

热导池检测器示意图如图 6-24 所示。

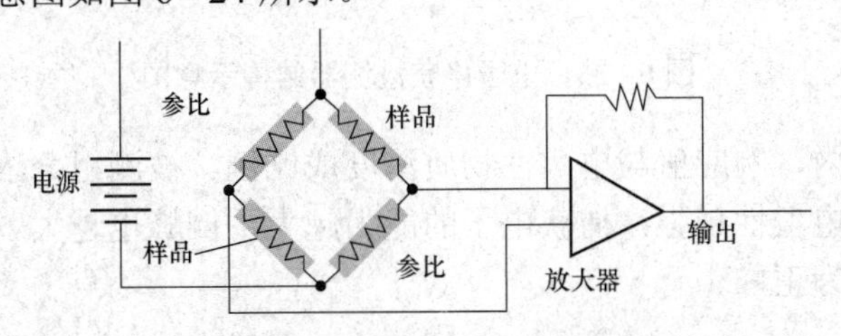

图 6-24 热导池检测器示意图

热导池检测器由池体和热敏元件构成，热敏元件为金属丝。目前普遍使用的是四臂热导池，其两臂为参比臂（参比），另两臂为测量臂（样品）。热导池检测器工作时，接通载气并保持池体恒温，此时流经的载气成分和流量都是稳定的，流经热敏元件的电流也是稳定的，由热敏元件组成的电桥处于平衡状态。当经色谱柱分离后的组分被载气带入热导池中由于组分和载气的热传导率不同，因而使热敏元件温度发生变化，并导致电阻发生变化，从而导致电桥不平衡，输出电压信号，此信号的大小与被测组分的浓度成函数关系，再由记录仪或色谱数据处理机进行换算并记录下来。选择的载气与组分间的热导系数差越大，检测也就越灵敏。最理想的载气是相对分子质量小的氦气，但价格昂贵，所以常用的是氢气和氮气。

（3）特点

热导池检测器具有结构简单、性能稳定、灵敏度适宜等特点，对色谱分析的物质都有响应，最适合作常量分析，应用范围广泛。

3）电子俘获检测器

（1）检测原理

电子俘获检测器（electron capture detector，ECD）是一种离子化检测器，它是一个有选择性的高灵敏度的检测器，它只对具有电负性的物质，如含卤素、硫、磷、氮的物质有信号，物质的电负性越强，也就是电子吸收系数越大，检测器的灵敏度越高，而对电中性（无电负性）的物质，如烷烃等则无输出信号。

（2）基本构造

电子俘获检测器结构示意图如图 6－25 所示。电子俘获检测器内有一个圆筒状 β 放射源（^{63}Ni 或 ^{3}H）作为阴极，不锈钢棒作为阳极，池上下有载气入口和出口，在两极间施加一直流或脉冲电压。当载气（氩气或氮气）进入内腔时，受到放射源发射的 β 粒子轰击被离子化，形成次级电子和正离子。在电场作用下，正离子和电子分别向阴极和阳极移动形成基流（背景电流）。当电负性物质进入电子俘获检测器时，立即捕获自由电子，从而使基流下降，在记录仪上得到倒峰，如图 6－26 所示。

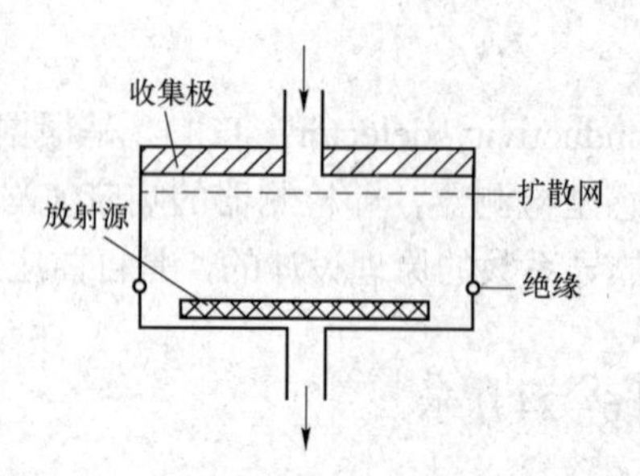

图 6－25　电子俘获检测器结构示意图

在一定浓度范围内，响应值与电负性物质浓度成比例。被测组分浓度越大，倒峰越大，组分中电负性元素的电负性越强，捕获电子的能力越大，倒峰也越大。实际工作中，可以通过改变极性使负峰变为正峰。

（3）特点

电子俘获检测器是应用广泛的一种高选择性、高灵敏度的浓度型检测器，对含有卤素、氧、氮等基团的物质具有很高的选择性和灵敏度，检出限可达 10^{-14} g · mL^{-1}。载气的纯度要求大于 99.99%，因为纯度影响基流，所以氮气要除去氧气等电负性物质。电子俘获检测器广泛应用于食品、农副产品中农药残留、大气及水质污染分析，而且电负性越强，灵敏度越高。

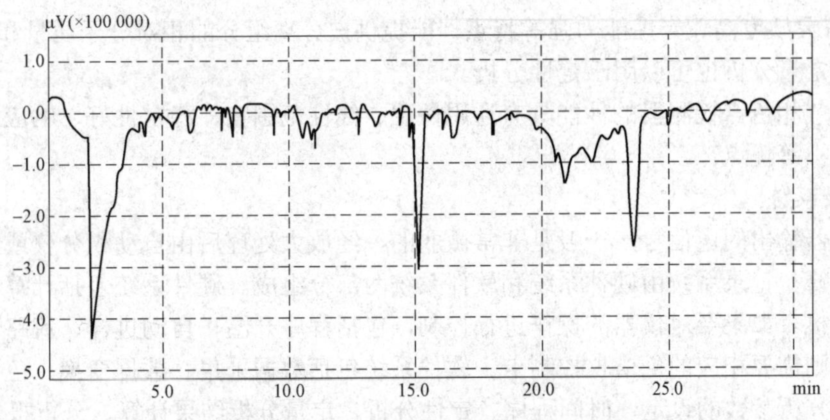

图 6-26　电子俘获检测器产生的色谱图

4）火焰光度检测器

（1）检测原理

火焰光度检测器（flame photometric detector，FPD）是对含磷或硫的有机化合物具有高选择性和灵敏度的质量型检测器。在富氢火焰中燃烧时，硫、磷被激发而发射出特征波长的光谱。这些特征光谱通过分光，由光电转换器转换为电信号，产生相应的光电流，经放大器放大后由记录系统记录下相应的色谱图。

（2）基本构造

火焰光度检测器由氢焰部分和光度部分构成。氢焰部分包括火焰喷嘴、遮光罩、点火器等，光度部分包括石英片、滤光片和光电倍增管。火焰光度检测器结构示意图如图 6-27 所示。

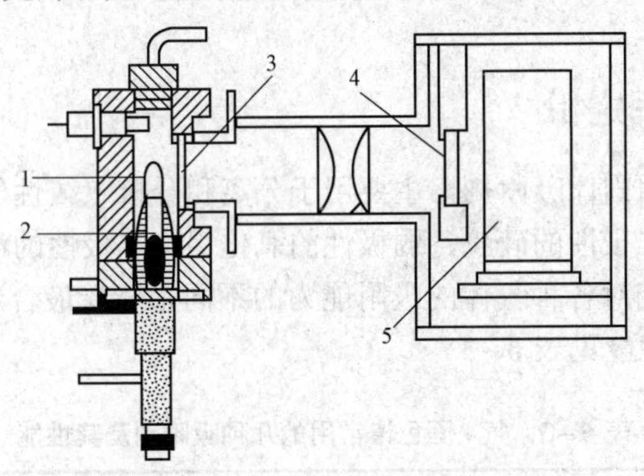

图 6-27　火焰光度检测器结构示意图

1—火焰；2—火焰喷嘴；3—窗口；4—滤光片；5—光电倍增管

（3）特点

火焰光度检测器对有机磷、有机硫的响应值与碳氢化合物的响应值之比可达 10^4，因此可排除大量溶剂峰及烃类的干扰，非常有利于痕量磷、硫的分析，是检测有机磷农药和含硫污染物的主要工具，但相对其他检测器价格较贵。

5）其他检测器

气相色谱检测器多达几十种，各有特点，例如，质谱检测器（flame photometric detector，

FPD），具有灵敏度高、定性能力强等特点，能提供被分离组分的相对分子质量和结果信息，既可以用于定量分析也可以用于定性分析。

总之，气相色谱检测器的性能具有通用性强、线性范围宽、稳定性好、响应速度快、检测限尽可能小等优点。

6. 记录系统

由检测器输出的电信号，一般是非常微弱的，经放大处理后由自动积分仪或色谱工作站来记录色谱峰。记录系统由硬件系统和软件系统两部分组成。硬件系统包括计算机、数据采集卡或打印机。如果要对仪器的操作进行控制，包括程序升温、自动进样、流路切换、阀控制操作等，则需要相应的色谱仪控制卡。软件系统包括数据采集、数据变换、色谱图储存、谱图处理、分析参数的设定、时间程序、定性分析、定量分析结果计算、分析报告打印等。

近年来气相色谱仪主要采用色谱数据处理机，它可打印记录色谱图，并能在同一张记录纸上打印出处理后的结果，如保留时间、被测组分质量分数等。

任务6.3 实验技术

气－固色谱固定相为吸附剂，分离对象主要是一些在常温常压下为气体和低沸点的化合物；气－液色谱是用高沸点的有机化合物涂渍在载体上作为固定相，由于可供选择的固定液种类很多，故选择性较好，应用广泛。分离效果主要取决于柱中的固定相的性质。分离对象的多样性决定了没有一种固定相能够满足所有试样的需要，因此对于不同的分离对象需要采用不同的固定相。

6.3.1 气－固色谱的固定相

固体固定相一般采用固体吸附剂，主要用于分离和分析永久性气体及气态烃类物质。常用的固体吸附剂主要有强极性的硅胶、弱极性的氧化铝、非极性的活性炭和具有特殊吸附作用的分子筛等，根据它们对各种气体的吸附能力的不同来选择最合适的吸附剂。气－固色谱常用的几种吸附剂及其性能见表6－3。

表6－3 气－固色谱常用的几种吸附剂及其性能

吸附剂	主要化学成分	温度要求/℃	极性特征	分离特征
活性炭	C	小于300	非极性	永久性气体、低沸点烃类
石墨化炭黑	C	大于500	非极性	分离气体及烃类，对高沸点有机化合物
硅胶	SiO_2	小于400	极性	永久性气体及低级烃
氧化铝	Al_2O_3	小于400	弱极性	烃类及有机异构物
分子筛	$x(MO)\cdot y(Al_2O_3)$ $z(SiO_2)\cdot H_2O$	小于400	极性	特别适宜分离永久气体
GDX	多孔聚合物	温度不同	极性不同	不同型号，分离物质不同

6.3.2 气-液色谱的固定相

液体固定相由载体和固定液组成，是气相色谱中应用最广泛的固定相。

1. 载体

1）载体的作用和要求

载体是固定液的支持骨架，是一种多孔性的、化学惰性的固体颗粒，固定液可在其表面上形成一层薄而均匀的液膜，以加大与流动相接触的表面积。载体的基本要求：载体表面孔径应分布均匀，具有较大的比表面积，使固定液具有较大的分布表面，提高气液分配速率；载体的化学和物理稳定性好，无吸附作用，不直接参与色谱分离，无催化活性，不与试样起化学反应；热稳定性好，不易在色谱条件下发生热分解；机械强度高，不易变形；表面有较好的浸润性，便于固定液的涂渍；具有一定的粒度和规则的形状，最好是球形。

2）载体的种类和性能

气相色谱用的载体按化学成分分为硅藻土载体和非硅藻土载体两大类。

（1）硅藻土载体

硅藻土载体由天然硅藻土煅烧而成，主要成分无机盐。根据制造工艺和助剂不同，它分为红色硅藻土与白色硅藻土两类。

红色硅藻土表面空穴密集，孔径小，比表面积大，表面吸附力强，有催化活性，易引起色谱峰拖尾；表面积大，可涂渍高含量固定液，质地较坚硬，机械强度高。白色硅藻土孔径体积大，比表面积小，表面吸附力弱，在固定含量低时仍可洗出对称色谱峰；比表面积小，涂渍固定液含量也较低，质地较松脆，极性强度差些。

硅藻土载体的表面并非惰性，而是具有硅醇基，并有少量金属氧化物，如氧化铝、氧化铁等。因此，在它的表面上既有吸附活性，又有催化活性，因此使用前要对硅藻土载体表面进行化学处理，以改善孔隙结构，屏蔽活性中心。处理方法包括：

① 酸洗、碱洗。用浓盐酸、氢氧化钾的甲醇溶液分别浸泡，以除去金属氧化物杂质。

② 硅烷化。用硅烷化试剂与载体表面的硅醇、硅醚基团反应，以消除载体表面的氢键结合能力。常用的硅烷化试剂有二甲氧基二氯硅烷和六甲基二硅烷胺。

（2）非硅藻土载体

非硅藻土载体主要有氟载体、玻璃载体、高分子多孔微球、无机盐、海沙、素瓷等，其应用范围不如硅藻土载体广泛和普遍，通常是利用其特殊性能进行一些特殊的分析，如聚四氟乙烯载体可分析强极性和腐蚀性气体。

3）载体的选择

载体的选择要考虑载体本身的物理特性和试样的化学性质。

2. 固定液

固定液一般为高沸点的有机物，均匀地涂在载体表面，呈液膜状态。

1）对固定液的要求

化学惰性好；热稳定性好，在操作条件下蒸气压低；对不同的物质具有较高的选择性；黏度小、凝固点低，使其对载体表面具有良好浸润性，易涂布均匀，对试样中各组分有适当的溶解能力。

2）固定液的种类

固定液种类众多，其组成、性质和用途各不相同。主要依据固定液的极性和化学类型来进行分类。固定液的极性可用相对极性（P）来表示。相对极性的确定方法如下：规定非极性固定液角鲨烷的极性 $P=0$，强极性固定液 β，β′-氧二丙腈的极性 $P=100$，其他固定液以此为标准通过实验测出它们的相对极性为 0～100。通常将相对极性分为 5 级，相对极性在 0～1 为非极性固定液，1～2 为弱极性固定液；2～3 为中等极性固定液；3～5 为强极性固定液。常用固定液的相对极性数据见表 6-4。

表 6-4　常用固定液的相对极性数据

固定液	极性	温度上限/℃	溶剂	分析对象
角鲨烷	非	150	乙醚	烃类和非极性化合物
阿皮松 L	非	250	苯、氯仿	高沸点、非极性和弱极性化合物
甲基硅酮（OV-1）	非	220	丙酮、氯仿	高沸点、非极性和弱极性化合物
甲基硅橡胶（SE-30）	非	300	氯仿	高沸点、非极性和弱极性化合物
苯基（50%）甲基硅酮（OV-17）	非	350	丙酮	高沸点、非极性和弱极性化合物
邻苯二甲酸二壬酯（DNP）	弱	150	乙醚、丙酮	烃、酮、酯及弱极性化合物
聚苯醚	弱	200	氯仿	芳烃、脂肪烃
β，β′-氧二丙腈	强	100	甲醇、丙酮	芳烃、脂肪烃、含氧化合物等极性物质
聚丁二酸二乙二醇酯（DBDS）	强	240	丙酮	醇、酮、脂肪酸、甲酯
聚乙二醇（PEG-20M）	氢键型	225	丙酮、氯仿	极性化合物如醇、酮、脂肪酸、甲酯等，含 O、N 官能团及 O、N 杂环化合物
1，2，3-三（2-氰乙氧基）丙烷	氢键型	175	氯仿	极性化合物

3）固定液的选择

一般可按“相似相溶”原则来选择固定液，此时分子间的作用力强，选择性高，分离效果好。

分离非极性物质，一般选用非极性固定液。试样中各组分按沸点顺序流出，沸点低的先流出，沸点高的后流出。如果非极性混合物中含有极性组分，当沸点接近时，极性组分先流出。

分离极性物质，宜选用极性固定液。试样中各组分按极性由小到大的顺序流出。对于非极性和极性的混合物的分离，一般选用极性固定液。这时非极性组分先流出，极性组分后流出。

能形成氢键的试样，如醇、酚、胺和水等，则应选用氢键型固定液，如腈醚和多元醇固定液等，此时各组分将按与固定液形成氢键能力的大小顺序流出。

对于复杂组分，往往通过实验，选择合适的固定液。在两个分子之间，往往不仅存在一种作用力，而是几种作用力兼而有之，只是基于组分和固定液的性质不同，起主要作用的作用力不同而已。在色谱分析中，只有当组分与固定液分子间作用力大于组分分子间作用力时，组分才能在固定液中进行分配，达到分离的目的。

6.3.3 分离操作条件

在气相色谱分析中，要使被测组分在短时间内得以分离，除了要选择合适的固定相之外还要选择分离的最佳操作条件，以提高柱效，增大分离度，满足分离需要。下面根据色谱理论讨论分离操作条件。

1. 载气种类及其最佳流速的选择

载气的种类主要影响峰展宽和检测器的灵敏度。气相色谱中载气种类的选择应考虑载气对柱效的影响、检测器的要求及载气的性质。

1）载气种类的选择

典型的载气包括氦气、氮气、氩气、氢气和空气。当对气体样品进行分析的时候，有时载气是根据样品的母体选择的。例如，当对氩气中的混合物进行分析时，最好用氩气作载气，因为这样做可以避免色谱图中出现氩的峰。安全性与可获得性也会影响载气的选择。

另外，选用何种载气还取决于检测器的类型。例如，TCD 常用 H_2 和 He 作载气，可获得较高的灵敏度；FID 和 FPD 常用 N_2 作载气；ECD 常用 N_2 作载气。很多时候，检测器不仅仅决定了载气的种类，还决定了载气的纯度，通常来说，气相色谱中所用的载气，纯度应该在99.99%以上。

2）载气流速的选择

载气流速主要影响分离效率和分离时间。为获得高柱效，应选择最佳流速。根据速率方程式

$$H=A+B/u+Cu$$

用在不同流速下测定的塔板高度 H 对流速 u 作图，得 H-u 曲线图（如图 6－7 所示）。在曲线的最低点，塔板高度最低，此时柱效能最高，该点对应的流速即为最佳流速，但在实际工作中，为了缩短分析时间，往往使载气流速高于最佳流速。通常，当载气流速较小时，纵向扩散 B/u 称为色谱峰扩展的主要因素，此时应采用相对分子质量较大的 N_2、Ar 等作载气，使组分在其中有较小的扩散系数，有利于降低组分分子的扩散，减小塔板高度 H。而当流速较大时，传质阻力项 Cu 称为主要的影响因素，此时宜采用相对分子质量较小的 H_2、He 等作载气，有利于降低气相传质阻力，提高柱效。对于填充柱来说，一般氮气的最佳实用线速度为 10～12 $cm \cdot s^{-1}$，氢气为 15～20 $cm \cdot s^{-1}$。

现代气相色谱仪已经能用电路自动测定气体流速，并通过自动控制柱前压来控制流速。因此，载气压强与流速可以在运行过程中调整。

2. 温度的控制

在气相色谱测定中，温度的控制是重要的指标，它直接影响柱的分离效能、检测器的灵敏度和稳定性。控制温度主要指对色谱柱、气化室、检测器三处的温度控制，尤其是对色谱柱的控温精度要求很高。

1）柱温

柱温影响固定液的选择性和色谱组的分离效率，因此色谱柱的温度要准确控制以保证组分有较好的扩散能力和适当的溶解性（吸附作用），以利于分离。柱温的选择要综合考虑诸多因素，既要获得高的分离度，又要缩短分析时间。因为提高柱温，可以加速组分分子在气相和液相中的传质速率，减小传质阻力，有利于提高柱效；加剧了分子的纵向扩散，导致柱效

下降；缩短分析时间；降低柱的选择性，r_{21} 变小，k 值减小，导致分离度下降。此外，柱温不能高于固定液的最高使用温度，否则会造成固定液大量挥发流失。

实际工作中，柱温的选择原则，一般是在保证能使最难分离物质分离的条件下，尽可能采用低柱温，这样选择的原因是可以增加固定相的选择性，减小分子扩散，提高柱效，减少固定液的流失。柱温一般选择接近或略低于组分平均沸点。当样品复杂时，可以利用程序升温，使各组分在最佳温度下分离。

程序升温的起始温度、维持起始温度的时间、升温速率、最终温度和维持最终温度的时间通常都要经过反复实验加以选择。起始温度要足够低，以保证混合物中的低沸点组分能够得到满意的分离。对于含有一组低沸点组分的混合物，起始温度还需维持一定的时间，使低沸点组分之间分离良好。如果色谱峰挨得很近，则应选择低的升温速率。正构烷烃的恒温分析和程序升温的比较如图 6-28 所示。

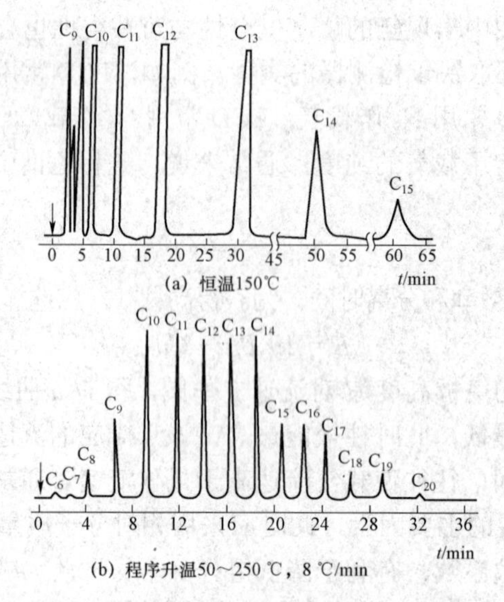

图 6-28　正构烷烃的恒温分析和程序升温的比较

2）汽化温度和检测器

汽化室的结构及温度设定要使样品瞬间汽化而不分解。汽化室温度可以从室温到 400 ℃，汽化室的温度一般应比柱温高 30～70 ℃。一般热导检测室的温度要求高于或接近柱温。检测器的温度控制原则是要保证被分离后的组分通过检测器时不冷凝。

3. 进样量和进样时间的控制

进样时间长短对柱效率影响很大，若进样时间过长，使色谱区域加宽而降低柱效率，增加了纵向扩散。因此，对于色谱而言，进样时间越短越好，利用微量注射器或进样阀进样，一般尽量做到进样小于 1 秒钟。

进样量随柱内径、柱长及固定液用量的不同而异。实际工作中，进样量应控制在峰面积或峰高与进样量是线性关系的范围内。一般液体试样为 0.1～10 μL，气体试样为 0.1～10 mL。进样量太少，会使微量组分因检测器灵敏度不够而无法检出；进样量太多，会使色谱峰重叠而影响分离。具体进样量多少还应根据试样种类、检测器的灵敏度等确定。在定量分析中，应注意进样量读数准确。

在气相色谱分析中，一般是采用注射器或六通阀门进样，在考虑进样技术的时候，主要是以注射器进样为对象。用微量注射器抽取液体样品时，注意不能有空气。每次取到样品后，垂直拿起注射器，针尖朝上，使注射器里的空气跑到针管顶部，推进注射器塞子，空气就会被排掉，保证进样量的准确。

6.3.4 气相色谱仪的使用注意事项及日常维护

为了提高气相色谱仪的工作质量和延长仪器的使用寿命，应安装在合适的工作场所。

1. 安装环境及要求

色相色谱仪的安装环境及要求包括：室内环境温度应为 15～35 ℃；相对湿度小于 85%；室内应无腐蚀性气体，仪器及气瓶 3 m 以内不得有电炉和火种；仪器应平放在稳定可靠的工作台上，周围不得有强振动源及放射源，工作台应有 1 m 以上的空间位置；电网电源应为 220 V（进口仪器必须根据说明书的要求提供合适的电压），电源电压的变化范围为 5%～10%，电网电压的瞬间波动不得超过 5 V，电频率的变化不得超过 0.5 Hz（进口仪器必须根据说明书的要求提供合适的电频率）；采用稳压器时，其功率必须大于使用功率的 1.5 倍；有的气相色谱仪要求有良好的接地，接地电阻必须满足说明书的要求；室内通风良好；采用气体钢瓶供气，应设有独立室外钢瓶室。如果放室外必须防太阳直射和雨淋。

2. 日常维护

1）气路

气路连接如图 6-29 所示，气路的检查可降低故障发生率，主要检查气源是否充足（一般要求气瓶压力必须大于等于 3 MPa，以防止瓶底残留物对气路的污染）；阀件是否有堵塞、气路是否有泄漏（采用分段憋压试漏或用皂液试漏）；净化器是否失效（看净化器的颜色及色谱基流稳定情况）；阀件是否失效或堵塞（看压力表及阀出口流量）；汽化室内衬管是否有样品残留物及隔垫和密封圈的颗粒物（看色谱基流稳定情况）；喷口是否堵塞（看点火是否正常）；对敏感化合物的分析，汽化室的衬管和石英玻璃还必须经过失活处理。

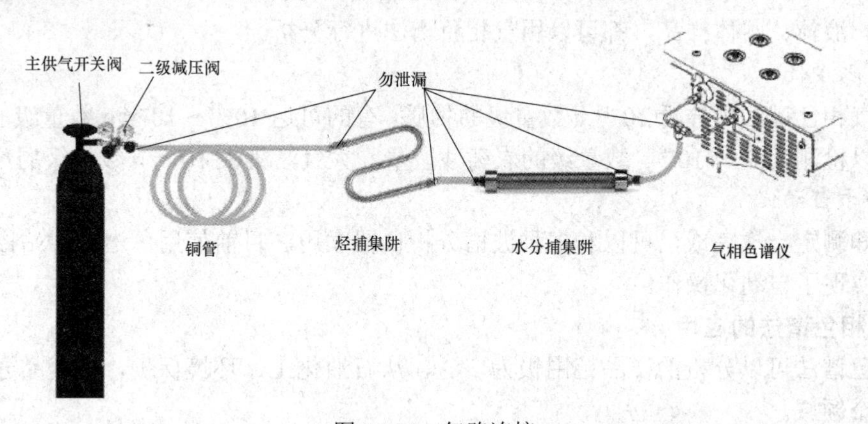

图 6-29 气路连接

2）色谱柱

① 新制备或新安装的色谱柱使用时必须在进样前进行老化处理。

② 色谱柱暂时不使用时，应将其从仪器上拆下，在柱两端套上不锈钢螺帽，以免柱头被污染。

③ 每次关机前应将柱温度降到 50 ℃以下，一般为室温，然后再关电源和载气。

④ 对于毛细管柱，使用一段时间后，柱效往往会大幅度降低，表明固定液流失太多，有时也可能只是由于一些高沸点的极性化合物的吸附而使色谱柱失去分离能。这时可以在高温下老化，用载体将污染物冲洗出来。

3）检测器

以 FID 为例，日常维护包括：尽量采用高纯气源，空气必须经过充分净化；在一定范围内增大空气和氢气流量可以提高灵敏度，但 H_2 流量过大反而会降低灵敏度，空气流量过大会增加噪声，一般参考最佳流量比氮气:氢气:空气 = 1:1:10；长期使用会使喷嘴堵塞，应经常对喷嘴进行清洗（用无水乙醇等有机溶剂清洗离子化室）。

6.3.5 气相色谱法的特点及应用

气相色谱法效率高、分析速度快、操作方便、结果准确，一般来说，只要沸点在 500 ℃以下，热稳定性好，相对分子质量在 400 以下的物质，原则上都可采用气相色谱法。因此在石油化工、医药、食品、环境等领域有着广泛的应用。

1. 气相色谱法的特点

1）高效能

高效能是指色谱柱具有较高的理论塔板数，因而可以分析沸点十分接近的组分或组分极为复杂的混合物。

2）高选择性

高选择性是指固定相的性质极为相似的组分，如同位素、烃类异构体等有较强的分离能力。气相色谱法主要通过选用高选择性的固定液，使各组分间的分配系数存在差别而实现分离。

3）分析速度快

气相色谱法一般在几分钟到几十分钟就可以完成一次复杂样品的分离和分析。

4）应用范围广

气体、液体、固体样品，都可以用气相色谱法进行分析。

5）灵敏度高

目前气相色谱法可分析 10^{-11} g 数量级的物质，有的可达 10^{-18}～10^{-12} g 数量级的物质。例如，它可以检测食品中 10^{-9} g 数量级的农药残留量，大气污染中 10^{-12} g 数量级的污染物等。

6）易于自动化

分离和测定一次完成，可以和多种波谱分析仪器联用。目前使用色谱工作站控制整个分析过程，实现了自动化操作。

2. 气相色谱法的应用

气相色谱法可以分析的样品范围极为广泛，从石油化工、环境保护，到食品分析、医药卫生等多个领域。

1）石油化工分析

气相色谱在石油化工分析中主要涉及油气田勘探中的地球化学分析、原油分析、炼厂气分析、油品分析、含硫和含氮化合物分析、汽油添加剂分析、脂肪烃分析、芳烃分析、工艺过程色谱分析等。

2）环境分析

随着社会经济和科学技术的发展，环境污染问题日益凸显，已经成为人类 21 世纪所面临的最大挑战之一。世界各国都在努力控制和治理各种环境污染，如废水中的卤代烃的分析就采用气相色谱法。

3）药物分析

气相色谱在药物分析中的应用主要体现在顶空气相色谱法、气质联用技术、气相－红外联用技术，如镇静催眠药、镇痛药、兴奋剂、抗生素、磺胺类药以及中药中常见的中萜烯类化合物、雌三醇测定，尿中孕二醇和孕三醇的测定，尿中胆甾醇的测定等。

4）食品分析

气相色谱在食品分析中的主要应用涉及食品成分分析、食品添加剂分析、食品中的农药残留、分析、食品包装材料分析等。

5）农药分析

气相色谱在农药分析中有着广泛的用途。农药是一类复杂的有机化合物，根据其用途可以分为杀虫剂、杀菌剂、杀鼠剂等，尤其是蔬菜水果中农药残留的分析，如有机农药的检测。

3. 气相色谱联用技术

色谱是一种很好的分离手段，可以将复杂的混合物中的各个组分分离开，但对物质的定性能力较差，仅能利用各组分的保留时间来进行定性。目前定性分析手段如质谱（MS）、红外光谱（IR）、核磁共振波谱（NMR）等技术的发展，确定一个组分是什么化合物相对就容易了。因此，气相色谱与定性仪器联用技术，发挥了色谱仪的高分辨能力和质谱的准确测定相对分子质量和结构的解析能力，在各种行业得到了广泛的应用。

气相色谱与质谱联用技术简称气质联用技术（GC-MS），其技术也在不断进步，在各种行业得到了广泛的应用。气质联用技术可直接用于混合物分析，可承担如致癌物分析、食品分析、工业污水分析、农药残留量分析、中草药成分分析、血液中兴奋剂检测、塑料中多溴联苯醚分析、橡胶中多环芳烃分析等。

对质谱而言，色谱是它的进样系统，对色谱而言质谱是它的检测器。图 6－30 是一台带四级杆质量分析器的气质联用仪。

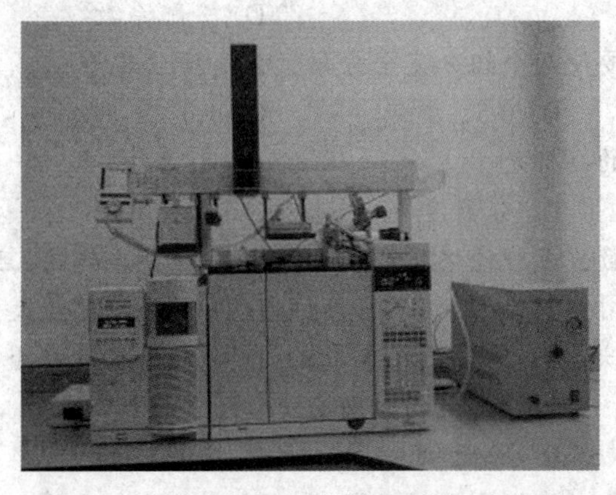

图 6－30　带四级杆质量分析器的气质联用仪

质谱技术是对气体中的离子进行分析，因此色谱与质谱的联机困难较小，主要是解决压力上的差异。色谱分析时常压操作，而质谱分析是真空操作，焦点在色谱出口与质谱离子源的连接。由于毛细管柱载气流量小，采用高速抽气泵时，两者就可直接连接。将气相色谱的毛细管柱直接插到质谱仪的离子盒中，组分被气相色谱仪分离后依次进入离子盒并电离，载气（氦气）被抽走。

质谱仪的采样速度应比毛细管柱色谱峰的速度要快。质谱仪作为气相色谱仪的检测器，可同时得到质谱图和总离子流图，因此既可以进行定性又可进行定量分析。

项目小结

色谱法是一种用来分离、分析多组分混合物的极有效方法。它的分离原理是基于混合物各组分在互不相溶的两相间进行反复多次的分配，由于组分性质和结构上的差异，各组分在色谱柱中的前进速度有所不同，从而按不同的次序先后流出。这种利用物质在两相间进行分配而使混合物中各组分分离的技术，称为色谱分离技术。

色谱法的种类很多，类型较复杂，从不同的角度可以有不同的分类方法。

色谱法有分离效能高、灵敏度高、分析速度快、应用范围广等优点，缺点是未知物的定性分析比较困难。

气相色谱是以气体为流动相、以固体吸附剂或涂渍有固定液的固体载体为固定相的柱色谱分离技术。国内外气相色谱仪的型号和种类很多，但均由五个部分组成，包括气路系统、进样系统、分离系统、温控系统以及检测和记录系统。随着电子技术和计算机技术的发展，气相色谱仪也在不断发展完善中，现在最先进的气相色谱仪已实现了全自动化和计算机控制。

练习题

一、选择题

1. 在色谱分析中，组分在固定相中停留的时间为（　　）。

A. 死时间　　B. 保留时间

C. 调整保留时间　　D. 分配系数

2. 在色谱分析中，要使两个组分完全分离，分离度应是（　　）。

A. 0.1　　B. 0.5　　C. 1.0　　D. 大于1.5

3. 衡量色谱柱柱效的指标是（　　）。

A. 相对保留值　　B. 分离度　　C. 容量比　　D. 塔板数

4. 柱效用理论塔板数 n 或理论塔板高度 H 表示，柱效率越高，则（　　）。

A. n 越大，H 越小　　B. n 越小，H 越大

C. n 越大，H 越大　　D. n 越小，H 越小

5. 色谱分析技术中，对组分定性的参数为（　　）。

A. 保留值　　B. 峰面积　　C. 峰高　　D. 峰数

6. 色谱分析技术中，对组分定量的参数为（　　）。

A. 保留值　　B. 峰面积　　C. 峰宽　　D. 峰数

7. 选择程序升温方法进行分离的样品主要是（　　）。

A. 同分异构体　　B. 同系物

C. 沸点差异大的混合物　　D. 极性差异大的混合物

8. 载体填充的均匀程度主要影响（　　）。

A. 涡流扩散　　B. 分子扩散

C. 气相传质阻力　　D. 液相传质阻力

9. 相对校正因子与（　　）无关。

A. 基准物　　B. 检测器类型

C. 被测试样　　D. 载气流速

二、填空题

1. 气相色谱仪由________、________、________、________和________等组成。

2. 色谱分析技术按照两相状态可以分为________和________。

3. 色谱分析技术按照分离机理可以分为________、________、________等。

三、简答题

1. 什么是色谱分析技术？其分离的原理是什么？

2. 塔板理论的假设包括哪些内容？

3. 什么是分配系数，其作用是什么？

4. 从色谱流出曲线上可以得到哪些信息？

5. 什么是分离度？通过色谱分离基本方程式简要分析控制哪些条件可提高分离度？

6. 什么是容量因子？它与分配系数的关系是什么？

7. 一个组分的色谱峰可用哪些参数描述？各参数的意义是什么？

8. 试述氢焰电离检测器的工作原理，如何考虑其操作条件？

9. 组分 A、B 在 2 m 长的色谱柱上，保留时间依次为 17.63 min，19.40 min，峰底宽依次为 1.11 min、1.21 min，试计算两物质的分离度。

10. 用内标法测定乙醇中的微量水分，称取 2.538 4 g 乙醇样品，加入 0.015 3 g 甲醇，测得 $h_{水}=175$ mm，$h_{甲醇}=190$ mm，已知峰高相对校正因子 $f_{水/甲醇}=0.55$，求水的质量分数。

实训项目 1

白酒中微量成分含量分析

【实训目的】

1. 了解毛细管色谱法在复杂样品分析中的应用。

2. 掌握程序升温色谱法的操作特点。

【基本原理】

白酒的主要成分有乙醇和水，微量成分有醇类、酯类、酸类和醛酮类物质。由于白酒是供人们直接饮用的，微量成分的多少直接影响了人们的身体健康，因此我国对白酒的质量制定了严格的质量标准。

本实训采用的方法是将酒样先进行预处理后，直接进入自制的DNP混合填充柱，通过对保留时间的分析，可以定性分析样品成分。然后采用BF－9202色谱数据工作站得到样品的数据，其中包括保留时间、半峰宽、面积和高度，可以进一步定量分析样品。

程序升温是指色谱柱的温度，按照适宜的程序连续地随时间升高温度。

在实际分析中，可采用单点校正，只需配制一个与测定组分浓度相近的标样，根据物质含量与峰面积呈线性关系，当测定试样与标样体积相等时，可得

$$m_i = (m_s \cdot A_i)/A_s$$

式中：m_i和m_s为试样和标样中测定化合物的质量（或浓度），A_i和A_s为相应峰面积（也可用峰高代替）。单点校正操作要求定量进样或已知进样体积。本实验白酒中甲醇含量的测定采用单点校正法，即在相同的操作条件下，分别将等量的试样和含甲醇的标样进行色谱分析，由保留时间可确定试样中是否含有甲醇，比较试样和标样中甲醇峰的峰高，可确定试样中甲醇的含量。

【仪器与试剂】

1. 仪器

带程序升温的气相色谱仪，氢焰离子化检测器，色谱 Econo Cap Caxbowax 30 m × 0.25 mm × 0.25 μm或其他中强极性毛细管柱，微量注射器。

色谱条件：

进样口温度为250 ℃，检测器温度为250 ℃，汽化室温度为250 ℃；载气（N_2）流速为20 mL・min^{-1}，氢气(H_2)流速为30 mL・min^{-1}，空气流速为300 mL・min^{-1}。进样量为0.5 mL；柱温为起始温度60 ℃保持2 min，然后以5 ℃・min^{-1}升温至180 ℃，保持3 min。柱流速为2 mL・min^{-1}，恒流，分流比为1:50。

2. 试剂

异戊醇、乙酸乙酯、正丙醇、正丁醇、异戊醇、己酸乙酯、乙酸正戊酯和乙醇乙醛、甲醇、己醛（均为色谱纯或分析纯）。

【实训内容】

1. 标准溶液制备

在10 mL容量瓶中，用体积分数为60%的乙醇水溶液为溶剂，分别加入4 μL的异戊醇、乙酸乙酯、正丙醇、正丁醇、异戊醇、己酸乙酯、乙酸正戊酯和乙醇乙醛、甲醇、己醛，用乙醇水溶液稀释至刻度，混匀。

2. 进混样标样

注入1 μL标准溶液至色谱仪，以得到混合标样的色谱图。

3. 色谱峰定性

注入各标准物质，记录各标准物质的保留时间，用标准物质对照，确定所测物质在色谱图上的位置。

【结果处理】

1. 利用工作站对标准溶液的色谱图进行图谱优化和积分，编辑一级校正表，并输入各色谱峰的名称和含量，并注明内标物及含量，求出各组分对内标物的相对校正因子。

2. 调出白酒样品的色谱图，进行图谱优化和积分，利用标准溶液的各组分对内标物的相对校正因子和色谱峰面积，计算白酒样品中各组分的含量。

按下式计算白酒样品中各组分的含量：

$$W=(W_s \cdot h)/h_s$$

式中：W为白酒样品中各组分的质量浓度，$g \cdot L^{-1}$；W_s为标准溶液中各组分的质量浓度，$g \cdot L^{-1}$；h为白酒样品中各组分的峰高；h_s为标准溶液中各组分的峰高。

比较 h 和 h_s 的大小即可判断白酒中各组分是否超标。

【注意事项】

1. 必须先通入载气，再开电源，实验结束时应先关掉电源，再关载气。

2. 色谱峰过大过小，应利用“衰减”键调整。

【思考题】

1. 本实训中是否需要准确进样？为什么？

2. FID 检测器是否对任何物质都有响应？

气相色谱法分析苯系物

【实训目的】

1. 掌握气相色谱仪的操作规程和使用方法。

2. 学习气相色谱法分析苯、甲苯、二甲苯混合物的实训方法。

3. 学习相对校正因子的测定方法及用归一化法进行定量分析的原理、操作过程及数据处理方法。

【基本原理】

苯系混合物包含苯、甲苯、乙苯和二甲苯异构体等。用气液色谱法以邻苯二甲酸二壬酯作固定液，可以分离苯、甲苯、乙苯等，但二甲苯的 3 种异构体难以分离。若用有机皂土与邻苯二甲酸二壬酯混合固定液，则可将这些组分完全分离。

以氮气作载气，采用上述混合固定液，涂渍在 101 白色硅藻土载体上作固定相，使用氢焰离子化检测器，按照归一化法进行定量分析。被分析的试样可以是工业二甲苯，或用分析试剂配成的苯、甲苯、乙苯等的混合物。

【仪器与试剂】

1. 仪器

气相色谱仪，氢焰离子化检测器，微量注射器，秒表。

（1）色谱条件：柱温 70 ℃，汽化室 150 ℃，检测器 150 ℃。

（2）载气：氮气，流速 $40\ mL \cdot min^{-1}$，氢气流速 $40\ mL \cdot min^{-1}$，空气流速 $400\ mL \cdot min^{-1}$，进样量 $0.1\ \mu L$。

2. 试剂

邻苯二甲酸二壬酯、有机皂土、101 白色载体（60～80 目）、苯、甲苯、乙苯、对二甲苯、间二甲苯、邻二甲苯等。

【实训内容】

1. 色谱柱的制备

称取 0.5 g 有机皂土放入磨口烧瓶中，加入 60 mL 苯，接上磨口回流冷凝管，在 90 ℃水浴上回流 2 h。回流期间要摇动烧瓶 3～4 次，使有机皂土分散为淡黄色半透明乳浊液。冷却，再将 0.8 g 邻苯二甲酸二壬酯倒入烧瓶中，并以 5 mL 苯冲洗烧瓶内壁，继续回流 1 h。趁热加入 17 g101 白色硅藻土载体，充分摇匀后倒入蒸发皿中，在红外灯下烘烤，直至无苯气味为止。然后装入内径 3～4 mm、长 3 m 的不锈钢柱管中，将柱子接入仪器，在 100 ℃下通载气老化，直至基线稳定。

2. 实验步骤

1）初试

启动仪器，按规定的操作条件调试、点火。待基线稳定后，用微量注射器进试样 0.1 μL，记下各色谱峰的保留时间，根据色谱峰的大小选定氢焰离子化检测器的灵敏度和衰减倍数。

2）定性

根据试样来源，估计出峰组分。在相同的操作条件下，依次进入有关组分纯品 0.05 μL，记录保留时间，与试样中各组分的保留时间一一对照定性。

3）定量

在稳定的仪器操作条件下，重复进样 0.1 μL，准确测量峰面积。或者根据初试情况列出峰，并输入色谱数据处理机，进样后利用数据处理机打印出分析结果。

【结果处理】

试样中各组分的质量分数按下式计算：

$$w_i = (f_i A_i / \sum A f_i) \times 100\%$$

式中：A 为各组分的峰面积，f_i 为各组分在氢焰离子检测器上的相对质量校正因子。

【注意事项】

（1）微量注射器要保持清洁，吸取液体试样之前，应先用少量试样洗涤几次，再缓慢吸入试样，并稍多于需要量。如内有气泡，可将针头朝上排出气泡，再将过量试样排出，用滤纸吸去针头处所蘸试样。取样后应立即进样。

（2）本实训需要查找在氢焰检测器上苯系物各组分的相对质量校正因子，以求出试样中各组分的质量分数。

【思考题】

气相色谱归一化法定量分析有何特点，使用该法应具备什么条件？

血液中乙醇含量的测定

【实训目的】

1. 了解并掌握气相色谱法的分离原理。
2. 学习并掌握气相色谱仪的操作。
3. 内标法定量的基本原理和测定方法。

【基本原理】

对酒后驾驶机动车辆的驾驶员血液中的乙醇进行定量分析的结果成为行政执法的重要依据。利用蛋白质沉淀剂使血液中的蛋白质凝固，经离心后取含乙醇的上清液，然后用气相色谱法进行检测，同时在空白血样中添加无水乙醇作为标准品进行对照，用内标法以乙醇对内标物叔丁醇的峰面积比进行定量。

【仪器与试剂】

1. 仪器

气相色谱仪：HP－6890Plus 型，配 FID 检测器及 HP－3398 色谱数据工作站，美国安捷伦公司；微量注射器。

2. 试剂

无水乙醇、叔丁醇，均为分析纯。

【实训内容】

1. 标准溶液的制备

取空白血样 20 mL，添加 20 μL 无水乙醇和 20 μL 叔丁醇，沉淀蛋白质，配制成标准溶液，另取空白血样作对照。

2. 色谱条件

填充柱或毛细管柱，以直径为 0.25～0.18 mm 的二乙烯苯－乙基乙烯苯型高分子多孔小球作为载体，柱温为 120～150 ℃，氮气为流动相。

3. 测定

① 校正因子的测定：取标准溶液 2 μL，连续注样 3 次。

② 样品溶液的测定：取待测溶液 2 μL，连续注样 3 次。

【结果处理】

（1）记录对照物质无水乙醇和内标物质正丁醇的峰面积，按下式计算校正因子（取 3 次计算的平均值作为结果）

$$f=\frac{A_S / C_S}{A_R / C_R}$$

式中：A_S 为内标物质正丙醇的峰面积，A_R 为对照物质无水乙醇的峰面积，C_S 为内标物质正丙醇的浓度，C_R 为对照品无水乙醇的浓度。

（2）记录待测组分乙醇和内标物质正丁醇的峰面积，按下式计算含量（取 3 次计算的平均值作为结果）

$$C_x = f \times \frac{A_x}{A_S / C_S}$$

式中：A_x 为待测物质的峰面积；C_x 待测物质的浓度。

【注意事项】

（1）在不含内标物质的待测溶液的色谱图中，与内标物质峰相应的位置处不得出现杂质峰。

（2）标准溶液和待测溶液各连续 3 次注样所得各次校正因子和乙醇含量与其相应的平均值的相对偏差，均不得大于 1.5%，否则应重新测定。

【思考题】

（1）内标物应符合哪些条件？

（2）实验过程中可能引入误差的机会有哪些？

（3）你认为做好本实验应注意哪些问题？

实训项目 4

饮料中挥发有机物的测定

【实训目的】

1. 了解氢焰离子化检测器的检测原理。
2. 了解影响分离效果的因素。
3. 掌握气相色谱法对挥发性有机化合物进行分析的基本原理。
4. 掌握定量分析挥发性有机化合物混合物的方法。

【基本原理】

气相色谱分离是利用试样中各组分在色谱柱中气相和固定相中的分配系数不同，当汽化后的试样被载气带入色谱柱时，组分就在其中的两相中进行反复多次的分配，由于固定相对各个组分的吸附或溶解能力不同，因此各组分在色谱柱中的运行速度就不同，经过一定的柱长使彼此分离，按顺序离开色谱柱进入检测器。检测器将各组分的浓度或质量的变化转换成一定的电信号，经过放大后在记录仪上记录下来，即可得到各组分的色谱峰。根据峰高或峰面积便可进行定量分析。

【仪器与试剂】

1. 仪器

气相色谱仪（岛津 GC－2010）；SPB－3 全自动空气泵（北京中惠普分析技术研究所）；SPN－300 氮气发生器；SPN－300 氢气发生器；微量注射器；5 mL 容量瓶；SPB－5 毛细管柱 30 m × 0.32 mm × 0.25 μm。

2. 试剂

体积比为 7:3，3:7，5:5 的乙酸乙酯和二氯甲烷的混合液，试剂均为分析纯。

【实训内容】

（1）样品及标准溶液的配制。三份实验室已准备好的乙酸乙酯和二氯甲烷的混合液样品。

（2）开机。依次打开空气泵、氮气发生器、氢气发生器，排出仪器中的剩余空气。打开氢焰离子化检测器，打开“GC Read Time Analysis”软件，预热仪器打开电脑。在软件上选择系统配置，选择 FID 检测器。

（3）色谱条件。进样口温度 100 ℃，检测器温度 200 ℃，柱箱温度 50 ℃（保持 5 min），分流比 100，停止时间 5 min，尾吹流量 30 mL · min^{-1}，氢气流量 40 mL · min^{-1}，空气流量 400 mL · min^{-1}。

（4）选择“数据采集”“下载仪器参数”，待柱箱、检测器的温度达到设定值，打开氢气，打开火焰，等 GC 状态显示“准备就绪”，点击“单次分析”“样品记录”，输入保存路径和文件名。

（5）点击“开始”，用 5 μL 微量注射器进样，进样前用待测液润洗 10 次，用微量注射器依次进样体积比为 7:3，3:7，5:5 的乙酸乙酯和二氯甲烷的混合液，然后按下面板的“START”键，拔出针。

（6）将图表复制到 Word 文档打印，根据各峰的保留时间确定峰的归属，根据各峰的峰面积用归一化法计算溶液中各组分的质量分数。

（7）关闭软件上的氢气按钮、火焰按钮和氢气源，将 SPL、柱箱、FID 温度设置为 80 ℃，等温度达到设定值，关闭系统按钮，然后依次关闭关软件、主机、氮气发生器（并旋松右边的旋钮）、空气源。

【结果处理】

将三份样品的峰号、保留时间、面积、面积%和峰高，记录在表 6－5～表 6－7 中。

表 6－5　1 号样品

峰号	保留时间	面积	面积%	峰高
1				
2				

表 6－6　2 号样品

峰号	保留时间	面积	面积%	峰高
1				
2				

表 6－7　3 号样品

峰号	保留时间	面积	面积%	峰高
1				
2				

【注意事项】

（1）每次进样要用甲醇或者丙酮润洗 20 次，之后用待测液润洗 3～5 次。

（2）样品中如果含有固形物，会造成对汽化室、检测器的污染及堵塞毛细管柱，样品中含有气泡会出现多余的峰，因此在制作样品时必须小心，防止固体污染物和气泡的存在。

（3）色谱仪每次开机后必须检查稳定性，进样操作前必须保证基线的稳定。

（4）当针孔插入色谱仪后，要快速注入并同时开始测量，以避免液体在汽化室内时间过长使部分液体先汽化进入色谱柱造成谱图混乱。

【思考题】

（1）在气相色谱中，载气的作用是什么？

（2）气相色谱技术的定量方法有哪些？面积归一法定量分析有什么特点？

项目 7

高效液相色谱分析技术

知识目标

- 熟悉高效液相色谱分析技术的原理和应用。
- 掌握高效液相色谱分析技术的定量分析方法。

能力目标

- 能够熟练对样品进行定量分析和定性分析。
- 能够熟练、规范选择样品分离条件。
- 掌握仪器操作技术。
- 能够对高效液相色谱仪进行日常的维护。

任务 7.1　高效液相色谱分析技术概述

高效液相色谱分析技术又称为高压液相色谱分析技术、高速液相色谱分析技术、现代液相色谱分析技术等。高效液相色谱分析技术是色谱技术的一个重要分支，以液体为流动相，采用高压输液系统，将具有不同极性的单一溶剂或不同比例的混合溶剂、缓冲液等流动相泵入装有固定相的色谱柱，在柱内各成分被分离后，进入检测器进行检测，从而实现对试样的分析。

高效液相色谱法是自 20 世纪 60 年代开始发展起来的一项新颖快速的分离分析技术。它是在经典液相色谱分析技术的基础上，引入了气相色谱的理论，在技术上采用了高压、高效固定相和高灵敏度的检测器及先进的数据处理及设备控制软件，使高效液相色谱分析技术迅速发展成为一项高分离速度、高分辨率、高效率、高检测灵敏度的液相色谱分析技术。目前该技术广泛应用于化工、生物、医学、工业、农学、商检和法检等学科领域中，世界上约有 80%的有机化合物可以用高效液相色谱法来分析测定。

7.1.1　高效液相色谱分析技术与气相色谱分析技术的差别

高效液相色谱分析技术是在气相色谱分析技术高速发展的情况下发展起来的。它们之间

在理论上和技术上有许多共同点，色谱基本理论相同，定性、定量方法相同。而在分析对象、流动相和操作条件上有如下差别。

1. 分析对象

气相色谱分析技术虽然具有分辨能力强、灵敏度高、分析速度快的特点，但是一般只能分析沸点低于 450 ℃、相对分子质量较小的物质，而对于热稳定差、沸点较高的物质，都不用气相色谱法来分析。因此，气相色谱分析技术只能分析占有机物总数约 20%的物质。而高效液相色谱分析技术只要求试样制成溶液，不受试样挥发性的限制，所以对于高沸点、热稳定性差、相对分子质量大的有机物原则上都可以分析。

2. 流动相

气相色谱分析技术用气体作流动相，可作流动相的种类较少，主要起到携带组分流经色谱柱的作用。高效液相色谱分析技术用液体作流动相，液体分子与样品分子之间的作用力不能忽略，由于流动相对被分离组分可产生一定的亲和力，流动相的种类对分离起各自不同的作用，因此，液相色谱分析技术除了进行固定相的选择外，还可通过调节流动相的极性、pH 等来改变分离条件，比气相色谱分析技术增加了一个可供选择的重要参数。

3. 操作条件

气相色谱分析技术通常采用程序升温或恒温加热的操作方式来实现不同物质的分离，而高效液相色谱分析技术则通过在常温下采取高压的操作方式，配备梯度洗脱装置，提高分离效能。

7.1.2 液相色谱分析技术的主要类型

根据分离机制（固定相）的不同，高效液相色谱分析技术可以分为下列几种类型：液－固吸附色谱技术、液－液分配色谱技术、离子交换色谱技术、离子色谱技术和空间排阻色谱技术、离子对色谱技术等。根据仪器类型不同，又可分为高效液相色谱仪、超高效液相色谱仪、离子色谱仪和凝胶色谱仪等。

1. 液－固吸附色谱技术

液－固吸附色谱技术就是使用固体吸附剂作为固定相，利用不同组分在固定相上吸附能力不同而达到分离的目的。分离过程是吸附－解吸附的平衡过程。其分离过程如图 7－1 所示。

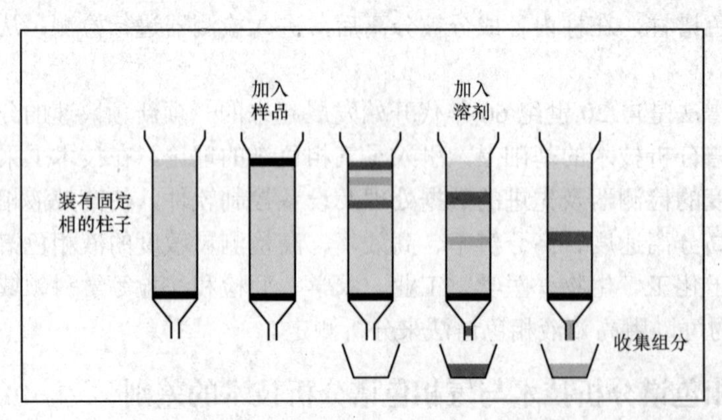

图 7－1　液－固吸附色谱技术的分离过程

液－固吸附色谱技术适用于分离相对分子质量为 200～1 000，且能溶于非极性或中等极性溶剂的脂溶性样品的分离，特别适用于分离同分异构体。

2. 液－液分配色谱技术

液－液分配色谱技术的流动相和固定相都是液体，并且是互不相溶的，对于亲水性固定液，宜采用疏水性流动相。作为固定相的液体是涂渍在或化学键合在惰性载体上，涂渍在载体上的固定液易被流动相逐渐溶解而流失，所以目前多用化学键合固定相。

化学键合固定相是利用化学反应将有机分子以化学键的方式固定到载体表面，形成均一牢固的单分子薄层。但当固定液分子不能完全覆盖载体表面时，载体表面的活性吸附点也会吸附组分。对于这种固定相来说，具有吸附色谱和分配色谱两种功能。所以，键合液－液分配色谱的分离原理，既不是完全的吸附过程，也不是完全的液－液分配过程，两种机理兼而有之，只是按键合量的多少而各有侧重。

对于液－液分配色谱技术，不仅固定相的性质对分配系数有影响，而且流动相的性质也对分配系数有较大影响，因此，在液－液分配色谱技术往往采用改变流动相的手段来改变分离效果。

根据固定相和流动相的相对极性不同，液－液分配色谱技术又可分为正相色谱技术和反相色谱技术。正相色谱技术的固定相极性大于流动相极性，适合分离非极性和极性较弱的化合物，极性小的组分先流出；反相色谱法的固定相极性小于流动相极性，适合分离非极性和极性较弱的化合物，极性大的组分先流出。所以，液－液分配色谱技术可用于极性、非极性、水溶性、油溶性、离子型和非离子型等几乎所有物质的分离和分析。反相色谱技术是目前液相色谱分离模式中使用最为广泛的一种模式。

3. 离子交换色谱技术

离子交换色谱技术使用的固定相为阴离子交换树脂或阳离子交换树脂，多数也是键合固定相。离子交换色谱技术是基于离子交换树脂上可解离的离子与流动相中具有相同电荷的溶质离子进行可逆交换。凡是在溶剂中能够解离的物质通常都可以用离子交换色谱技术来进行分析。被分析物质解离后产生的离子与树脂上带相同电荷的离子进行交换而达到平衡，其过程可用下式表示：

阳离子交换：$R—SO_3^- H^+$（树脂）$+ M^+ \rightarrow R—SO_3^- M$（树脂）$+ H^+$（溶剂中）

阴离子交换：$R—NR_3^+ Cl^-$（树脂）$+ X^- \rightarrow R—NR_3^+ X^-$（树脂）$+ Cl^-$（溶剂中）

其分离过程可用图 7－2 表示。

一般离子在交换树脂上的保留时间较长，需要用浓度较大的淋洗液洗脱。

4. 离子色谱技术

离子色谱技术是利用离子交换树脂为固定相，以电解质溶液为流动相，以电导检测器为通用检测器的技术。

离子色谱技术又分为抑制性和非抑制性。在抑制性离子色谱（双柱型离子色谱）系统中，为了消除流动相中强电解质背景离子对待测物电导检测的干扰，在分离柱后设置了抑制柱，以此降低洗脱液本身的电导，同时提高被测离子的检测灵敏度。在非抑制性离子色谱（单柱型离子色谱）系统只能采用低浓度、低电导率的洗脱液，灵敏度比双柱型离子色谱低。离子色谱技术是目前离子型化合物的阴离子分析的首选方法。

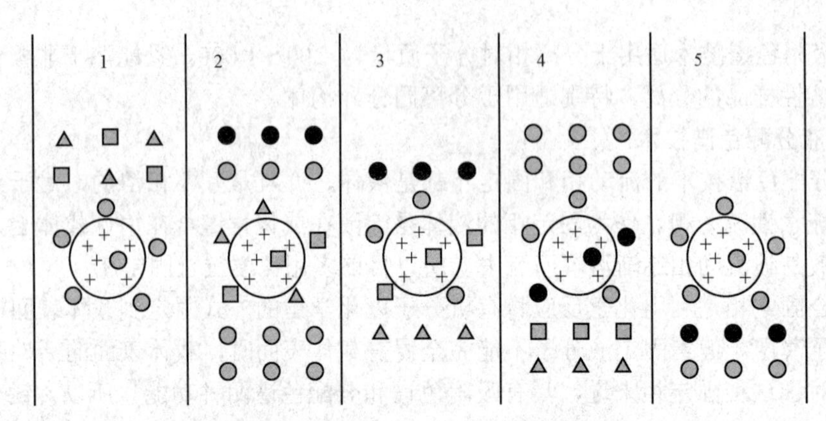

图 7-2　离子交换色谱技术原理分离过程

1—平衡阶段；2—吸附阶段；3，4—解吸附阶段；5—再生阶段

5. 空间排阻色谱技术

溶质分子在多孔填料表面受到的排斥作用称为排阻。该法中待测组分受到的排斥作用是由于分子的大小而引起的，所以称为空间排阻色谱，还称为体积排阻、尺寸排阻、凝胶渗透、凝胶色谱等。

空间排阻是以具有一定大小孔径分布的凝胶为固定相。根据被分离物质的分子大小不同来进行分离。其基本原理是，含有尺寸大小不同分子的样品进入色谱柱后，较大的分子不能通过孔道扩散进入凝胶内部，而与流动相一起先流出色谱柱，较小的分子可通过部分孔道、更小的分子可通过任意孔道扩散进入凝胶内部，这种颗粒内部扩散的结果，使得大分子向下移动的速度较快，小分子物质移动速度落后于大分子物质，使得样品中分子大小不同的物质顺序地流出柱外而得到分离，如图 7-3 所示。

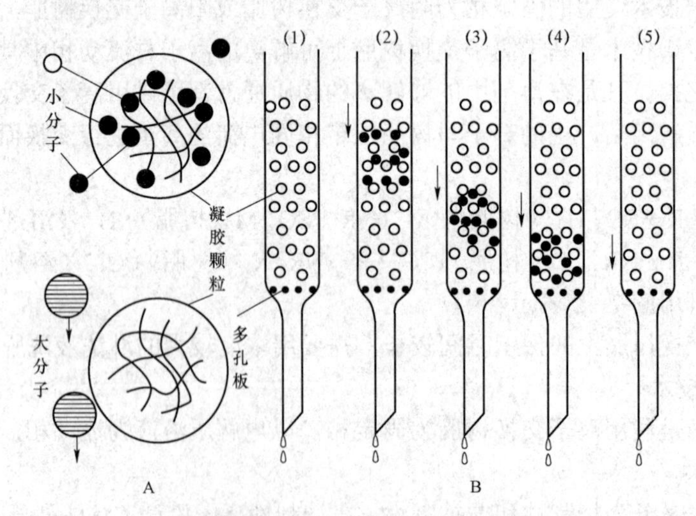

图 7-3　凝胶色谱分离过程

A. 小分子由于扩散作用进入凝胶颗粒内部而被滞留，大分子被排阻在凝胶颗粒外面，在颗粒之间迅速通过。

B.（1）蛋白质混合物上柱；（2）洗脱开始，小分子扩散进入凝胶颗粒内，大分子则被排阻于颗粒之外；（3）小分子被滞留，大分子向下移动，大小分子开始分开；（4）大小分子完全分开；（5）大分子行程较短，已洗脱出层析柱，小分子尚在行进中空间排阻色谱技术的特点是样品在柱内停留时间短，全部组分在溶剂分子洗脱之前洗脱下来，可预测洗脱时间，便于自动化，色谱峰窄，易检测，可采用灵敏度较大的检测器，一般没有强保留的分子积累在色谱柱上，柱寿命长。主要缺点是不能分离相对分子质量接近的组分，适用于分离相对分子质量大于 100、差别大于 10%、能溶解于流动相中的任何类型的化合物，特别适用于高分子聚合物的相对分子质量分布测定。

6. 离子对色谱技术

分离分析强极性有机酸和有机碱时，直接采用正相色谱或反相色谱存在困难，因为大多数可离解的有机化合物在正相色谱的固定相上作用力太强，致使待测物质保留值太大出现拖尾峰，有时甚至不能被洗脱；而反相色谱的非极性（或弱极性）固定相中的保留又太小。在这种情况下，比较合适的方法是采用离子对色谱技术。

离子对色谱技术是将一种（或数种）与溶质离子（X）电荷相反的反离子（Y）加到流动相或固定相中，使其与溶质离子结合形成疏水型离子对化合物，从而用反相色谱柱实现分离的技术，其分离过程如图 7－4 所示。

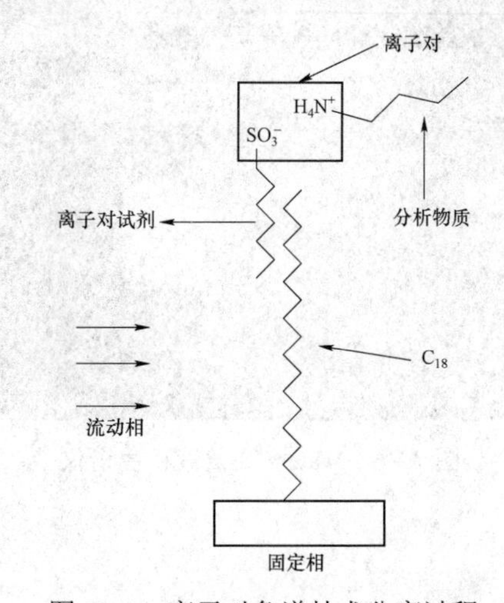

图 7－4　离子对色谱技术分离过程

流动相中的反离子浓度的大小，会影响分配系数，反离子浓度越大，分配系数越大。因此，分离性能取决于反离子的性质、浓度和流动相的选择。常用的反离子试剂有烷基磺酸钠和季铵盐两类。前者适用于分离有机碱类和有机阳离子，后者适用于有机酸类和有机阳离子。

任务 7.2　高效液相色谱仪

近年来，高效液相色谱技术得到了迅猛的发展。高效液相色谱仪种类繁多，仪器的结构和工作过程也是多种多样的。高效液相色谱仪一般可分为 4 个主要部分：高压输液系统、进样系统、分离系统和检测系统。此外还配有辅助装置，如自动进样系统、预柱、流动相在线脱气装置和自动控制系统等装置。图 7－5 是液相色谱仪的结构图，图 7－6 是 Waters 高效液相色谱仪。

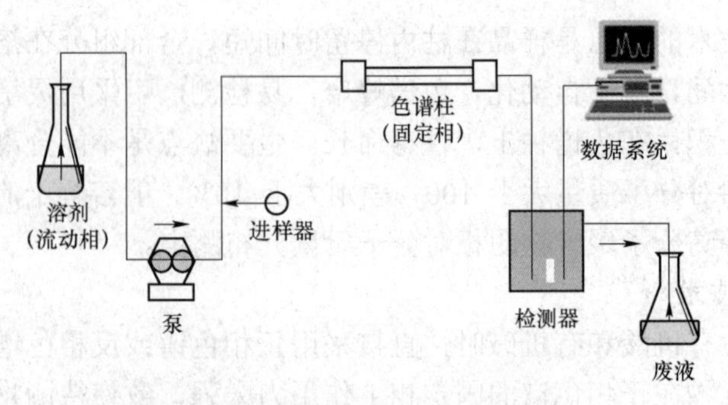

图 7-5　高效液相色谱仪结构图

从图 7-5 可见，流动相经过滤后以稳定的流速（或压力）由高压泵输送至分析体系，样品由进样器注入流动相，而后依次带入预柱、色谱柱，在色谱柱中各组分被分离，并依次随流动相流至检测器，检测到的信号送至工作站记录、处理和保存。

图 7-6　Waters 高效液相色谱仪

7.2.1　高压输液系统

高压输液系统一般包括储液器、高压输液泵、梯度洗脱装置、过滤器等。

1. 储液器

储液器一般是以不锈钢、玻璃、聚四氟乙烯等为材料的用来盛装足够数量的符合要求的流动相。所有放入储液器的溶剂在进入色谱系统前必须经过 0.45 μm 滤膜过滤，除去溶剂中的机械杂质及细菌，如图 7-7 所示，以防输液管道或进样阀产生阻塞现象及细菌滋生。滤膜分有机系和无机系，过滤有机溶剂必须采用有机系滤膜，过滤无机溶剂必须采用无机系滤膜。

所有溶剂在使用前必须脱气，否则容易在系统内逸出气泡，影响泵的工作。气泡还会影响柱的分离效率，影响检测器的灵敏度、基线的稳定性，甚至导致无法检测。此外，溶解在流动相或其他溶剂中的氧气还可能与样品、流动相甚至固定相（如烷基胺）反应，溶解气体还会引起溶剂 pH 的变化，给分离或分析带来误差。常用的脱气方法有加热煮沸、抽真空、超声、吹氦气等。对于溶剂来说，超声波处理比较好，如图 7-8 所示。

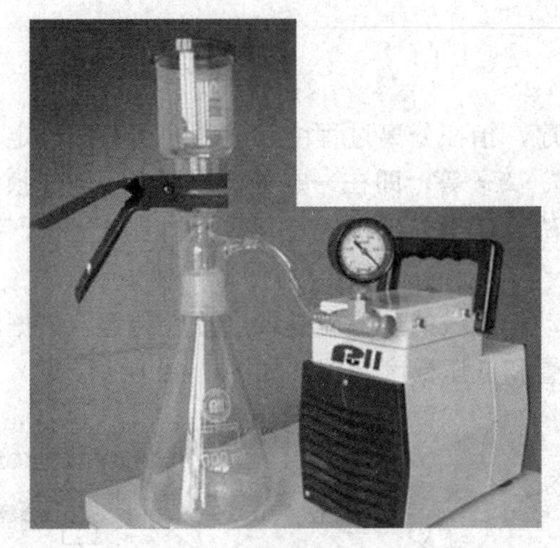

图 7－7　溶剂过滤器

图 7－8　超声波脱气机

2. 高压输液泵

高压输液泵是高效液相色谱仪的关键部件，其作用是将流动相以稳定的流速或压力输送到色谱分析系统。对于带在线脱气装置的色谱仪，流动相先经过脱气装置再输送到色谱柱。输液泵的稳定性直接关系到结果的重复性和稳定性。所以高压输液泵要求流量稳定、输出流量范围宽、输出压力高、密封性好、耐腐蚀性好、泵的死体积小，以利于洗脱液的更换。

高压输液泵的种类很多，按输液性质可分为恒压泵和恒流泵，使用较多的是恒流泵。

高压输液泵必须能精确地调节流动相流量，输液泵的流量控制精度通常要求控制在 0.5% 以内。对高效液相色谱分析来说，高压输液泵的流量稳定性更为重要，这是因为流速的变化会引起溶质的保留值的变化，而保留值是色谱定性的主要依据之一，所以其流量范围一般为 0.1～10 mL・min^{-1} 连续可调。制备型仪器最大流量可达 100 mL・min^{-1} 以上，一般工作范围为 25～40 MPa。高压输液泵的死体积要小，通常要求小于 0.5 mL，以更好地适应于更换溶剂和梯度洗脱。

3. 梯度洗脱装置

1）等度洗脱

在气相色谱中可以通过控制柱温来改善分离条件，调整出峰时间。而在液相色谱中，可以通过改变流动相的组成和极性来同样达到改变分配系数和选择因子、提高分离效率的目的。等度洗脱（恒组成溶剂洗脱）是以固定配比的溶剂系统洗脱组分（一个泵），类似气相色谱的等温度洗脱。

2）梯度洗脱

梯度洗脱也称溶剂程序，指在分离过程中，随时间函数按一定程序改变流动相的组成，即改变流动相的强度、pH、离子等，即在一定分析周期内不断变换流动相的种类和比例，通过不断改变其极性。梯度洗脱适于分析极性差别较大的复杂组分，类似气相色谱的程序升温（沸程较长样品）。

在工作状态下改变流动相组成的装置就是梯度洗脱装置。依据溶液的混合方式梯度洗脱装置可以分为高压梯度装置和低压梯度装置，如图 7－9 所示。

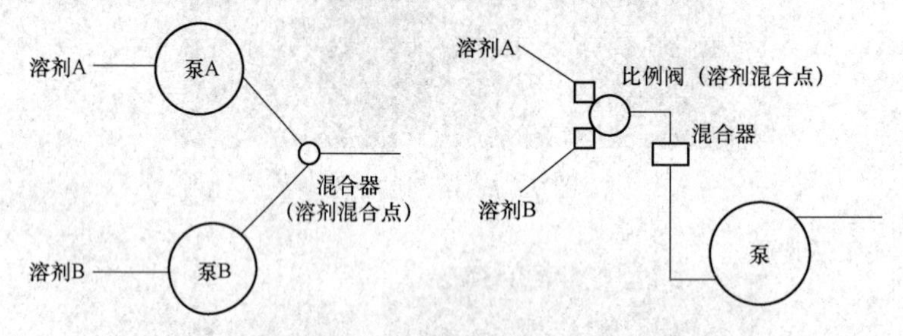

图 7－9　梯度洗脱装置结构示意图

① 低压梯度装置是采用比例调节阀，在常压下预先按一定的程序将溶剂混合后，再用泵输入色谱柱系统，也称为泵前混合。低压梯度装置的特点是采用一台高压输液泵结合电磁比例阀即可完成多元梯度操作，适用性强，成本较低，但流动相脱气要求高，需要配备在线脱气机。

② 高压梯度装置由两台（或多台）高压输液泵、梯度程序控制器（或计算机及接口板控制）、混合器等部件所组成。两台（或多台）泵分别将两种（或多种）极性不同的溶剂输入混合器，经充分混合后进入色谱柱系统。其特点是输液精度高，对流动相的脱气要求低，但需要多台高压泵，成本较高。

根据所能提供的流路个数，洗脱装置可分为二元梯度洗脱装置、四元梯度洗脱装置等，图 7－10 为四元梯度洗脱系统结构示意图，目前生产的高效液相还有八元梯度洗脱装置。分离效率极高。

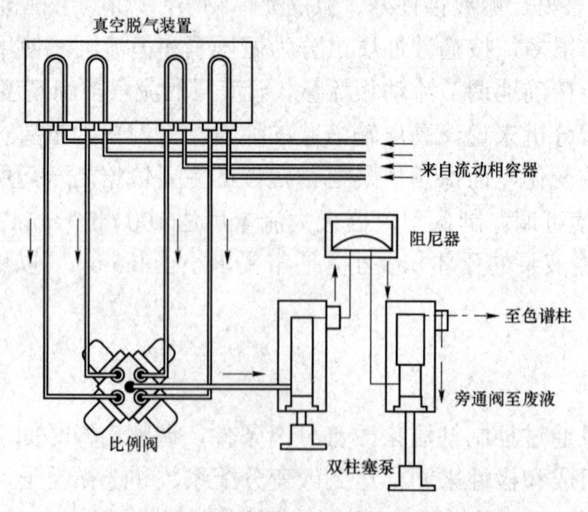

图 7－10　四元梯度洗脱系统结构示意图

梯度洗脱的特点是提高柱效，改善检测器的灵敏度。当样品中的一个峰的 k 值和最后一个峰的 k 值相差几十倍至几百倍时，使用梯度洗脱效果特别好。为保证流速的稳定梯度洗脱，必须使用恒流泵，否则难以获得重复结果。梯度洗脱通常选用一种弱极性的溶剂和一种强极性的溶剂。

4. 过滤器

在高压输液泵的进口与进样阀之间，应设置过滤器。高压输液泵的柱塞和进样阀阀芯的机械加工精密度非常高，微小的机械杂质进入流动相，会导致上述部件的损坏。同时机械杂质在柱头积累，会造成柱压升高，使色谱柱不能正常工作。因此管道过滤器的安装是十分必要的。

常见过滤器有的溶剂过滤器（如图 7－11 所示）和管道过滤器。过滤器的砂芯是用不锈钢烧结制造的，孔径为 2～3 μm，耐有机溶剂的侵蚀。若发现流量减小的现象，首先检查过滤器是否堵塞。可将其浸入稀酸溶液中，在超声波清洗器中用超声波振荡 10～15 min，即可将堵塞的固体杂质洗出。若清洗后仍不能达到要求，则应更换滤芯。

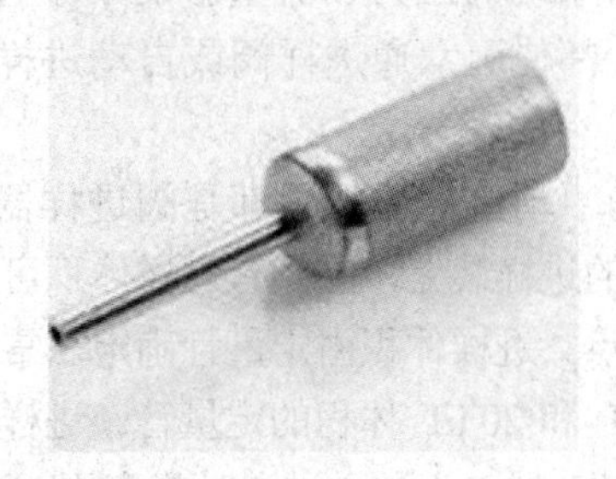

图 7－11　溶剂过滤器

5. 在线脱气装置

流动相因溶解有氧气或空气而形成气泡，气泡进入检测器会干扰测定；气泡进入色谱柱会使流动相的流速减慢或流速不稳定，导致基线起伏；气泡还可能与流动相、固定相、样品组分发生化学反应，影响分离和分析结果。常用的脱气装置是在线真空脱气装置（如图 7－12 所示）或抽吸脱气装置（如图 7－13 所示）。抽气脱气时用注射器从抽气脱气口抽吸脱气。

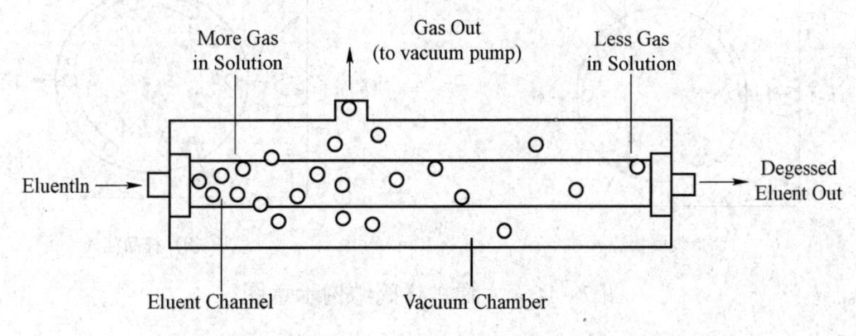

图 7－12　Waters 在线真空脱气装置结构示意图

图 7－13　抽气脱气装置

7.2.2　进样系统

进样系统是将待分析样品准确送入色谱分析系统的装置。进样装置要求密封性好、死体积小、重复性好、进样时对色谱系统的压力和流量影响小。进样器早期使用隔膜和停流进样器，装在色谱柱入口处。现在大都使用六通进样阀或自动进样器。

1. 六通进样阀

目前的液相色谱仪所采用的手动进样器几乎都是阀进样器，因为阀进样器是一种较常用、较理想的进样装置，它具有进样体积可变、耐高压、重复性好、操作简便等优点。进样体积由定量管确定，常规高效液相色谱仪中通常使用的是 10 μL 和 20 μL 体积的定量管。进样系统如图 7－14 所示，装载样品时旋在“LOAD”处，进入时旋在“INJECT”处。操作时先将阀柄置于图 7－15（a）所示的采样位置，这时进样口只与定量管接通，处于常压状态。用平头微量注射器（体积应为定量管体积的 4～5 倍）注入样品溶液，样品停留在定量管中，多余的样品溶液从“6”处溢出。将进样装置阀柄顺时针转动 60°至图 7－15（b）所示的进柱位置时，流动相与定量管接通，样品被流动相带到色谱柱中进行分离分析。

图 7－14　进样系统

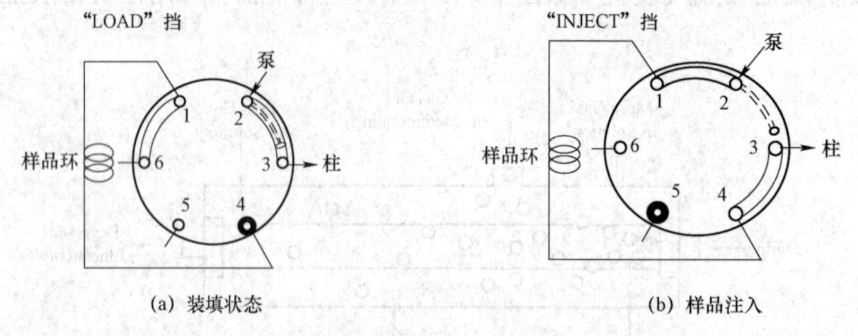

图 7－15　六通进样阀结构示意图

2. 自动进样器

自动进样器是由计算机自动控制定量阀，按预先编制的注射样品的操作程序工作。取样、进样、复位、样品管路清洗和样品盘的转动，全部按预定程序自动进行，一次可进行几十个或上百个样品的分析。自动进样器的进样量可连续调节，进样重复性高，适合于大量样品的分析，节省人力，可实现自动化操作。

7.2.3 分离系统

分离系统包括色谱柱、恒温器和连接管等部件。色谱是一种分离分析手段，分离是核心，色谱柱是色谱系统完成分离的部件，所以，色谱柱是高效液相色谱分析的心脏部件，如图 7－16 所示，柱效高、选择性好、分析速度快是对色谱柱的一般要求。

图 7－16　色谱柱

色谱柱是装填有固定相用以分离混合组分的柱管，多为金属或玻璃制成，有直管、盘管、U 形管等形状。色谱柱可分为填充柱和开管柱两大类。高效液相色谱分析通常采用填充柱。

1. 色谱柱的规格

色谱柱包括柱管和固定相两部分，柱管材料有玻璃、不锈钢、铝、铜及内衬光滑的聚合材料。玻璃管耐压有限，故金属管用得较多。目前高效液相色谱分析常用的标准柱型是内径为 4.6 mm 或 3.9 mm、长度为 10～50 cm 的直型不锈钢柱，填料粒度为 5～10 μm，其柱效的理论值可达 5 000～10 000/m 理论塔板数。使用 3～5 μm 填料，柱长可减至 5～10 cm。当使用内径为 0.5～1.0 mm 的微孔填充柱或内径为 30～50 μm 的毛细管柱时，柱长为 15～50 cm，柱效理论值可达 50 000～160 000/m。对于一般的分析只需 5 000 塔板数的柱效；对于同系物分析，只要 500 塔板数的柱效即可；对于较难分离物质对则可采用高达 20 000 塔板数的柱效，因此一般 10～30 cm 的柱长就能满足复杂混合物分析的需要。

2. 颗粒度

色谱柱的分离效果取决于所选择的固定相以及色谱柱的制备和操作条件。市售的用于高效液相色谱分析的各种微粒填料如多孔硅胶以及以硅胶为基质的键合相、氧化铝、有机聚合物微球（包括离子交换树脂）、多孔碳等，其粒度一般为 3 μm、5 μm、7 μm、10 μm 等，颗粒度决定了分离的效果。小颗粒填料可以增加柱效，在很宽的线速度范围内保持高柱效，在增加分离速度的同时也提高了分离效率。20 世纪 60 年代后期，高效液相色谱分析采用 40 μm 薄壳无孔填料，柱压为 100～500 psi（670～3 448 kPa），柱效约 5 000/m 理论塔板数。20 世纪 70 年代早期，采用 10 μm 无规则微孔填料，柱压达到了 1 000～2 500 psi（483～1 241 kPa），柱效约 40 000/m 理论塔板数。20 世纪 80 年代至今，采用颗粒直径 3.5～5 μm 的球形微孔填料，柱压高达 1 500～4 000 psi（758～1 931 kPa），柱效达到 80 000～115 000/m 理论塔板数，其分离效果比较，如图 7－17 所示。

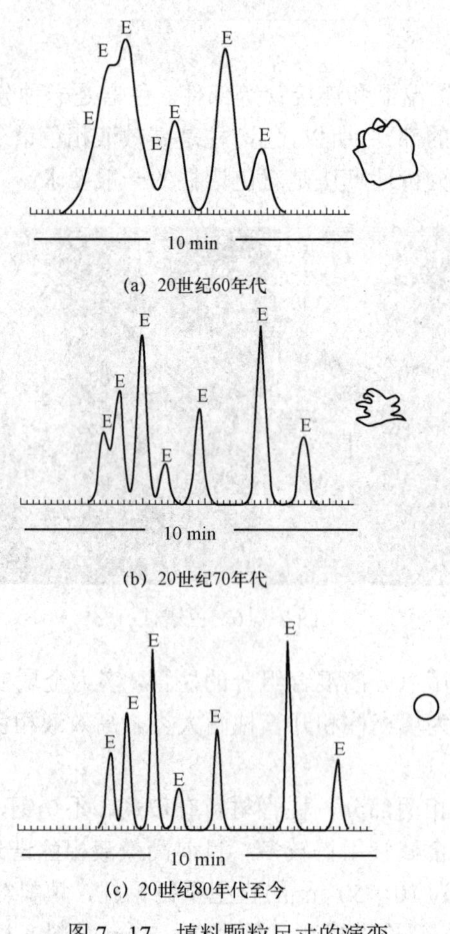

图 7－17　填料颗粒尺寸的演变

3. 颗粒材料

随着高效液相色谱技术的提高，科研人员研发出一种杂化材料，即杂化（乙基硅氧烷/硅胶）颗粒技术。该技术以无机硅和聚合物碳为原料，其具体特点见表 7－1 所示。

表 7－1　杂化（乙基硅氧烷/硅胶）颗粒技术

材料	优点	缺点
无机硅	机械强度高	有限的 pH 范围
	柱效高	将星化合物的拖尾
	可预测的保留	化学不稳定
聚合物碳	宽 pH 范围	机械强度“软”
	没有离子间相互作用	低柱效
	化学稳定	保留不可预测

4. 色谱柱种类

目前，高效液相色谱技术的色谱柱种类很多，常用的有以下几种：

① 反相色谱柱，如 C_{18}、C_8、氰基、氨基、苯基。

② 正相色谱柱，如硅胶、氰基、氨基。

③ 离子交换色谱柱，如 SCX、SAX。

④ 手性色谱柱，如牛血清蛋白、AGP、环糊精等。

⑤ 凝胶色谱柱，如凝胶。

5. 填充技术

填充色谱柱的方法，根据固定相颗粒的大小有干法和湿法两种。

1）干法

干法一般适用于颗粒直径大于 20 μm 的填料，将柱的出口装好筛板，上端与漏斗连接，填料分次小量倒入柱中，倒入后，在靠近填料表面柱壁处敲打、撞实，以得到填充紧密而均匀的色谱柱。

2）湿法

湿法也称匀浆法，适用于直径小于 20 μm 的填料。具体的方法是：以一种或数种溶剂配制成密度与固定相相近的溶液，经超声处理使填料颗粒在此溶液中高度分散，呈现乳浊液状态，即制成匀浆。用高压泵将顶替液打入匀浆罐，把匀浆顶入色谱柱中，可制成均匀、紧密填充的高效柱。

柱效受柱内外因素影响，为使色谱柱达到最佳效率，除柱外死体积要小外，还要有合理的柱结构（尽可能减少填充床以外的死体积）及装填技术。即使最好的装填技术，在柱中心部位和沿管壁部位的填充情况总是不一样的，靠近管壁的部位比较疏松，易产生沟流，流速较快，影响冲洗剂的流形，使谱带加宽，这就是管壁效应。这种管壁区大约是从管壁向内算起 30 倍粒径的厚度。在一般的液相色谱系统中，柱外效应对柱效的影响远远大于管壁效应。

色谱柱装填料之前是没有方向性的，但填充完毕后的色谱柱是有方向的，即流动相的方向应与柱的填充方向一致。色谱柱的外面都以箭头标示了该柱的使用方向，安装和更换色谱柱时一定要使流动相按箭头所指方向流动，如图 7－18 所示。

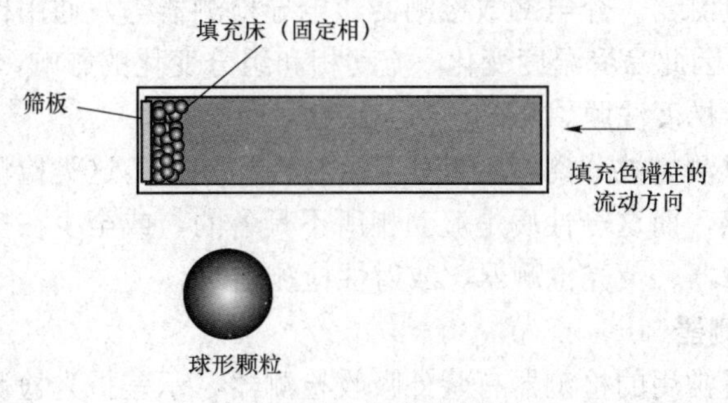

图 7－18 色谱柱方向

6. 预柱

为了保护分析柱不被污染，有时需要在分析柱前加一短柱。短柱连接在进样器和色谱柱之间称为预柱或保护柱，可以防止来自流动相和样品中不溶性微粒堵塞色谱柱。一般柱长为

30～50 mm，柱内装有填料和孔径为0.2 μm的过滤片。预柱可提高色谱柱使用寿命和不使柱效下降，缺点是增加了峰的保留时间，会降低保留值较小组分的分离效率，如图7-19所示。

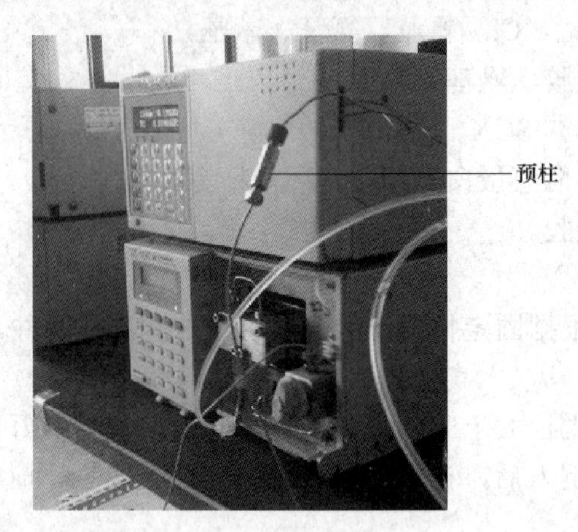

图7-19　预柱

7. 柱温箱

有些物质的分离条件要求有一定的温度，因此，给色谱柱配置了柱温箱。

7.2.4　检测系统

检测系统主要测量经色谱柱分离后的组分浓度的变化，并由记录仪绘出图谱来进行定性分析和定量分析。一个理想的检测器应具有灵敏度高、重现性好、响应快、线性范围宽、适用范围广、对流动相流量和温度不敏感、死体积小等特性。实际过程中很难找到满足上述全部要求的高效液相色谱检测器，但可以根据不同的分离目的对这些要求予以取舍，选择合适的检测器。

1. 高效液相色谱检测器的分类

高效液相色谱检测器分为两类，即通用型检测器和专用型检测器。

通用型检测器可连续测量色谱柱的流出物的全部特性变化，通常采用差分测量法，这类检测器包括示差折光检测器、介电常数检测器、电导检测器等，通用检测器适用范围广，但由于对流动相有响应，因此易受温度变化、流动相和组分变化的影响，噪声和漂移都比较大，灵敏度较低，不能用于梯度洗脱。

专用型检测器用以测量被分离样品组分某种特性的变化。这类检测器对样品中组分的某种物理或化学性质敏感，而这一性质是流动相所不具备的，或至少在操作条件下不显示。这类检测器包括紫外检测器、荧光检测器、放射性检测器等。

2. 几种常见的检测器

高效液相色谱分析常用的检测器有紫外吸收检测器、示差折光检测器、荧光检测器、电化学检测器、电导检测器、光电二极管阵列检测器等。

1）紫外吸收检测器（UVD）

紫外吸收检测器简称紫外检测器，是基于溶质分子吸收紫外光的原理设计的检测器，其工作原理是比尔-朗伯定律，即当一束单色光透过流动池时，若流动相不吸收光，则吸收度

A 与吸光组分的浓度 C、流动池的光径长度 L 成正比。测得物质的透光率，然后取负对数得到吸收度。紫外吸收检测器的优点是使用面广，灵敏度高，对温度和流速变化不敏感，线性范围宽，可检测梯度溶液洗脱的样品；紫外吸收检测器的缺点是仅适用于测定有紫外吸收的物质，因为大部分常见有机物质和部分无机物质都具有紫外或可见光吸收基团，因而有较强的紫外或可见光吸收能力，因此紫外吸收检测器既有较高的灵敏度，也有很广泛的应用范围，是高效液相色谱分析中应用最广泛的检测器。

目前，像岛津 VP 系列紫外检测器功能还包括设定时间程序（切换检测波长等）、双波长检测（如图 7－20 所示）、比例色谱（如图 7－21 所示）、初步判断峰的纯度、停泵扫描、确定组分最大吸收波长等。

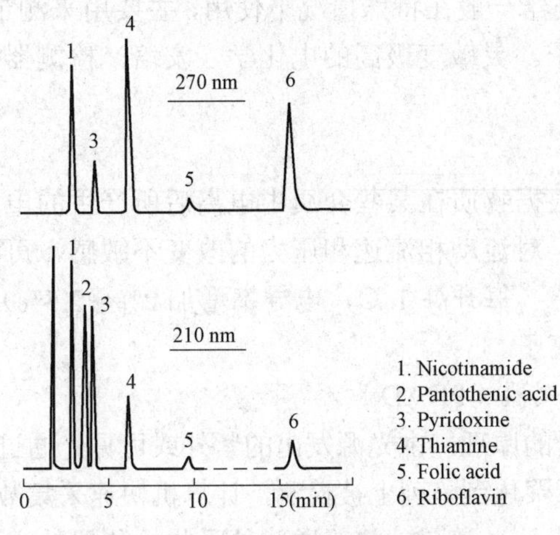

图 7－20　水溶维生素的双波长检测

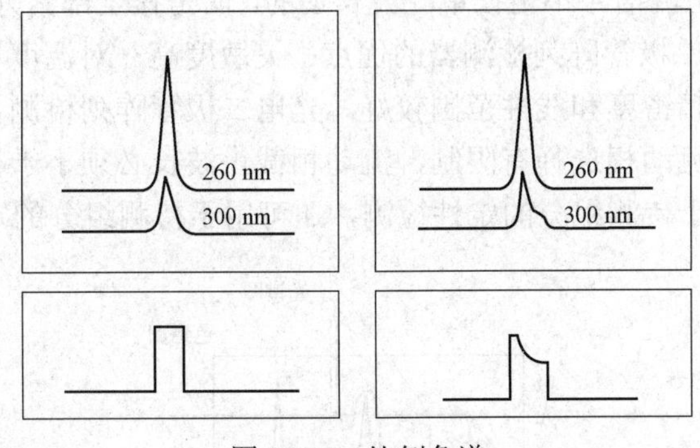

图 7－21　比例色谱

2）示差折光检测器（RID）

示差折光检测器通过连续测定流通池中溶液折射率来测定试样中各组分的浓度。凡具有与流动相折光率不同的样品组分，均可使用示差折光检测器检测。该检测器通用性强，操作简单；对温度变化敏感；对溶剂组成变化敏感，不能用于梯度检测；属于中等灵敏度的检测器。目前，糖类化合物的检测大多使用示差折光检测器。

3）荧光检测器（FD）

荧光检测器的原理：凡具有荧光的物质，在一定条件下，其发射光的荧光强度与物质的浓度成正比。荧光检测器的优点包括灵敏度极高，是最灵敏的检测器之一；选择性好；对温度和流速不敏感，可用于梯度洗脱。荧光检测器的缺点包括只适用于具有荧光的有机化合物的测定，可检测物质有多环芳烃、霉菌毒素、酪氨酸、色氨酸、卟啉、儿茶酚氨胺等（具有对称共轭体系）。

4）电化学检测器（ECD）

电化学检测器的原理：测量电活性分子在工作电极表面氧化或还原反应时所产生电流的变化。电化学检测器的优点：灵敏度高，选择性好，只有容易氧化或还原的电活性物质才可被检测。例如，即便有高含量的氯化物、硫酸盐共存时，其他离子的检测也不受干扰，因为这两种离子不被电化学检测器所检测。电化学检测器的缺点：不适用于梯度洗脱，对温度、压力变化敏感。电化学检测器一般在特殊情况下使用，主要用来测定化学性质不稳定的离子，如容易被氧化或还原的离子。灵敏度极高的电化学（安培）检测器，可用于离子色谱和高效液相色谱。

5）电导检测器

电导检测器的原理：根据物质在某些介质中电离后所产生的电导变化来测定电离物质的含量。电导检测器的优点：对流动相流速和压力的改变不敏感，可用于梯度洗脱。电导检测器的缺点：对温度变化敏感（每升高 1 ℃，电导率增加 2%～2.5%）。电导检测器主要用于检测水溶性无机离子和有机离子。

6）光电二极管阵列检测器（PDAD）

光电二极管阵列检测器的原理：由光源发出的紫外或可见光通过检测池，所得组分特征吸收的全部波长经光栅分光后聚焦到阵列上被检测，计算机快速采集数据，得到三维色谱——光谱图，即每一个峰的在线紫外光谱图。与普通紫外吸收检测器的主要区别在于进入流通池的不再是单色光，获得的检测信号不是在单一波长上的，而是在全部紫外光波长上的色谱信号，如图 7－22 所示。光电二极管阵列检测器的优点：灵敏度高，对温度和流速不敏感，可用于梯度洗脱，结构简单，精密度和线性范围较好。光电二极管阵列检测器的缺点：不适用于对紫外光无吸收的样品，流动相选择有限制，流动相截止波长必须小于检测波长。光电二极管阵列检测器不仅可以用于待测组分的定性检测，还可用于待测组分的定量分析。

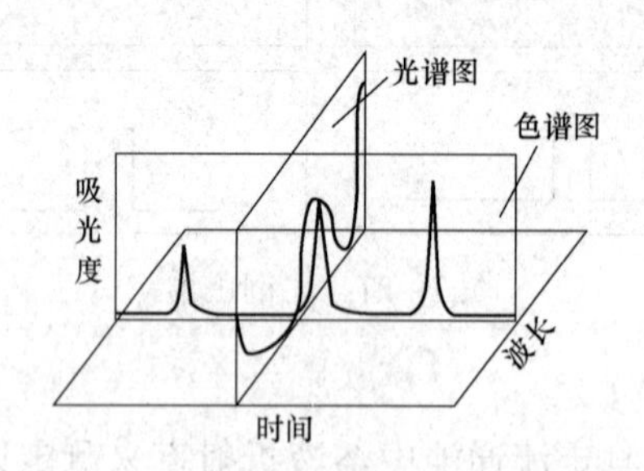

图 7－22　光电二极管阵列检测结果

7.2.5 显示系统

高效液相色谱分析的显示系统又称工作站，也称色谱专家系统，它是色谱技术智能化的基础。显示系统的配置可使所有分析过程均可在线模拟显示，数据自动采集、处理和储存，整个分析过程实现了自动控制。在分析样品前，可以设置相关的分析条件及测定参数。目前，每个厂家生产的液相色谱仪都配有相应的显示系统。对于分离分析大部分的样品，建立一个适合的分析方法很关键，显示系统正是为了很好地建立一套适合的分析方法以完成实际样品的分析任务而建立的，它是色谱理论的研究成果与计算机完美结合的产物。图 7－23 为普析通用 LCWIN1.0 显示系统界面。

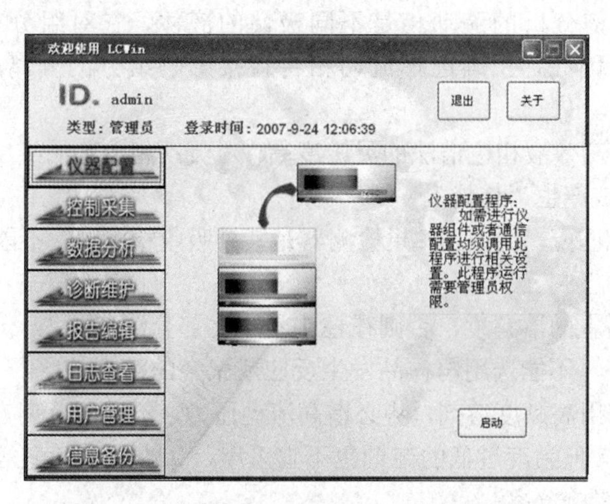

图 7－23　普析通用 LCWIN1.0 显示系统界面

任务 7.3　实验技术

高效液相色谱仪的核心是高效色谱柱，其中固定相的选择和填充技术是保证色谱柱的高柱效和高分离度的关键。当固定相选定时，流动相的种类、配比能显著地影响分离效果，因此，流动相的选择也很重要。

7.3.1　固定相和流动相的选择

固定相的选择对样品的分离起着重要作用，有时甚至是决定性的作用。不同类型的色谱采用不同的固定相。按照固定相承受高压的能力来分类，可分为刚性固体和硬胶两大类。刚性固体以二氧化硅为基质，制成直径、形状、孔隙度不同的颗粒。如果在二氧化硅表面键合各种官能团，就是键合固定相，可扩大应用范围，是目前最广泛使用的一种固定相。硬胶主要用于离子交换和尺寸排阻色谱，它是由聚苯乙烯和二乙烯苯基交联而成的。

固定相按孔隙深度不同分为表面多孔型和全多孔型两类。表面多孔型固定相的基体是实心玻璃珠，在玻璃珠表面覆盖一层多孔活性材料，如硅胶、氧化铝、离子交换剂、分子筛、聚酰胺等，其厚度为 1～2 μm，以形成无数向外开放的浅孔。这类固定相的多孔层厚度小、孔浅，相对死体积小，出峰快，柱效高，颗粒较大，渗透性好，装柱容易；梯度淋洗能迅速达平衡，较适合进行常规分析。

全多孔型固定相是由直径为 10 nm 的硅胶微粒凝聚而成的，这类固定相由于颗粒很细，孔仍然较浅，传质速率快，易实现高效、高速，特别适合复杂混合物的分离及痕量分析。其最大允许进样量比表面多孔型固定相大 5 倍，因此，通常采用此类固定相。

7.3.2 流动相

1. 流动相的基本要求

由于高效液相色谱分析的流动相是不同极性的液体，它对组分有亲和力，并参与固定相对组分的竞争。因此，正确选择流动相将直接影响组分的分离度。对流动相的基本要求：

① 高纯度。由于高效液相色谱法的灵敏度高，对流动相溶剂的纯度要求也高，不纯的溶剂会引起基线不稳，或产生“伪峰”。

② 应与检测器相匹配，例如，如果检测器是紫外吸收检测器，不能用对紫外光有吸收的溶剂作流动相。

③ 对试样要有适宜的溶解度，否则在柱头易产生部分沉淀。

④ 化学稳定性好，不能选用与样品发生反应或聚合的溶剂。

⑤ 低黏度。若使用高黏度溶剂，势必增高流动压力，不利于分离。常用的低黏度溶剂有丙酮、甲醇、乙腈等。但黏度过低的溶剂也不宜采用，如戊烷、乙醚等，它们易在色谱柱或检测器中形成气泡，影响分离。

⑥ 毒性小，安全性好。

⑦ 具有极性。

2. 流动相的选择与配制

液相色谱有正相和反相之分。正相色谱和反相色谱还有吸附色谱和极性化学键键合色谱之分。如果固定相的极性大于流动相的极性，就称为正相色谱；如果固定相的极性小于流动相的极性，则称为反相色谱。由于极性化合物更容易被极性固定相所保留，所以正相色谱一般适用于分离极性化合物，极性小的组分先流出。相反，反相色谱系统一般适用于分离非极性或弱极性化合物，极性大的组分先流出。例如，在正相液－液色谱中，可先选中等极性的溶剂为流动相，如组分的保留时间太短，表示溶剂的极性太大；若改用极性较弱的溶剂，若组分的保留时间太长，则再选择极性在上述两种溶剂之间的溶剂，如此多次实验，以选得最适宜的溶剂。

在选用溶剂时，溶剂的极性很重要。常用溶剂的极性顺序排列如下：水、甲酰胺、乙腈、甲醇、乙醇、丙醇、丙酮、二氧六环、四氢呋喃、正丁醇、醋酸乙酯、乙醚、异丙醚、二氯甲烷、氯仿、苯、甲苯、四氯化碳、己烷、庚烷、煤油。

常见的流动相主要有乙腈－水溶液、乙腈－醋酸水溶液、甲醇－水溶液、乙腈－磷酸水溶液等。实际使用中，甲醇－水溶液体系能满足多数样品的分离要求。由于甲醇的毒性为乙腈的 1/5，且价格便宜 6～7 倍，因此反相键合色谱法中应用最广泛的流动相是甲醇－水体系。

液相色谱法常用的固定相和流动相见表 7－2。

表 7－2 液相色谱法常用的固定相和流动相

样品种类	色谱类型	固定相	流动相
低极性不溶于水	反相色谱	C_{18}	甲醇－水 乙腈－水 乙腈－四氢呋喃
	液固色谱	硅胶	己烷、二氯甲烷
中等极性可溶于醇	正相色谱	$—CN$ $—NH_2$	己烷、氯仿、异丙醇
	反相色谱	C_{18} C_8	甲醇、水、乙腈
强极性可溶于水	反相色谱	C_{18}、C_8 $—CN$	甲醇、水、乙腈、缓冲溶液
	反相离子对色谱	C_{18}	甲醇、水、乙腈、 反离子缓冲溶液
	阳离子交换色谱 阴离子交换色谱	$—SO_3$ $—NR_3^+$	水和缓冲溶液 磷酸缓冲溶液
高分子化合物	凝胶色谱	多孔硅胶、有机凝胶	水、四氢呋喃

流动相使用过程中需要注意的是：

① 含水流动相最好在实验前配制，尤其是夏天使用缓冲溶液作为流动相不要过夜。最好加入叠氮化钠，防止细菌生长。

② 流动相要求使用 0.45 μm 滤膜过滤，除去微粒杂质。

③ 使用高效液相色谱级溶剂配制流动相，使用合适的流动相可延长色谱柱的使用寿命，提高柱性能。

7.3.3 样品前处理

最好使用流动相溶解样品。使用预处理柱除去样品中的强极性或与柱填料产生不可逆吸附的杂质。样品进样前需使用 0.45 μm 的过滤膜过滤除去微粒杂质。

色谱分析样品的采集和制备是一个非常重要和复杂的过程，通常将样品的采集和样品的制备统称为样品的前处理。所以一般样品的前处理过程包括取样、萃取、净化、浓缩、定容，其中萃取是很重要的步骤。由于色谱分析技术涉及的样品种类繁多，样品组成及其浓度复杂多变，样品物理形态范围广泛，对色谱分析方法的直接分析测定构成的干扰因素特别多，所以需要选择科学有效的处理方法和技术。

近年来，研究并应用于各领域样品前处理的新技术有固相萃取、固相微萃取、基质固相分散萃取、膜萃取、超临界流体萃取、微波萃取技术等。其中在色谱分析中应用较多的是固相萃取、固相微萃取、基质固相分散萃取。

1. 固相萃取

固相萃取（solid phase extraction，SPE）是一种用途广泛而且越来越受欢迎的样品前处理技术，它建立在液固萃取和液相柱色谱基础之上，是美国环保局作为环境分析的标准前处理法。固相萃取的优点在于分析物回收率高；与干扰组分分离效果好；不需要使用超纯溶剂，且用量少；能处理小体积试样；操作简单。

固相萃取实际也是一个柱色谱分离过程，分离机理、固定相及溶剂的选择方法等与高效液相色谱有许多相同之处，只是固相萃取柱的柱效较低。固相萃取的原理是样品在通过填充了各类填料的一次性萃取柱后，分析物和杂质被保留在柱上，然后分别用选择性溶剂去除杂质，洗脱出分析物，从而达到分离目的。

固相萃取仪主要由萃取小柱和负压系统组成，目前，商品化的固相萃取小柱种类较多。一般的固相萃取操作步骤为：① 活化。除去小柱内的杂质并创造一定的溶剂环境。② 上样。将溶剂溶解的样品转移到固相萃取小柱，并使其保留在柱上。③ 淋洗。最大限度除去干扰物。④ 洗脱。用小体积的溶剂将待测物质洗脱下来并收集。

2. 固相微萃取

固相微萃取（solid phase micro-extraction，SPME）是一种无溶剂的样品萃取或浓缩技术，操作简单、快速，所需的样品量较少。固相微萃取不是将样品中的目标化合物全部提取出来，而是通过目标化合物在样品盒固相涂层之间的平衡来达到提取或浓缩的目的。

固相微萃取的关键是吸附材料即固相涂层，目前已有的吸附材料有聚二甲基硅氧烷、聚丙烯酸酯、聚乙二醇–二乙烯基苯等。

固相微萃取的使用成本相对于固相萃取来说较低，因为一般吸附材料可以重复使用多次。但由于固相微萃取是一种不完全提取的方法，适合进行半定量分析，所以在一般的定量分析的时候，最好使用内标法，以便于精确定量。

3. 基质固相分散萃取

与经典的固相萃取装置不同，基质固相分散萃取（matrix solid phase dispersion，MSPD）是将样品（固态或者液态）与固相吸附剂（C_{18}、硅胶）等一起研磨之后，使样品成为微小的碎片分散在固相吸附剂表面。然后将此混合物装入空的固相萃取柱或注射针筒，用适当的溶剂将目标化合物洗脱下来。

基质固相分散萃取的主要优点是：适用于固体、半固体及黏稠样品的萃取；萃取溶剂与目标化合物的接触面增大，有利于目标化合物的萃取；溶剂完全渗入样品基质中，提高了萃取效率；所需样品量小，萃取速度也比液–液萃取提高约 90%。

7.3.4 常用技术

1. 液质联用技术

液质联用又叫液相色谱–质谱联用技术，它以液相色谱作为分离系统，质谱作为检测系统。样品在质谱部分与流动相分离，被离子化后，经质谱的质量分析器将离子碎片按质量数分开，经检测器检测得到质谱图。液质联用体现了液相色谱和质谱优势的互补，将液相色谱对复杂样品的高分离能力，与质谱具有高选择性、高灵敏度及能够提供相对分子质量与结构信息的优点结合起来，在药物分析、食品分析和环境分析等许多领域得到了广泛的应用。

高效液相色谱法只要求样品能制成溶液，不受样品挥发性的限制，流动相可选择的范围宽，固定相的种类繁多，因而可以分离热不稳定和非挥发性的、离解的和非离解的以及各种分子量范围的物质。高效液相色谱成为解决生化分析问题最有前途的方法。由于高效液相色谱具有高分辨率、高灵敏度、速度快、色谱柱可反复利用，流出组分易收集等优点，因而被广泛应用到生物化学、食品分析、医药研究、环境分析、无机分析等各种领域。高效液相色谱仪与结构仪器的联用是一个重要的发展方向。

液质联用技术现已受到普遍重视，如分析氨基甲酸酯农药和多核芳烃等；液相色谱－红外光谱联用技术也发展很快，如环境污染分析测定水中的烃类，海水中的不挥发烃类，使环境污染分析得到新的发展。

2. 衍生化技术

所谓衍生化，就是用通常检测方法不能直接检测或检测灵敏度比较低的物质与某种试剂（衍生化试剂）反应，使之生成易于检测的化合物。衍生化方法可以分为柱前衍生化和柱后衍生化两种。

柱前衍生化是指将待检测物转变成可检测的衍生物后，再通过色谱柱分离。这种衍生化可以是在线衍生化，即将待测物和衍生化试剂分别通过两个输液泵送到混合器中混合并使之立即反应完成，随之进入色谱柱；也可以先将待测物和衍生化试剂反应，再将衍生化产物作为样品进样；或者在流动相中加入衍生化试剂，进样后待测物与流动相直接发生衍生化反应。

柱后衍生化是指先将待测物分离，再将从色谱柱流出的溶液与反应试剂在线混合，生成可检测的衍生物，然后导入检测器。按生成衍生物的类型又可分为紫外－可见光衍生化、荧光衍生化、电化学衍生化、手性衍生化。

衍生化技术不仅使高效液相色谱分析体系复杂化，而且需要消耗时间，增加分析成本，有的衍生化反应还需要控制严格的反应条件。因此，只有在找不到方便而灵敏的检测方法，或为了提高分离和检测的选择性时才考虑用衍生化技术。

1）紫外－可见光衍生化

紫外衍生化是指将紫外吸收弱或无紫外吸收的有机化合物与带有紫外吸收基团的衍生化试剂反应，使之生成可用紫外检测的化合物，如胺类化合物容易与卤代烃、羰基、酰基类衍生试剂反应。

可见光衍生化有两个主要应用：一是用于过渡金属离子的检测，将过渡金属离子与显色剂反应，生成有色的配合物、螯合物或离子缔合物后用可见光检测；二是用于有机离子的检测，在流动相中加入被测离子的反离子，使之生成有色的离子对化合物后，分离、检测。

常用衍生化试剂见表 7－3。

表 7－3 常用衍生化试剂

化合物类型	衍生化试剂	$\varepsilon_{254}/(L \cdot mol \cdot cm^{-1})$	最大吸收波长/nm
ROH	对甲氧基苯甲酰氯	大于 10^4	262
RNH_2 或 RR′NH	2,4－二硝基氟苯	大于 10^4	350
	对甲基苯磺酰氯	10^4	224
	对硝基苯甲酰氯	大于 10^4	254
$RCH(COOH)NH_2$	异硫氰酸苯酯	10^4	244
RCOOH	对硝基苄基溴	6 200	265
RCOOR′	对硝基苯甲氧胺盐酸盐	6 200	254

2）荧光衍生化

荧光衍生化是指将被测物质与荧光衍生化试剂反应后生成具有荧光的物质进行检测。有的荧光衍生化试剂本身没有荧光，而其衍生物却有很强的荧光。

3）电化学衍生化

电化学衍生化是将无电活性的待测物质与具有电活性的衍生化试剂发生衍生化反应，生成一种可在电极上发生电极反应的电活性衍生物，以便在电化学检测器上有较高的响应。常用的电化学衍生化试剂包括还原衍生化试剂和氧化衍生化试剂，如带硝基的芳香化合物可以作为羟基、氨基、羧基、羰基的还原性衍生化试剂。

4）手性衍生化

用手性试剂与外消旋体反应，在分子内导入另一手性中心，柱前衍生反应生成一对非对映异构体，两者间无镜相关系，物理性质和化学性质不同，可用常规的色谱分离条件进行分离。

3. 色谱－质谱联用技术

色谱的优势在于分离，为混合物的分离提供了最有效的选择，但其难以得到物质的结构信息，主要依靠与标准物对比来判断未知物，对无紫外吸收化合物的检测还要通过其他途径进行分析。质谱能够提供物质的结构信息，用样量也非常少，但其分析的样品需要进行纯化，具有一定的纯度之后才可以直接进行分析。因此，人们期望将色谱与质谱联用以弥补这两种仪器各自的缺点。

气相色谱－质谱联用技术简称气质联用（LC-MS），液相色谱－质谱联用技术简称液质联用（HLPC-MS），它以液相色谱作为分离系统，质谱作为检测系统。样品在质谱部分和流动相分离，被离子化后，经质谱的质量分析器将离子碎片按质量数分开，经检测器得到质谱图。液质联用体现了色谱和质谱优势的互补，将色谱对复杂样品的高分离能力与质谱具有高选择性、高灵敏度及能够提供相对分子质量与结构信息的优点结合起来，在药物分析、食品分析和环境分析等许多领域得到了广泛的应用。

4. 液相色谱－傅里叶变换红外光谱联用

红外光谱在有机化合物的结构分析中有着很重要的作用，而色谱又是有机化合物分离纯化的最好方法，因此色谱与红外光谱的联用一直是有机分析化学家十分关注的问题。由于液相色谱仪不受样品挥发度和热稳定性的限制，因此特别适合于那些沸点高、极性强、热稳定性差、大分子试样的分离，对多数已知化合物，尤其是生化活性物质均能被较好地分离、分析。液相色谱对多种化合物的高效分离特点及与红外光谱定性鉴别的有效结合，使复杂物质的定性分析、定量分析得以实现，成为与气相色谱－傅里叶变换红外光谱（GC-FTIR）互补的分离鉴定手段。

5. 色谱－色谱联用

色谱－色谱联用技术是将不同分离模式的色谱通过接口连接起来，用于单一分离模式不能完全分离的样品的分离和分析。

液相－液相色谱联用是 Hube 于 20 世纪 70 年代首先提出的，其原理与气相色谱－气相色谱联用技术类似，关键技术是柱切换。利用多通阀切换，可以改变色谱柱与色谱组、进样器与色谱柱、色谱柱与检测器之间的连接，改变流动相的流向，这样就可以实现样品的净化、痕量组分的富集和制备、组分的切割、流动相的选择和梯度洗脱、色谱柱的选择、再循环和复杂样品的分离以及检测器的选择。由于液相色谱具有多种分离模式，如吸附色谱，正、反相分配色谱，离子交换色谱等，因此可以用同一分离模式、不同类型的色谱柱组合成液相色谱－液相色谱联用系统，其对选择性的调节远远大于气相色谱－气相色谱联用，具有更强的分离能力。

在用气相色谱分离和分析复杂样品中的某些组分时，有些样品不能直接进入气相色谱进行分离分析，必须将分析组分从样品的主体中分离出来后再用气相色谱去分离分析。液相色谱－气相色谱联用是解决这一问题的方法之一，用液相色谱分离提纯复杂样品的待测组分时，样品主体被排空，待测组分在线转入气相色谱中进行分离和分析。特别是复杂样品的痕量组分，在经液相色谱分离纯化和富集后，可转移到高灵敏度和高分辨率的毛细管气相色谱中进行分离和分析。

任务 7.4 液相色谱仪的日常维护与使用技术

7.4.1 色谱柱

1. 色谱柱的选择与使用

液相色谱的柱子通常分为正相柱和反相柱。正相柱大多是硅胶柱，或是在硅胶表面键合—CN，—NH_2 等官能团的键合相硅胶柱；反相柱填料主要以硅胶为基质，在其表面键合非极性的十八烷基官能团（ODS），称为 C_{18} 柱，其他常用的反相柱还有 C_8、C_4、C_2 和苯基柱等，以及离子交换柱、聚合物填料柱等。

2. 色谱柱的 pH 使用范围

反相柱的优点是固定相稳定，应用广泛，可使用多种溶剂。但硅胶为基质的填料，使用时一定要注意流动相的 pH 范围。一般的 C_{18} 柱 pH 范围为 2～8，流动相的 pH 小于 2 时，会导致键合相的水解；当 pH 大于 7 时硅胶易溶解；经常使用缓冲液时固定相会发生降解反应。一旦发生上述情况，色谱柱入口处会塌陷。同样填料各种不同牌号的色谱柱不尽相同。如果流动相 pH 较高或经常使用缓冲液时，建议选择 pH 范围大的柱子，例如，戴安公司的 Acclaim 柱 pH 2～9 或 Zorbax 柱 pH 2～11.5。

3. 填料的端基封尾

把填料的残余硅羟基采用封口技术进行端基封尾，可改善对极性化合物的吸附或拖尾；含碳量增高了，有利于不易保留化合物的分离；填料稳定性好了，组分的保留时间重现性就好。如果待分析的样品属酸性或碱性的化合物，最好选用填料经端基封尾的色谱柱。

4. 液相色谱柱的性能测试

色谱柱在使用前，最好进行性能测试，并将结果保存起来，作为今后评价柱性能变化的参考。在做柱性能测试时要按照色谱柱出厂报告中的条件进行（出厂测试所使用的条件是最佳条件），只有这样，测得的结果才有可比性。但要注意的是，柱性能可能由于所使用的样品、流动相、柱温等条件的差异而有所不同。

5. 色谱柱的维护

1）色谱柱的平衡

反相色谱柱由工厂测试后保存在乙腈/水中的。新柱应先使用 10～20 倍柱体积的甲醇或乙腈冲洗（一定确保分析样品所使用的流动相和乙腈/水互溶）。每天用足够的时间以流动相来平衡色谱柱，这样色谱柱的寿命才会变得更长。

色谱柱平衡的具体操作步骤：首先，将流速缓慢地提高，用流动相平衡色谱柱直到获得稳定的基线（缓冲盐或离子对试剂流速如果较低，则需要较长的时间来平衡）；其次，如果使用的流动相中含有缓冲盐，应注意用纯水“过渡”，即每天分析开始前必须先用纯水冲洗 30 min 以上再用缓冲盐流动相平衡，分析结束后必须先用纯水冲洗 30 min 以上除去缓冲盐之后再用甲醇冲洗 30 min 保护柱子。

2）色谱柱的再生

长期使用的色谱柱，往往柱效会下降（理论塔板数降低），这时可以对色谱柱进行再生，在有条件的实验室应使用一个廉价的泵进行色谱柱的再生。用来冲洗色谱柱的溶剂体积见表 7–4。

表 7–4　用来冲洗色谱柱的溶剂体积

色谱柱尺寸/mm	色谱柱体积/mL	所用溶剂的体积/mL
125–4	1.6	30
250–4	3.2	60
250–10	20	400

极性固定相的再生使用正庚烷→氯仿→乙酸乙酯→丙酮→乙醇→水依次进行冲洗。非极性固定相的再生则使用水→乙腈→氯仿（或异丙醇）→乙腈→水的顺序冲洗。0.05 mol・L^{-1} 稀硫酸可以用来清洗已污染的色谱柱，如果简单地用有机溶剂/水的处理不能够完全洗去硅胶表面吸附的杂质，在水洗后加用 0.05 mol・L^{-1} 稀硫酸冲洗非常有效。

3）色谱柱的维护

色谱分析色谱前需使用预柱保护色谱柱（硅胶在极性流动相/离子性流动相中有一定的溶解度）。大多数反相色谱柱的 pH 稳定范围为 2～7.5，尽量不超过该范围，以免流动相组成及极性的剧烈变化。流动相使用前必须经脱气和过滤处理。氯化物的溶剂对色谱柱有一定的腐蚀性，故使用时要注意，色谱柱及连接管内不能长时间存留此类溶剂，以免被腐蚀。如果使用极性或离子性的缓冲溶液作流动相，应在实验完毕后将柱子冲洗干净，并保存于有机溶剂甲醇或乙腈中。

7.4.2　流动相

1. 流动相的纯化

溶剂最好选择色谱纯，目前专供色谱分析用的色谱纯溶剂除最常用的甲醇外，其余多为分析纯。分析纯在很多情况下可以满足色谱分析的要求，但不同的色谱柱和检测方法对溶剂的要求不同，如用紫外检测器检测时溶剂中就不能含有在检测波长下有吸收的杂质，有时要进行除去紫外杂质、脱水、重蒸等纯化操作。

乙腈也是常用的溶剂，分析纯乙腈中还含有少量的丙酮、丙烯腈、丙烯醇等化合物，产生较大的背景吸收。可以采用活性炭或酸性氧化铝吸附纯化，也可采用高锰酸钾/氢氧化钠氧化裂解与甲醇共沸的方法进行纯化。

四氢呋喃在使用前应蒸馏，长时间放置又会被氧化，因此最好在使用前先检查有无过氧化物。方法是取 10 mL 四氢呋喃和 1 mL 新配制的 10%碘化钾溶液，混合 1 min 后，不出现黄色即可使用。

2. 流动相的储存及脱气

储液瓶应使用棕色瓶以避免生长藻类，要定期（至多 3 个月）清洗储液瓶和溶剂过滤器。砂芯玻璃过滤头可用 35%的硝酸浸泡 1 h 后用二次蒸馏水洗净。烧结不锈钢过滤头可用 5%～20%的硝酸溶液超声清洗后用超纯水洗净。

除色谱级的溶剂及超纯水外，其他流动相必须在使用前用 0.45 μm 的滤膜过滤。应使用新鲜配制的流动相，特别是含水溶剂和盐类缓冲溶液，存放时间不可超过 2 天。过滤后的流动相在使用前必须进行脱气。

3. 流动相的更换

在分析过程中，有时流动相在分析过程中由于量不够使用等原因必需要更换流动相，一定要注意前一种使用的流动相和所更换的流动相是不是能够相溶。如果前一种使用的流动相和所更换的流动相不能相溶，那就要特别注意了。要采用一种与这两种需更换的流动相都能够相溶的流动相进行过滤、清洗。较为常用的过滤流动相为异丙醇，但实际操作中要看具体情况而定，原则就是采用与这两种需更换的流动相都能够相溶的流动相。一般清洗的时间为 30～40 min，直至系统完全稳定。

7.4.3 高压泵

高压泵使用注意事项包括每天开始使用时排气；工作结束后，先用超纯水洗去系统中的盐，然后逐渐加大有机溶剂如甲醇的比例，最后用纯甲醇冲洗；不让水或腐蚀性溶剂滞留泵中；定期更换垫圈，平时应常备泵密封垫、单向阀、泵头装置、各式接头、保险丝等部件和工具。

7.4.4 进样器

对六通进样阀，保持清洁是进样阀使用寿命和进样量准确度的重要影响因素。不进样时，套上安全帽。

进样前应使样品混合均匀，以保证结果的精确度。

样品瓶应清洗干净，无可溶解的污染物。样品要求无微粒、去除能阻塞针头和进样阀的物质，故样品进样前必须用 0.45 μm 的无机滤膜或有机滤膜过滤。

自动进样器的针头应有钝化斜面，侧面开孔；针头一旦弯曲应该换上新针头，不能弄直了继续使用；吸液时针头应没入样品溶液中，但不能碰到样品瓶的瓶底。

为了防止缓冲液和其他残留物滞留在进样系统中，每次工作结束后应冲洗进样系统。

手动进样器为确保进样量的重现性，用部分注入方式进样的样品量应在定量环管体积的一半以下，全量注入方式进样的样品量应是定量环体积的 3 倍。

7.4.5 检测器

检测器的光源都有一定的寿命，最好检测时提前半个小时左右打开。

检测在常压下进行，试样和流动相要完全脱气后进入液相色谱系统和检测器，以保证流量稳定和检测数据准确。

水性流动相长时间留在检测池中会有藻类生长，藻类能产生荧光，干扰荧光检测器的检测，检测后需要用含乙腈或甲醇的流动相冲洗净。

根据维护说明书，定期拆开检测池和色谱柱的连接管路，用强溶剂直接清洗检测池。如果污染严重，就需要依次采用 1 mol·L^{-1} 的硝酸、水或新鲜溶剂冲洗，或者取出池体进行清洗、更换窗口。

项目小结

随着色谱理论的不断完善与发展，以“三高”（高效微粒固定相、高压输液泵和高灵敏度检测器）为特征的高效液相色谱分析技术诞生了。高效液相色谱分析技术既可以在分析速度、分离效能、检测器灵敏的和操作的自动化程度等方面与气相色谱分析技术相媲美，同时又保持了经典液相色谱分析技术样品使用范围广、可供选择的流动相种类多等优点，广泛应用于生物工程、制药工业、食品工业、环境监测、石油化工等领域。

高效液相色谱仪由高压输液系统、进样系统、分离系统、检测系统和记录系统组成。此外，还有梯度洗脱、自动进样、在线脱气等辅助装置。

在液相色谱中，存在组分与固定相和流动相三者之间的作用力，因此固定相和流动相的选择是完成分离的重要因素。

练习题

1. 为什么可用分离度 R 作为色谱柱的总分离效能指标?

2. 能否根据理论塔板数来判断分离的可能性?为什么?

3. 试述色谱分离基本方程式的含义，它对色谱分离有什么指导意义?

4. 色谱定性的依据是什么？主要有哪些定性方法?

5. 常用的色谱定量方法有哪些？试比较它们的优缺点和使用范围。

6. 试述速率方程中 A，B，C 三项的物理意义。H-u 曲线有何用途?曲线的形状主要受哪些因素的影响?

7. 当下列参数改变时：

（1）柱长增加，（2）固定相量增加，（3）流动相流速减小，（4）相比增大，是否会引起分配比的变化？为什么?

8. 当下列参数改变时：（1）柱长缩短，（2）固定相改变，（3）流动相流速增加，（4）相比减少，是否会引起分配系数的改变？为什么?

9. 何谓梯度洗脱?

10. 何谓保留指数？应用保留指数作定性指标有什么优点?

11. 试述色谱分离基本方程式的含义，它对色谱分离有什么指导意义？

12. 为什么可用分离度 R 作为色谱柱的总分离效能指标？

13. 在液相色谱中，提高柱效的途径有哪些？其中最主要的途径是什么？

14. 高效液相色谱法有何优缺点？当选择高效液相色谱测定方法时，哪些因素是必须考虑的？查阅资料，目前高效液相测定有哪些新技术？

葡萄酒中有机酸的定性分析和定量分析

【实训目的】

1. 熟悉高效液相色谱仪的使用方法。

2. 掌握有机酸的高效液相色谱测定方法。

【方法原理】

葡萄酒中的酸度主要由有机酸决定，有机酸的种类、浓度与葡萄酒的类型、品质优劣有很大关系，调节着酸碱的平衡，影响葡萄酒的口感、色泽及生物稳定性。葡萄酒中的有机酸主要包括酒石酸、苹果酸、柠檬酸、琥珀酸、乳酸、乙酸等。其中乙酸是葡萄酒酿造、储存过程中的晴雨表，其含量过高表明已感染杂菌。酒石酸又名葡萄酸，是葡萄酒中含量较大的酸，它是抗葡萄呼吸氧化作用和抗酒中细菌作用的酸类，对葡萄着色与抗病有重要作用。酒石酸大部分以酒石酸钾、酒石酸氢钾形式存在，在发酵过程中以结晶形式析出，减少了酒石酸浓度，其溶解度随温度降低而减小。由于有机酸在葡萄酒中的重要性质，所以有机酸的检测是十分重要而且必要的。建立高效、快速的高效液相色谱有机酸检测方法，可为葡萄酒生产企业提供良好的技术支撑和质量控制。

用反相色谱分析有机酸时，由于有机酸的极性较大，流动相中以水为主，易发生弱酸的解离而不能在固定相上保留。为了使有机酸尽可能地以分子形式存在，通常使用酸性流相来抑制有机酸的解离，使其在非极性键合相 ODS 柱上保留得到分离。使用最多的是磷酸氢盐洗脱液。

标准曲线法又称为外标法，是液相色谱中常用的定量分析方法。将 6 种有机酸标准品配成不同浓度的系列标准溶液，定量进样后，可以得到一系列色谱图。用峰面积或峰高为纵坐标，与之对应的浓度为横坐标绘图，可得到标准工作曲线。在相同的操作条件下，进试样，得到样品的色谱图，根据所得的峰面积和峰高在标准曲线上查出被测组分的含量。

【仪器与试剂】

1. 仪器

日本 SHIMADZULC－6A 系列高效液相色谱仪，附 SIL－6A 自动进样器，SPD－6AV 紫外可见检测器，C-R3A 数据处理装置；Hypersil-ODS2 柱（ϕ4.6 mm × 20 cm，5 μm）；PT-C_{18} 预处理小柱；超纯水制备仪；pH 计；0.45 μm 纤维素滤膜；超声波脱气机；容量瓶。

2. 试剂

草酸、酒石酸、苹果酸、乳酸、乙酸、柠檬酸、琥珀酸、丙酸均为分析纯以上；甲醇（色谱级）；超纯水。

【实训内容】

（1）将实验使用的流动相进行过滤和脱气处理。

（2）开机，依次打开高压泵、检测器、工作站，调整色谱条件如下。

流动相：5%CH_3OH – 0.10 mol·L^{-1} KH_2PO_4（pH3.0）缓冲溶液（V/V），使用前用 0.45 μm 纤维素滤膜过滤，超声波脱气 10 min。

流速：0.6 mL·min^{-1}。

柱箱温度：55 ℃。

检测波长：210 nm。

进样量：20 μL。

1. 溶液的配制

1）有机酸标准储备液的配制

草酸、酒石酸、苹果酸、乳酸、乙酸、柠檬酸、琥珀酸、丙酸分别配成 1 mg·mL^{-1} 的标准储备液，每周配一次，用时稀释至所需浓度。

2）有机酸标准母液的配制

取标准有机酸混合储备液稀释 10 倍后待用。

3）有机酸标准系列溶液的配制

分别取 0.2 mL、0.4 mL、0.6 mL、0.8 mL 和 1.0 mL 的混合酸溶液，用去离子水定溶于 10 mL 容量瓶中，摇匀。此系列标准溶液的浓度为 2 μg·mL^{-1}、4 μg·mL^{-1}、6 μg·mL^{-1}、8 μg·mL^{-1} 及 10 μg·mL^{-1}。用 0.45 μm 滤膜过滤后，在高效液相色谱分析最佳色谱条件下进样。

2. 标准曲线的绘制

待基线走平后，取各浓度标准溶液各 20 μL，浓度由低到高顺序进样，记录峰面积和保留时间。

3. 样品的测定

在同样的色谱条件下，将葡萄酒试样经 0.45 μm 滤膜过滤，然后取 20 μL 进样，记录峰面积和保留时间。

4. 结束工作

实验完毕后，先用流动相清洗色谱系统，然后用色谱级甲醇清洗后关机。

【结果处理】

（1）将标准溶液及试样溶液中各有机酸的峰面积及保留时间记录在表 7－5 中。

表 7－5　各有机酸的峰面积及保留时间

	柠檬酸	酒石酸	苹果酸	琥珀酸	乳酸	乙酸
2 μg·mL^{-1}						
4 μg·mL^{-1}						
6 μg·mL^{-1}						
8 μg·mL^{-1}						
10 μg·mL^{-1}						
待测样品						

（2）用软件绘制出各种有机酸峰面积 – 浓度标准曲线，并计算回归方程和相关系数，记录在表 7 – 6 中。

表 7 – 6　有机酸标准曲线相关系数

	回归方程	相关系数
柠檬酸		
酒石酸		
苹果酸		
琥珀酸		
乳酸		
乙酸		

（3）根据试样中各有机酸的峰面积，计算葡萄酒中各有机酸的含量，分别用 $\mu g \cdot mL^{-1}$ 表示。

【注意事项】

（1）各实验室的仪器不可能完全一样，操作时一定要参照仪器的操作规程。

（2）色谱柱的个体差异较大，即使同一厂家的同型号色谱柱，柱能也会有差异，因此色谱条件应根据所用色谱柱的试剂情况进行适当的调整。

【思考题】

1. 假设用 50%的甲醇或乙醇作流动相，你认为有机酸的保留值是变大还是变小，分离效果会变好还是变坏？说明理由。

2. 如果用内标法定量分析苹果酸和柠檬酸，写出内标法的操作步骤和分析结果的计算方法。

高效液相色谱法测定饮料中的咖啡因

【实训目的】

1. 学习高效液相色谱仪的操作。

2. 了解高效液相色谱法测定咖啡因的基本原理。

3. 掌握高效液相色谱法进行定性分析及定量分析的基本方法。

【方法原理】

咖啡因又称咖啡碱，是从茶叶或咖啡中提取而得的一种生物碱，是一种黄嘌呤生物碱化合物，又名三甲基黄嘌呤、咖啡碱、马黛因、瓜拉纳因子、甲基可可碱，分子式为 $C_8H_{10}N_4O_2$，结构式为

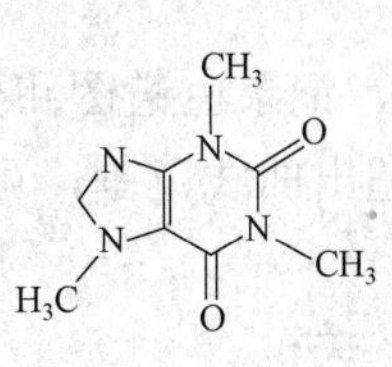

咖啡因是一种中枢神经兴奋剂，能够暂时地驱走睡意并恢复精力，但易上瘾。为此，各国制定了咖啡因在饮料中的食品卫生标准，美国、加拿大、阿根廷、日本、菲律宾规定饮料中咖啡因的含量不得超过 200 mg·kg^{-1}，我国到目前为止咖啡因仅允许加入到可乐型饮料中，其含量不得超过 150 mg·kg^{-1}，为了加强食品卫生监督管理，建立咖啡因的标准测定方法十分必要。高效液相色谱法是可乐型饮料、咖啡和茶叶以及制成品中咖啡因含量的测定方法，简单、快速、准确。

咖啡因的甲醇液在 286 nm 波长下有最大吸收，其吸收值的大小与咖啡因浓度成正比，从而可进行定量分析。

【仪器与试剂】

1. 仪器

高效液相色谱仪（配有紫外－可见光检测器），正十八烷基键合色谱柱（5 μm，4.6 mm×150 mm）；微量注射器（10 μL 或 25 μL）；超声波清洗器；流动相过滤器；无油真空泵。

2. 试剂

咖啡因标准品（优级纯或分析纯），甲醇（色谱纯），二次蒸馏水，待测饮料试液。

【实训内容】

1. 流动相的预处理

配制甲醇:水为 20:80 的流动相 1 000 mL，过滤，脱气备用。

2. 标准溶液的配制

（1）配制浓度为 0.25 mg·mL^{-1} 的咖啡因标准储备液 100 mL，用流动相溶解。

（2）用上述标准储备液配制浓度分别为 25 μg·mL^{-1}、50 μg·mL^{-1}、75 μg·mL^{-1}、100 μg·mL^{-1}、125 μg·mL^{-1} 的标准使用液。

3. 试样的预处理

市售饮料用 0.45 μm 水相滤膜减压过滤后，4 ℃保存备用。

4. 色谱柱的安装和流动相的更换

将正十八烷色谱柱安装在色谱仪上，将流动相更换成甲醇:水＝20:80 的溶液。

5. 开机

按照使用说明书操作仪器，设置流速为 1.0 mL·min^{-1}；检测器波长 286 nm，打开工作站。

6. 标准样的分析

（1）待基线稳定后，用平头微量注射器分别加进标准系列溶液 20 μL，记录色谱图和分析结果。

（2）每个样品平行测定 2～3 次。

7. 饮料样品的分析

重复注射 20 μL 饮料样品 2～3 次，记录色谱图和分析结果。

如果样品中咖啡因的色谱峰面积超出曲线范围，可用流动相适当稀释饮料样品。

8. 结束工作

所有样品分析完毕后，清洗系统，关机。

【结果处理】

将实验数据记录在表 7－7 中。

表 7－7 实验数据记录表

序号	标样浓度/（μg · mL^{-1}）	保留时间（t_R）	色谱峰面积 A	色谱峰高度 H
1				
2				
3				
4				
5				
6				

【注意事项】

（1）品牌的饮料咖啡因含量相同，称取的样品量可以根据样品调节，或者改变标准使用液浓度。

（2）为了获得良好结果，标准溶液和样品溶液的进样量要严格保持一致。

【思考题】

1. 用标准曲线法定量分析的优缺点是什么？

2. 若标准曲线用咖啡因浓度对峰高作图，能给出准确结果吗？

奶粉中三聚氰胺的分析检测

【实训目的】

1. 掌握测定三聚氰胺时奶粉试样的前处理方法。

2. 掌握奶粉中三聚氰胺快速、准确的检测方法。

【方法原理】

三聚氰胺，简称三胺，分子式为 $C_3N_6H_6$，是一种重要的氮杂环有机化工原料。由于三聚氰胺分子中含有大量氮元素，而普通的全氮测定法分析奶粉和食品中的蛋白质含量时不能排除这类伪蛋白氮的干扰，因而一些厂商为了能降低成本而添加这种化工原料，以提高产品中蛋白质的含量。《国际化学品安全手册》第三卷和国际化学品安全卡片说明：长期或反复大量摄入三聚氰胺可能对肾与膀胱产生影响，产生结石。2008 年，“三鹿奶粉”事件，就是因为不法分子掺卖混有三聚氰胺的奶粉，导致许多婴儿长了肾结石，造成了严重的后果。本实验采用 Waters 公司生产的高效液相色谱仪建立奶粉中三聚氰胺快速、准确的检测方法。

奶粉试样用三氯醋酸－乙腈提取，再经阳离子交换固相萃取柱净化后，用高效液相色谱测定，外标法进行定量分析。将 6 种有机酸标准品配成不同浓度的系列标准溶液，定量进样后，可以得到一系列色谱图。用峰面积或峰高为纵坐标，与之对应的浓度为横坐标绘图，可得到标准工作曲线。在相同操作条件下，定量进试样，得到样品的色谱图，根据所得的峰面积和峰高在标准曲线上查出被测组分的含量。

【仪器与试剂】

1. 仪器

高效液相色谱仪（配有紫外检测器），高速离心机，超声波振荡仪，旋涡混合器，分析天平（万分之一）。

2. 试剂

微孔滤膜（带 0.45 μm 有机－水过滤膜和真空泵），乙腈（高效液相色谱级），三聚氰胺标准品（≥99.0%），柠檬酸（分析纯）；庚烷磺酸钠（色谱级），超纯水，阳离子交换萃取柱，氮气（高纯）。

3. 色谱条件

色谱柱：C_{18}柱（6 × 250 mm，5 um）；流动相：乙腈，10 mmol·L^{-1} 柠檬酸 + 10 mmol·L^{-1} 庚烷磺酸钠缓冲液 = 15:85（pH = 3）；检测波长：240 nm；柱温：30 ℃；流速：1 mL·min^{-1}；进样量：20 μL。

【实训内容】

1. 标准溶液的配制

称取三聚氰胺标样 10.0 mg，加稀释液（稀释液为乙腈:水等于 76:24）溶解定容 100 mL，即得浓度为 100 mg·L^{-1} 的三聚氰胺标样溶液，于 4 ℃下避光保存备用。使用时将浓度为 100 mg·L^{-1} 的三聚氰胺标准溶液分别用水稀释成浓度为 1 mg·L^{-1}、5 mg·L^{-1}、10 mg·L^{-1}、15 mg·L^{-1}、20 mg·L^{-1}、50 mg·L^{-1} 的标准工作液，经 0.45 μm 微孔滤膜过滤后，保存备用。

2. 样品的前处理

称取奶粉试样 0.1 g（精确至 0.000 1 g）于 10 mL 具旋盖的塑料离心管中，加入 5 mL 乙腈－水溶液（1:1），在旋涡混合器上混匀 5 min，超声波振荡 30 min，再在旋涡混合器上混匀 5 min，离心 20 min（10 000 r·min^{-1}），取出上清液过滤，移取 2.0 mL，加入 6 mL0.1 mol·L^{-1} 的盐酸，混匀待净化。

3. 固相萃取柱的活化

使用前依次用 3 mL 甲醇、5 mL 水活化。

4. 净化

将待净化液转移至固相萃取柱中，依次用 3 mL 水和 3 mL 甲醇洗涤，抽至近干，用 6 mL 氮化甲醇溶液进行洗脱。整个固相萃取过程流速不应超过 1 mL·min^{-1}。洗脱液于 50 ℃下用氮气吹干，残留物用 1 mL 流动相定容，旋涡振荡混合 1 min 后，经微孔滤膜过滤，待测。

5. 线性实验

取浓度为 1 mg·L^{-1}、5 mg·L^{-1}、10 mg·L^{-1}、15 mg·L^{-1}、20 mg·L^{-1}、50 mg·L^{-1} 的标准溶液，并计算线性范围。

6. 样品测定

取待测样品在同样的色谱条件下进行测定，记录数据。

7. 结束工作

待测样品分析完毕后，让流动相继续运行 10～20 min，然后分别用超纯水和乙腈冲洗柱子 30 min 以上。

【结果处理】

（1）将实验数据记录在表 7－8 中。

表 7－8　实验数据记录表

样品浓度（$mg \cdot L^{-1}$）	1	5	10	15	20	50	待测样品
峰面积/（mV•s）							

（2）以峰面积－浓度作图，得到标准曲线回归方程，计算待测样品溶液的浓度。

（3）用下式计算样品中三聚氰胺的含量，单位为 $mg \cdot kg^{-1}$。

$$x=(c \times V) / m \times f$$

式中：x 为试样中三聚氰胺的含量，$mg \cdot kg^{-1}$；c 为试样中三聚氰胺的浓度，$mg \cdot L^{-1}$；V 为试样最终定容体积，L；m 为试样质量，g；f 为稀释倍数。

【注意事项】

（1）若样品中脂肪含量较高，可以用三氯醋酸饱和的正乙烷液分配除脂。

（2）固相萃取柱使用前必须活化。

（3）本方法的定量限于 2 $mg \cdot kg^{-1}$。

【思考题】

1. 若样品中脂肪含量较低时，查找资料对本方法与其他测定三聚氰胺含量的方法进行比较。
2. 本方法的定量范围是多少？

高效液相色谱法测定食品中的苏丹红

【实训目的】

1. 学习高效液相色谱法测定食品中苏丹红的原理和方法。
2. 学习不同食品样品的预处理方法。

【方法原理】

苏丹红是应用于油彩蜡、地板蜡和香皂等化工产品中的一种非生物合成的着色剂，非食用色素，长期食用具有致癌致畸作用。苏丹红一般不溶于水、易溶于有机溶剂，待测样品经有机溶剂提取，浓缩及氧化铝柱层析萃取净化后，用反相高效液相色谱紫外可见光检测器进行色谱分析，采用外标法定量。苏丹红色谱分离图如图 7－25 所示。

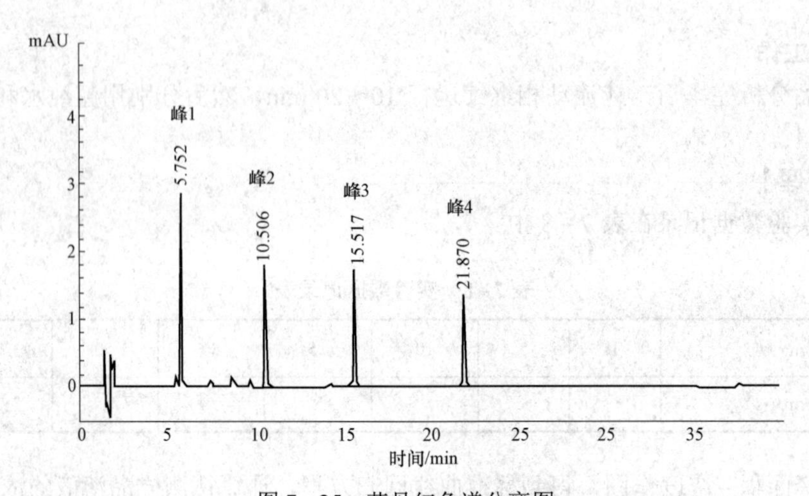

图 7－25　苏丹红色谱分离图

峰 1—苏丹红Ⅰ；峰 2—苏丹红Ⅱ；峰 3—苏丹红Ⅲ；峰 4—苏丹红Ⅳ

将 6 种有机酸标准品配成不同浓度的系列标准溶液，定量进样后，可以得到一系列色谱图。用峰面积或峰高为纵坐标，与之对应的浓度为横坐标绘图，可得到标准工作曲线。在相同的操作条件下，定量试样，得到样品的色谱图，根据所得的峰面积和峰高在标准曲线上查出被测组分的含量。

【仪器与试剂】

1. 仪器

高效液相色谱仪（配有紫外－可见光检测器），层析柱管（ϕ1 cm）× 注射器管 5 cm，分析天平（感量 0.1 mg），旋转蒸发仪，均质机或匀浆机，粉碎机，离心机，0.45 μm 有机滤膜。

2. 试剂

（1）乙腈（色谱纯），丙酮（色谱纯），甲酸（分析纯），乙醚（分析纯），正己烷（分析纯），无水硫酸钠（分析纯）。

（2）层析用氧化铝（中性 100～200 目）：105 ℃干燥 2 h，于干燥器中冷至室温，每 100 g 中加入 2 mL 水降活，均匀后密封，放置 12 h 后使用。不同厂家和不同批号氧化铝的活度有差异，须根据具体购置的氧化铝产品略作调整，活度的调整采用标准溶液过柱，将 1 μg · mL^{-1} 的苏丹红的混合标准溶液 1 mL 加到柱中，用 5%丙酮正己烷溶液 60 mL 完全洗脱为准。

氧化铝层析柱：在层析柱管底部塞入一薄层脱脂棉，干法装入处理过的氧化铝至 3 cm 高，经敲实后加一薄层脱脂棉，用 10 mL 正己烷预淋洗，洗净柱杂质后，备用。

5%丙酮的正己烷溶液：吸取 50 mL 丙酮用正己烷定容至 1 L。

标准物质：苏丹红Ⅰ、苏丹红Ⅱ、苏丹红Ⅲ、苏丹红Ⅳ，纯度均大于等于 99%。

标准贮备液：分别称取苏丹红Ⅰ、苏丹红Ⅱ、苏丹红Ⅲ及苏丹红Ⅳ各 10.0 mg（按实际含量折算），用乙醚溶解后用正己烷定容至 250 mL。

【实训内容】

1. 样品制备

将液体、浆状样品混合均匀，固体样品需要粉碎磨细。

2. 样品的前处理

1）红辣椒粉等粉状样品的前处理

称取 1～2 g（精确至 0.001 g）样品于三角瓶中，加入 10～20 mL 正己烷，超声处理 5 min，过滤，用 10 mL 正己烷洗涤残渣数次，至洗出液无色，合并正己烷液，用旋转蒸发仪浓缩至 5 mL 以下，慢慢加入氧化铝层析柱中，为保证层析效果，在柱中保持正己烷液面为 2 mm 左右时上样，在全程的层析过程中不应使柱干涸，用正己烷少量多次淋洗浓缩瓶，一起注入层析柱中。控制氧化铝表面吸附的色素带宽宜小于 0.5 cm，待样液完全流出后，试样品中含油类杂质用 10～30 mL 正己烷洗柱，直至流出液无色，弃去全部正己烷淋洗液，用含 5%丙酮的正己烷液 60 mL 洗脱、收集、浓缩后，用丙酮转移并定容至 5 mL，经 0.45 μm 有机滤膜过滤后待测。

2）红辣椒油、火锅料、奶油等油状样品的前处理

称取 0.5～2 g（精确至 0.001 g）样品于小烧杯中，加入 1～10 mL 正己烷溶解，难溶解的样品可于正己烷中加温溶解。然后按粉状样品处理方法处理后待测。

3）辣椒酱、番茄沙司等含水量较大样品的前处理

称取 10～20 g（精确至 0.01 g）样品于离心管中，加 10～20 mL 水将其分散成糊状，含增稠剂的样品多加水，加入 30 mL 正己烷:丙酮为 3:1，匀浆 5 min，3 000 r • min^{-1} 离心 10 min，吸出正己烷层，于下层再加入 20 mL × 2 次正己烷匀浆，过滤。合并 3 次正己烷，加入无水硫酸钠 5 g 脱水，过滤后于旋转蒸发仪上蒸干并保持 5 min，用 5 mL 正己烷溶解残渣，然后按粉状样品处理方法处理后待测。

4）香肠等肉制品的前处理

称取 10～20 g（精确至 0.01 g）样品于三角瓶中，加入 60 mL 正己烷充分匀浆 5 min，滤出清夜，再以 20 mL × 2 次正己烷匀浆，过滤。合并 3 次滤液，加入 5 g 无水硫酸钠脱水，过滤后于旋转蒸发仪上蒸至 5 mL 以下，然后按粉状样品处理方法处理后待测。

3. 色谱检测条件

（1）色谱柱

Zorbax SB-C18，3.5 μm，4.6 mm × 150 mm（或相当型号色谱柱）。

（2）流动相

溶剂 A：0.1%甲酸的水溶液:乙腈为 85:15。

溶剂 B：0.1%甲酸的乙腈溶液:丙酮为 80:20。

（3）梯度洗脱条件

梯度洗脱条件见表 7－9。

表 7－9 梯度洗脱条件

流速/（mL • min^{-1}）	时间/min	流动相		曲线
		A 溶液比例/%	B 溶液比例/%	
1.0	0	25	75	线性
1.0	10.0	25	75	线性

续表

流速/（mL·min⁻¹）	时间/min	流动相		曲线
		A 溶液比例/%	B 溶液比例/%	
1.0	25.0	0	100	线性
1.0	32.0	0	100	线性
1.0	35.0	25	75	线性
1.0	40.0	25	75	线性

（4）柱温

柱温为 30 ℃。

（5）检测波长

苏丹红Ⅰ为 478 nm，苏丹红Ⅱ、苏丹红Ⅲ、苏丹红Ⅳ均为 520 nm，于苏丹红Ⅰ出峰后切换。

4. 标准曲线制备

吸取标准贮备液 0 mL、0.1 mL、0.2 mL、0.4 mL、0.8 mL、1.6 mL，用正己烷定容至 25 mL，此标准系列浓度为 0、0.16μg·mL^{-1}、0.32μg·mL^{-1}、0.64μg·mL^{-1}、1.28μg·mL^{-1}、2.56 μg·mL^{-1}，各进样量均为 10 μL，绘制标准曲线。

5. 样品测定

吸取 10 μL 样品处理液，按标准曲线制备检测色谱条件对样品进行测定。与标准样对照，根据峰保留时间定性，根据相应峰面积定量。

6. 结束工作

样品分析完毕后，先用蒸馏水清洗色谱系统 30 min 以上，然后用 100%的乙腈清洗色谱系统 20～30 min，再按正常的步骤关机。清理试样台面，填写仪器使用记录。

【结果处理】

$$x=\frac{c\times V}{m}$$

式中：x 为样品中苏丹红含量，mg·kg^{-1}；c 为由标准曲线得出的样品中苏丹红的浓度，μg·mL^{-1}；V 为样品的液定容体积，mL；m 为样品质量，g。

【注意事项】

不同厂家和不同批号氧化铝的活度有差异，应根据具体购置的氧化铝产品略作调整。

【思考题】

样品前处理时，色素提取液过氧化铝柱可以除去哪些杂质？

柱前衍生反相高效液相色谱法测定多维氨基酸片中的氨基酸

【实训目的】

1. 掌握柱前衍生反相高效液相色谱法测定多维氨基酸片中 18 种氨基酸的含量。

2. 掌握氨基酸的分析方法。

【基本原理】

氨基酸的测定方法很多，经典的氨基酸分析方法是采用柱后衍生、用茚三酮作为衍生试剂的离子交换色谱法。此法需要专门的仪器，分析时间较长。随着高效液相色谱技术的发展，用反相柱（C_8、C_{18}）柱前衍生化法测定氨基酸取得了很大发展。该法不需要特殊反应装置，具有高效、简便、快速和价格低廉的优点。常见方法是采用邻苯二甲醛（OPA）和 2－巯基乙醇与氨基酸反应进行柱前衍生，衍生物用反相高效液相色谱法梯度洗脱，检测器可为荧光检测器或紫外检测器。

采用异硫氰酸苯酯对样品进行柱前衍生，以反相高效液相色谱法测定，外标法计算含量。色谱柱为 Ultimate AA 氨基酸分析专用柱（250 mm×4.6 mm，5 μm），流动相 A 为三水合醋酸钠缓冲溶液（pH=6.5）－乙腈溶液（93:7，V/V、B 为 80%乙腈－水（80:20，V/V），梯度洗脱，检测波长为 254 nm。出峰顺序依次为 Asp、Glu、Ser、His、Gly、Thr、Ala、Arg、Tau、Tyr、Val、Met、Trp、Phe、Ile、Leu、Lys、Pro。多维氨基酸片的高效液相色谱图如图 7－26 所示。

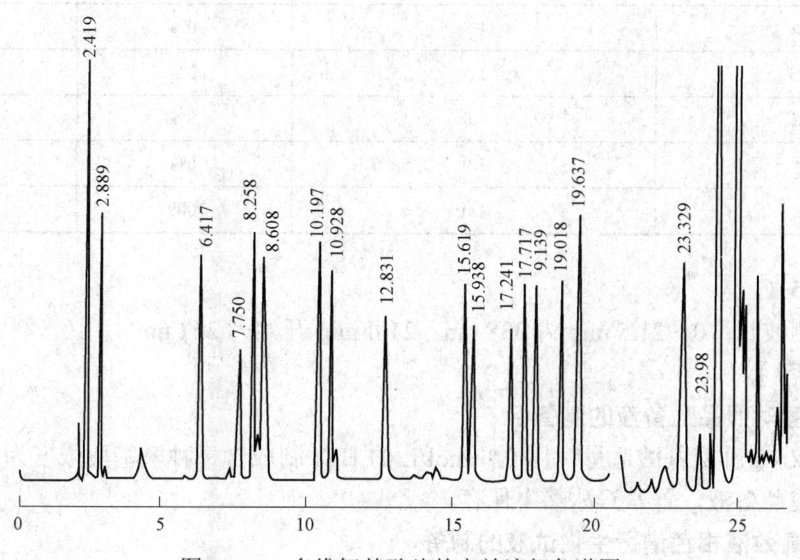

图 7－26 多维氨基酸片的高效液相色谱图

【仪器与试剂】

1. 仪器

Agilent 1100 高效液相色谱仪（四元泵），紫外检测器；色谱柱为 C_{18} 柱（5 mm×250 mm，5 μm，Agilent 公司）；超声波脱气装置。

2. 试剂

醋酸钠（分析纯）；四氢呋喃（色谱纯）；甲醇（色谱纯）；乙腈（色谱纯）；三乙胺（分析纯）；邻苯二甲醛（分析纯）；氢氧化钠（分析纯）；2－巯基乙醇（分析纯）；9－芴基氯甲酸甲酯（分析纯）；0.22 μm 滤膜；18 种氨基酸标准品［亮氨酸（Leu）、异亮氨酸（Ile）、赖氨酸（Lys）、组氨酸（His）、丝氨酸（Ser）、甘氨酸（Gly）、谷氨酸（Glu）、精氨酸（Arg）、苏氨酸（Thr）、丙氨酸（Ala）、色氨酸（Trp）、蛋氨酸（Met）、缬氨酸（Val）、脯氨酸（Pro）、苯丙氨酸（Phe）、牛磺酸（Tau）、酪氨酸（Tyr）、天冬氨酸（Asp）］购自 Sigma 公司，多维氨基酸片。

3. 反相高效液相色谱条件

流动相 A　0.02 mol・L^{-1} 醋酸钠（pH＝7.20）－四氢呋喃－三乙胺（99:1:0.1）。

流动相 B　甲醇－乙腈－0.02 mol・L^{-1} 醋酸钠（pH＝7.20）（175:225:100）。

梯度洗脱程序见表 7－10。

表 7－10　梯度洗脱程序

时间/min	流速/（mL・min^{-1}）	流动相	
		A 溶液比例/%	B 溶液比例/%
0	1.0	100%	0%
17	1.0	50%	50%
21	1.0	0%	100%
21.1	1.5	0%	100%
21.5	1.5	0%	100%
26.5	1.0	0%	100%
28	1.0	0%	100%
30	1.0	100%	0%

柱温：25 ℃。

紫外检测波长：0～21.5 min 为 338 nm，21.6 min 开始为 262 nm。

【实训内容】

1. 氨基酸对照品贮备液的制备

精密称取 18 种氨基酸适量，用 0.1 mol/L 的 HCl 制成含每种氨基酸浓度为 0.5 μmol/mL 的混合氨基酸贮备液，置 4 ℃冰箱中保存。

2. 反相高效液相色谱衍生化试液的制备

精密称取邻苯二甲醛 80 mg，加 0.4 mol・L^{-1}（用 40%的氢氧化钠调 pH＝10.2）硼酸缓冲液 7 mL 溶解，乙腈 1 mL，2－巯基乙醇 125 μL，摇匀配成 1%的邻苯二甲醛溶液备用（－20 ℃保存）。称取 9－芴基氯甲酸甲酯 50 mg，用乙腈溶解并稀释至 10 mL，配成 0.5%的 9－芴基氯甲酸甲酯溶液备用（－20 ℃保存）。

3. 进样测定

分别吸取混合氨基酸贮备液 0.6 mL、0.8 mL、1.0 mL、1.2 mL、1.4 mL，置 10 mL 量瓶中，用水稀释至刻度，摇匀，按上述色谱条件和测定方法各进样 20 μL 进行测定，证明 18 种氨基酸的浓度 x（μg・mL^{-1}）与峰面积 Y 之间是否呈良好的线性关系。

4. 回收率实验

按处方比例精密称取混合氨基酸对照品，置于 1 000 mL 量瓶中，加水适量，超声溶解，并稀释至刻度，摇匀，按含量测定方法测定出 18 种氨基酸的含量，并计算回收率和 RSD。

5. 进样精密度实验

取混合氨基酸标准品 1.0 mL，按上述色谱条件和测定方法连续进样 5 次，每次 20 μL，测定各氨基酸的峰面积。

6. 样品处理

精密称取 115.10 mg 多维氨基酸片粉末溶解在 100 mL 0.1 mol·L^{-1} 盐酸中，0.22 μm 滤膜过滤，10 μL 进样。

7. 结束工作

所有样品分析完毕后，让流动相继续运行 10～20 min，以免样品残留在色谱柱上，然后用乙腈清洗系统 30 min。

【结果处理】

将实验数据记录在表 7-11 中。

表 7-11 实验数据记录表

编号	氨基酸	RSD	样品中氨基酸含量/（mg·g^{-1}）
1	Asp		
2	Glu		
3	Ser		
4	His		
5	Gly		
6	Thr		
7	Ala		
8	Arg		
9	Tau		
10	Tyr		
11	Val		
12	Met		
13	Trp		
14	Phe		
15	Ile		
16	Leu		
17	Lys		
18	Pro		

采用外标法定量。

【注意事项】

（1）标准品和样品衍生化过程要一致。

（2）实验中的水要用超纯水。

【思考题】

1. 样品为何要进行衍生化？衍生化过程需要注意哪些问题？
2. 你对本实验有什么意见和建议？

第 5 模块

其他分析法

项目 8

质谱分析技术

知识目标

- 理解质谱分析技术的原理。
- 掌握离子的类型。
- 学会利用质谱进行定性分析。
- 熟悉质谱图解析。

能力目标

- 能独立操作质谱仪。
- 能对样品进行定性分析及质谱图解析。
- 能对样品进行定量分析。

任务 8.1　质谱分析概述

质谱分析技术是一种很重要的分析技术，它可以对样品中的有机化合物和无机化合物进行定性、定量分析，同时它也是唯一能直接获得分子量及分子式的谱学方法。质谱仪的应用范围非常广，涉及食品、环境、人类健康、药物、国家安全和其他与分析测试相关的领域，质谱仪以其在分析检测过程中准确的定性和定量能力而受到格外青睐。

8.1.1　质谱分析概述

质谱法（mass spectrometry，MS）是在高真空系统下，将试样分子离子化，按离子的质荷比（m/z）差异分离，根据测量质荷比的大小和强度进行分析的方法。离子质量与其电荷之比称为质荷比。

1910 年，英国物理学家汤姆逊（J. J. Thomson）研制出抛物线质谱装置，这是第一台现代意义上的质谱装置，开创了科学研究新领域，即质谱学。1919 年，英国物理学家阿斯顿（F. W. Aston）精心制作了第一台质谱仪，即速度聚焦型质谱仪。1934 年诞生的双聚焦质谱仪是质谱学发展的又一个里程碑。在此期间创立的离子光学理论为质谱仪的研制提供了理论依据。1942年第一台商品质谱仪问世，用于美国大西洋炼油公司的石油分析，质谱法开始用于有机化合物的分析。20世纪60年代出现了气相色谱-质谱联用仪，实现了复杂混合物的在线分离与分析。20世纪80年代至今，新的离子化方法如场致电离、场解吸电离、化学电离、激光离子化、等离子体法等不断出现。复杂的、高性能的商品仪器如离子探针质谱仪、磁场型的串联质谱仪、傅里叶变换质谱仪等不断推出。

8.1.2 质谱分析技术的特点

在仪器分析领域，质谱与核磁共振、红外光谱技术、紫外光谱技术被认为是结构分析的四大工具。与其他分析技术相比，质谱分析技术具有以下特点。

1. 灵敏度高、进样量少

通常只需要微克（μg）级，甚至更少的样品量便可得到一张可供结构分析的质谱图，其所需样品量比红外光谱技术及核磁共振技术要低几个数量级。质谱仪的绝对灵敏度可达 10^{-12} g，检出限可达 10^{-14} g。

2. 分析速度快

一般试样仅需几秒钟就可以完成分析，最快可达 10^{-3} 秒，因此可以实现色谱-质谱联用仪的在线连接。

3. 特征性强

高分辨率质谱仪不仅能准确测定碎片离子的质量，而且可以确定化合物的化学式和进行结构分析。质谱仪测定信息量大，是研究物质化学结构的有力工具。

4. 应用范围广

质谱分析法不仅可以测定气体、液体，凡是在室温下具有 10^{-7} Pa 蒸气压的固体，如低熔点金属（锌）及高分子化合物（多肽）都可以测定，因此，广泛应用于药物分析、药理研究、生命科学、食品分析与监测、化学化工、材料科学、电子技术、航天技术、环境保护、能源开发、地质研究等领域。

质谱法的缺点是试样分析后被破坏，质谱仪是大型、复杂的精密仪器，价格昂贵，操作维护比较麻烦。

任务8.2 质 谱 仪

8.2.1 质谱仪的原理及结构

1. 质谱学常见术语

1）棒图

棒图（bar graph）是由质谱仪器记录下来的质谱图。一般需要将此峰形图以棒形图形式表示，其横坐标为质荷比（m/z），纵坐标为离子的相对丰度（又称相对强度）（如图 8-1 所示）。

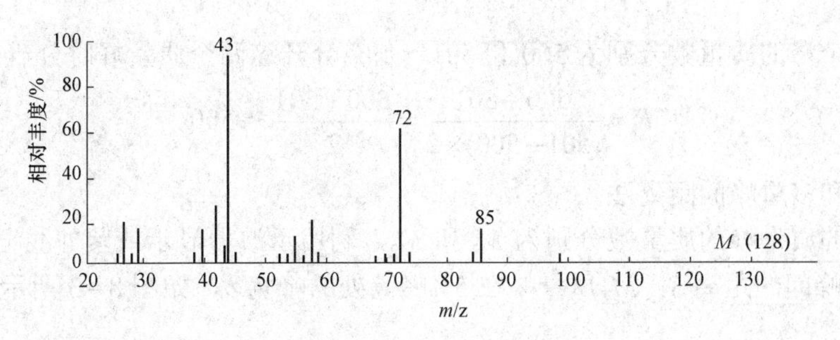

图 8－1 $C_8H_{16}O$ 的质谱图

2）质荷比

一个离子的质量数对其所带的电荷数的比值，称为质荷比，以 m/z 表示，m 是一个离子的质量数，z 是一个离子的电荷数。

3）基峰

质谱图中丰度最强的峰称为基峰，图 8－1 中 m/z 为 43 的离子所对应的峰即为基峰。

4）相对丰度

相对丰度又称相对强度，以质谱图中丰度最强的峰为基峰，记作 100%，其他峰按基峰来归一化。即取基峰离子流强度为 100，某一峰的离子流强度与基峰离子流强度之比为相对丰度。

2. 质谱仪的分类及主要技术指标

在研制、使用分析仪器时，需要了解仪器的技术指标，质谱仪器的主要技术指标如下。

1）分辨率

分辨率是指仪器鉴别质量的能力，即区分两个邻近质量峰的能力。目前表示分辨率常用的方法有两种。

（1）峰匹配法

如图 8－2 所示，两个邻近的质量峰的质量数分别为 M_1 和 M_2，调节两峰等高，并使两峰分开时在谷底峰高为 10%处。

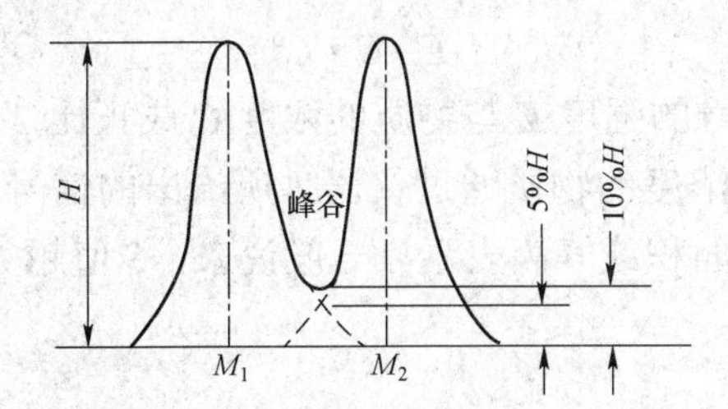

图 8－2 峰匹配法测定分辨率

此时的仪器分辨率按下式计算

$$R=\frac{M}{\Delta M} \tag{8-1}$$

式中：M 为两个质量峰的平均质量，即$(M_1+M_2)/2$；ΔM 为两个质量峰的质量差，即(M_2-M_1)；R 为分辨率。

例如，两个峰的质量数分别为500和501，那么分开这两个质量峰时分辨率为多少？

$$R=\frac{500+501}{(501-500)\times 2}=\frac{500+501}{2}\approx 500$$

（2）峰宽和多重峰间距离法

两个邻近的质量峰的质量数分别为 M_1 和 M_2，利用示波器显示或紫外线记录的方式，记录 M_1 峰到 M_2 峰间的距离 S，M_2 质量峰在5%峰高处的峰宽 a，如图8－3所示。

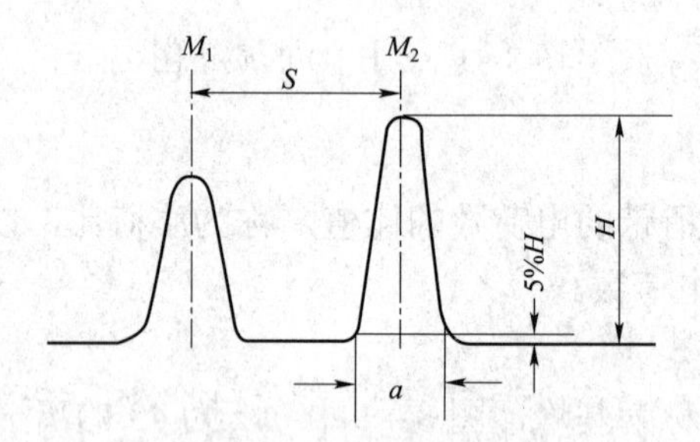

图8－3　峰宽和多重峰间距离法测定分辨率

此时仪器的分辨率按式（8－2）计算

$$R=\frac{M}{\Delta M}\cdot\frac{S}{a} \tag{8-2}$$

式中：a 为 M_2 质量峰在5%峰高处的峰宽，S 为两峰的中心距离，M 为两峰的平均质量，即（M_1+M_2）/2；ΔM 为两个质量峰的质量差，即（M_2-M_1）；R 为分辨率。

2）*质量测定范围*

质量测定范围表示仪器能够分析样品的原子量（或分子量）范围，通常采用原子质量单位进行度量。

3）*灵敏度*

灵敏度是仪器性能指标之一（实际上就是指检出样品的最小量的标志）。在质谱分析中，仪器出现峰信号的强度与物质的量或浓度呈线性关系，可用下式表示。

$$E=S\cdot C \tag{8-3}$$

从式（8－3）可知，信号的强度 E 与物质的浓度 C 成正比，比例系数 S 即为灵敏度。所谓灵敏度就是指单位质量或浓度的物质通过仪器时所给出的信号大小。信号一般以伏特数或安培数表示，有时也可用峰面积或峰高表示。一般说来，S 值越大，表示仪器的灵敏度越高，灵敏度的单位为 $C\cdot mg^{-1}$。

3. 质谱仪的结构

质谱仪器通常由真空系统、进样系统、电离源、质量分析器、离子检测器及显示系统六部分构成，如图8－4所示。

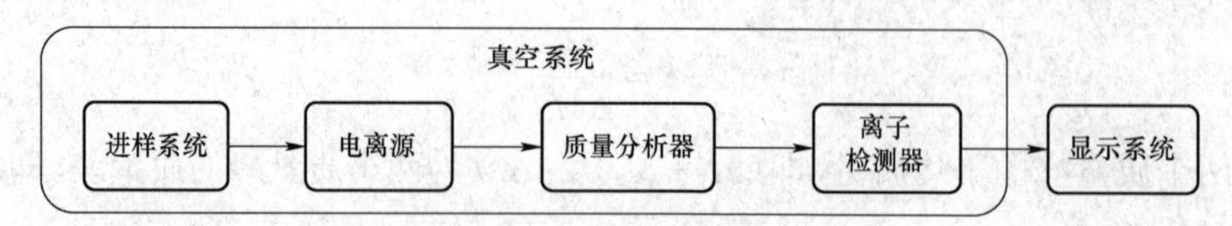

图8－4　质谱仪的结构示意图

1）真空系统

质谱仪中所有部分均要处于高度真空的条件下（离子源的高真空度应达到 1.3×10^{-5}～1.3×10^{-4} Pa，质量分析器中应达到 1.3×10^{-6} Pa），其作用是减少离子碰撞损失。

2）进样系统

进样系统是将被分析的物质送进离子源的装置，常见的进样方式有间歇式进样、直接探针进样及色谱进样。

3）电离源

电离源是质谱仪的核心部分。电离源的主要作用是将引入的样品转化为碎片离子，并对离子进行加速使其进入质量分析器，电离源的种类很多，根据离子化方式的不同，常见的有电子轰击电离源（EI）、化学电离源（CI）、快速轰击电离源（FAB）及大气压电离源（API）。

（1）电子轰击电离源

汽化后的样品分子进入电离源后，受到钨灯丝或铼灯丝发射并加速的电子流的轰击从而电离或碎裂，变成带正电荷的自由基正离子，即分子离子，通常以 $M\cdot^{+}$ 表示（符号“•”代表自由基，符号“$\cdot^{+}$”代表自由基正离子，即 $M+e\rightarrow M\cdot^{+}+2e^{-}$），这些具有过剩能量的分子离子 $M\cdot^{+}$ 还将继续电离或碎裂，生成一系列碎片离子。

例如，甲醇的主要碎片离子的形成过程如下：

$$CH_3OH+e^{-}\rightarrow CH_3OH\cdot^{+}\ (m/z=32)+2e^{-}$$

$$CH_3OH\cdot^{+}\rightarrow CH_2OH\cdot^{+}\ (m/z=32)+H\cdot$$

$$\rightarrow CH_3+\ (m/z=15)+OH\cdot$$

$$CH_2OH\cdot^{+}\rightarrow CHO^{+}\ (m/z=29)+H_2$$

当然，此过程中也会产生一些负离子和中性碎片，但数目极少，因此质谱研究的主要是正离子质谱。

（2）化学电离源

一定压力的反应气进入电离源后，反应气在具有一定能量的电子流的作用下电离或裂解，生成的离子进一步与样品分子发生反应，通过质子交换使样品分子电离。常用的反应气有甲烷，异丁烷和氮气。

化学电离通常得到准分子离子，若样品分子的质子亲和势大于反应气的质子亲和势，则生成 $[M+H]^{+}$，反之生成 $[M-H]^{+}$。根据反应气压力不同，化学电离源可分为大气压化学电离源、中气压化学电离源和低气压化学电离源三种。

（3）快速轰击电离源

样品分散于由基质（常用甘油等高沸点溶剂）制成的溶液中，涂布于金属靶上送入快速轰击电离源，将经强电场加速后的惰性气体中性原子束对准靶上样品进行轰击，产生的样品离子一起被溅射进入气相，并在电场作用下进入质量分析器。

在快速轰击电离源离子化过程中，可同时产生正负离子，这两种离子均可用于质谱分析。负离子质谱可用于农药残留物的分析。

（4）大气压电离源

大气压电离源是液相色谱–质谱联用仪最常用的离子化形式。常见的大气压电离源有大气压电喷雾（APESI）、大气压化学电离（APCI）和大气压光电离（APPI）。

大气压电喷雾是去除溶剂后的带电液滴形成离子的过程，适用于容易在溶液中形成离子的样品或极性化合物。该电离方式分析的分子量范围很大，既可用于小分子分析，又可用于多肽、蛋白质和寡聚核苷酸分析。

大气压化学电离是在大气压下利用电晕放电来使气相样品和流动相电离的一种离子化技术，要求样品具有一定的挥发性，适用于非极性或低等、中等极性的化合物，此电离方式分析的分子量范围受到质量分析器质量范围的限制。

4）质量分析器

质量分析器是质谱仪中将离子按质荷比分开的装置，离子通过分析器后，按不同质荷比分开，将相同的质荷比离子聚焦在一起，形成质谱图。常见的质量分析器如下。

（1）磁式质量分析器

在磁式质量分析器中，离子源产生的碎片离子经过磁场形成粒子束，不同质荷比的离子在磁场作用下，前进方向具有其特有的运动曲率半径，因此会产生不同角度的偏转，通过改变磁场强度，进而改变通过狭缝出口的离子，从而实现离子的空间分离，形成质谱图，其过程如图 8-5 所示。

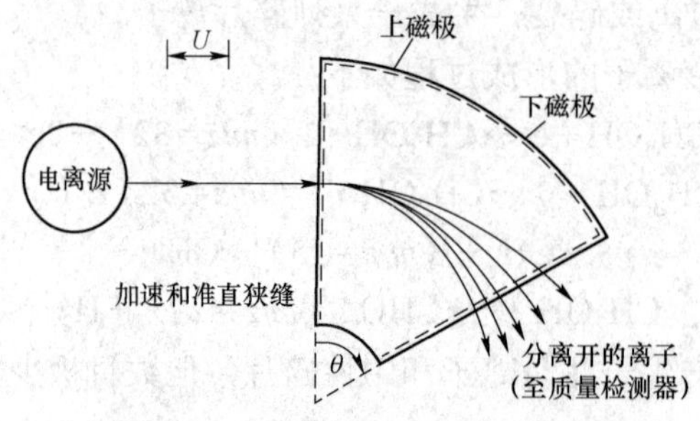

图 8-5　磁式质量分析器结构示意图

（2）四级杆质量分析器

四极杆质量分析器因其由四根平行的棒状电极组成而得名，它由一个直流固定电压 U 和一个射频电压 V 作用在棒状电极上，由电离源产生的离子束在与棒状电极平行的轴上聚焦，只有合适的质荷比离子才会通过稳定的振荡进入检测器。通过改变固定电压 U 和射频电压 V，并保持 U/V 比值恒定时，可以实现不同质荷比离子的分离检测，其结构如图 8-6 所示。

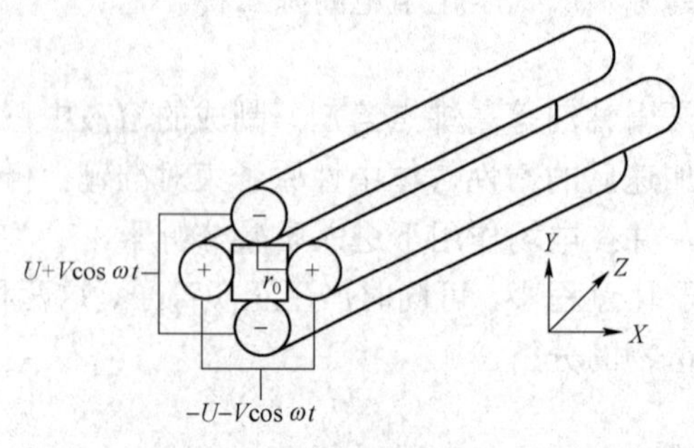

图 8-6　四级杆质量分析器结构示意图

（3）离子阱质量分析器

离子阱质量分析器由两个端罩电极和位于它们之间的环电极组成。端罩电极施加直流电压 U 接地，环电极施加射频电压 V，通过施加适当电压形成一个离子阱，根据射频电压 V 的大小，离子阱可捕获某一质量的离子，同时离子阱还可以储存离子，待离子累积到一定数量后，升高环电极上的射频电压，离子按质量从高到低的顺序依次离开离子阱，从而进行检测，如图 8－7 所示。

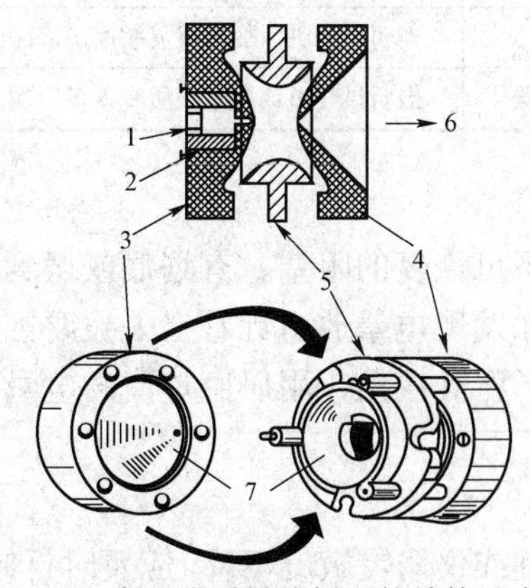

图 8－7　离子阱质量分析器的结构示意图

1—离子束注入；2—离子闸门；3，4—端电极；5—环电极；6—电子倍增器；7—双曲线表面

（4）飞行时间分析器

从电离源飞出的离子一般都具有相同的动能，不同质量的离子，因其飞行速度不同而得到分离。如果固定离子飞行距离，则不同质量离子的飞行时间不同，质量小的离子飞行时间短而首先到达检测器，各种离子的飞行时间与质荷比的平方根成正比。

8.2.2　质谱仪的日常维护技术

1. 真空系统

真空系统对于质谱仪来说至关重要，如果达不到要求的真空度，仪器将无法正常运行。日常维护时要对机械泵的滤网与泵油进行定期观察与更换，泵的油面宜在 2/3 处，泵长期运行时每周需拧开灰色振气旋钮（5～6 圈）进行 30 min 振气，使油内的杂物排出，然后再拧紧该旋钮。如果用大气压电离源，每天工作结束后应按上述方法对机械泵实施振气。泵油的更换通常是连续使用 3 000 h 更换一次，但如果发现油的颜色变深或液面下降至 1/2 以下，要及时更换。另外，控制室温在 15～28 ℃对真空泵也十分重要，温度过高会造成泵油的外溢。

2. 电离源

对质谱仪正常运行影响较大而又常需要进行维护与管理的是真空系统和电离源部分，具体维护方案见表 8－1。

表 8－1　质谱仪真空系统和电离源维护方案

序号	维护内容	时间
1	机械泵振气	电子轰击电离源每周一次，大气压电离源每天一次

续表

序号	维护内容	时间
2	检查机械泵状况	每周一次
3	更换机械泵油	连续工作每 3 000 h 更换一次或当泵油明显变色或液面下降至 1/2 以下时
4	清洗探头尖，更换毛细管	当出现堵塞、灵敏度下降时
5	清洁电晕放电针	当看上去已腐蚀、变黑或灵敏度下降时
6	清洗采样锥孔和挡板	当明显变脏、变黑或灵敏度下降时
7	清洗萃取锥孔、离子座和六极器	当明显变脏或背景杂质峰太多，清洗完采样锥孔后灵敏度仍低时

1）毛细管、电晕放电针

如果毛细管或探头尖出现不可恢复的阻塞、有划痕或遭到损坏时，要及时清洗或更换。另外，当使用大气压电离源时如发现电晕放电针看上去被腐蚀、变黑或信号灵敏度下降时，要对放电针进行清洁，可用钳子将其拔出，用研磨片清洁电晕针并磨尖针尖，然后用浸透甲醇的织物将针擦干净。

2）采样锥孔和萃取锥孔

如果发现采样锥孔明显变脏或仪器灵敏度下降，应及时拆卸下采样锥孔和挡板进行清洗。卸载时将电离源温度降至室温，关闭真空隔离阀，取出采样锥孔滴甲酸数滴，浸润几分钟，在甲醇:水（1:1）溶剂中超声清洗 20 min，然后再用纯甲醇超声清洗。如果清洗后仍不能增加信号强度，而又排除了样品有关因素时，就要拆卸下萃取锥孔、整个离子座和六极器进行清洗，萃取锥孔和离子座的清洗方法可参考采样锥孔；六极器的清洗可用一个不锈钢钩子插入装置后支撑环的一个孔中将装置吊入一个 500 mL 量筒中，加入纯甲醇超声清洗 30 min，取出后晾干或用氮气吹干再进行安装。

也可根据质谱仪的结构性质，分时段进行计划维护，见表 8－2。

表 8－2　维护日程表

序号	维护内容	时间
1	调整质谱	更换灯丝，清洗离子源或仪器检修后
2	进样口隔垫密封性检查	做样期间
3	载气系统泄漏检查	每月
4	老化色谱柱	每月或必要时
5	更换干燥剂	每半年或必要时
6	机械泵油面观察	每月
7	更换机械泵油	必要时
8	分子泵加注润滑油	每年
9	清洗分子泵	必要时
10	清洗离子源	必要时
11	更换灯丝	灯丝烧断或必要时

任务 8.3 质谱分析法实验技术

8.3.1 离子的类型

利用质谱取得分析数据时，先要识别质谱线是由哪些离子产生的，这些离子又是怎样形成的。有机化合物的分子进入质谱仪的电离室后，受到一定能量电子束的轰击，生成各种不同类型的离子：分子离子、碎片离子、同位素离子、重排离子及亚稳离子等。

1. 分子离子

一个分子 M 不论通过何种电离方法，使其丢失一个外层价电子而生成带正电荷的离子，就称为分子离子，用符号 $M\cdot^{+}$表示（也有的称为母离子，严格应称为母分子离子）。

$$M + e \rightarrow M\cdot^{+} + 2e^{-}$$

$$CH_4 + e \rightarrow CH_4\cdot^{+} + 2e^{-}$$

分子离子在质谱图中相应的峰叫作分子离子峰。在测定分子结构时，分子离子具有特别重要的意义，它的存在为确定分子量提供了可贵的信息。由于多数分子易失去一个电子而带一个电荷，这时分子离子的质荷比为 $m/1$。因此，分子离子的质荷比值就是它的分子量，利用分子离子峰可以测定有机化合物的相对分子质量。

2. 碎片离子

分子离子进一步断键碎裂所形成的离子，叫作碎片离子。质谱图上比分子离子质量低的离子都是碎片离子。由于每一种化合物都有它自已特定的质谱图，而碎片离子又是分子结构信息的提供者，因此，它对于阐明化合物的分子结构具有很重要的意义。

碎片离子的形成，可以是由分子离子进一步简单碎裂产生的，也可以是重排产生的，或是离子与分子之间碰撞形成的。

3. 同位素离子

组成有机化合物的元素（如 C、H、O、N、S、Cl、Br 等），在自然界中大多数是以其稳定同位素混合物的形式存在的。自然界中各元素及其同位素都有其各自的丰度比例，所以，一个化学纯的有机化合物的质谱图，给出的是同位素混合物的质谱。

4. 亚稳离子

电离源生成的离子被加速以后，在到达收集器之前发生分解的离子，称为亚稳离子。由这些亚稳离子发生亚稳跃迁而生成的子离子，在质谱中被记录下来，从而出现丰度低、宽度跨越几个质量单位的突起、平顶或凹形的峰，而且常常具有非整数的质荷比，这种峰叫作“亚稳峰”。

8.3.2 质谱定性分析及质谱图解析

通过质谱图中分子离子峰和碎片离子峰的解析可提供许多有关分子结构的信息，因而定性能力强是质谱分析的重要特点。

1. 相对分子质量的测定

从分子离子峰可以准确地测定该物质的相对分子质量，这是质谱分析的独特优点，它比经典的相对分子质量测定方法（如冰点下降法、沸点上升法、渗透压力测定等）快而准确，且所需试样量少（一般 0.1 mg）。分子离子是由分子失去一个电子形成的自由基离子，该类离子只带有一个电荷，故质荷比就是它的质量，也就是化合物的相对分子质量。一般来说，分子离子峰的判断可以按照以下规律判断。

① 分子离子峰是质谱图中质荷比最大的峰（同位素离子除外），它处在质谱的最右端。

② 分子离子峰的质量数在有机分子中不含氮或含偶数氮时的相对分子质量为偶数；含奇数氮时的相对分子质量为奇数。

③ 分子离子分应该有合理的中性丢失，即分子离子峰与邻近峰的质量差值应该是合理的。一般情况下，差值为 4～14，21～25，33，37，38 等的中性丢失是不可能的。

值得注意的是，在质谱中最高质荷比的离子峰不一定是分子离子峰，这是由于存在同位素和分子离子反应，可能出现 $M+1$ 或 $M+2$ 峰；另外，若分子离子不稳定，有时甚至不出现分子离子峰。在判断分子离子峰时，应考虑以下几点。

（1）分子离子稳定性的一般规律

分子离子稳定性与分子结构有关。碳数较多、碳链较长（也有例外）和有支链的分子，分裂概率较高，其分子离子的稳定性低。而具有 π 键的芳香族化合物和共轭烯烃分子，分子离子稳定，分子离子峰大。

分子离子稳定性的顺序为：芳香环＞共轭烯烃＞脂环化合物＞直链的烷烃类＞硫醇＞酮＞胺＞酯＞醚＞分支较多的烷烃类＞醇。

（2）分子离子峰与邻近峰的质量差是否合理

如有不合理的碎片峰，就不是分子离子峰。例如，分子离子不可能裂解出两个以上的氢原子和小于一个甲基的基团，故分子离子峰的左面，不可能出现比分子离子的质量小 3～14 个质量单位的峰。若出现质量差 15 或 18，这是由于裂解出—CH_3 或 H_2O，因此这些质量差都是合理的。

（3）$M+1$ 峰

某些化合物（如醚、酯、胺、酰胺等）形成的分子离子不稳定，分子离子峰很小，甚至不出现，但 $M+1$ 峰却相当大。这是由于分子离子在离子源中捕获一个 H 而形成的 $M-1$ 峰。

2. 分子式的确定

确定未知化合物的分子式可以用高分辨质谱法和同位素丰度法。高分辨率的质谱仪能精确地测定分子离子或碎片离子的质荷比，因此，利用元素的精确质量及丰度比由计算机计算其元素组成并给出化合物的分子式。对于相对分子质量较小，分子离子峰较强的化合物，在低分辨率的质谱仪上，计算同位素离子峰强度比也可以确定分子式。

3. 质谱图解析

质谱图解析应从总体到个体，由主峰到次峰，逐步分析，以下是质谱图解析的一般过程。

1）考察质谱图特点

考察质谱图特点主要分两个方面：分子离子峰的相对强度和质谱图全貌特点。根据分子离子峰确定分子量，同时可以初步判断化合物类型及是否含有氯、溴、硫等元素。如果分子离子峰为基峰，碎片离子较少而且相对强度较低，可以断定是一个高度稳定的分子。

2）计算不饱和度

由分子式计算化合物的不饱和度，可以确定化合物中环和双键的数目，有助于判断化合物的结构。计算方法为

$$不饱和度（\Omega）= 四价原子数 - 一价原子数/2 + 三价原子数/2 + 1$$

3）研究高质量端离子峰

高质量端离子峰是由分子离子失去碎片形成的。从分子离子失去的碎片可以确定化合物中含有哪些取代基。常见的分子离子失去中性碎片的情况见表 8－3。

表 8－3　常见的分子离子失去中性碎片的情况

M－15（CH_3）	M－16（O，NH_2）	M－17（OH，NH_3）	M－18（H_2O）
M－26（C_2H_2）	M－27（HCN）	M－28（CO，C_2H_4，N_2）	M－29（CHO，C_2H_5）
M－30（NO）	M－31（CH_2OH，OCH_3）	M－32（S，CH_3OH）	M－35（Cl）
M－42（CH_2CO，CH_2N_2）	M－43（CH_3CO，C_3H_7）	M－44（CO_2，CS）	M－45（OC_2H_5，COOH）
M－46（NO_2，C_2H_5OH）	M－48（SO）	M－55（C_4H_7）	M－58（C_4H_{10}）
M－79（Br）	M－127（I）		

4）亚稳离子峰和小质量端离子峰

研究亚稳离子峰和小质量端离子峰，找出某些离子或碎片之间的关系，推测化合物的类型，这一步一般也可省略。

5）推测可能结构

通过上述各方面的研究，提出化合物的结构单元；再根据化合物的相对分子质量、分子式、样品来源、物理化学性质等，提出一种或几种最有可能的结构。

6）裂解判断

为确保结果的准确性，将所得结构式按质谱断裂规律分解，看所得离子和所给未知物质谱图是否一致。

8.3.3 质谱定量分析

利用质谱进行定量分析时，根据扫描特定的质量范围，可将气质联用数据模式分为总离子流图（TIC），选择离子监测（SIM）及多反应监测（MRM）。

1. 总离子流图

在全扫描分析中，质量扫描范围较宽，把每个质量扫描的离子流信息叠加，画出随时间变化的总离子流图，横轴是时间，纵轴是强度。总离子流图与高效液相的紫外图外表非常相像，但与高效液相相比，质谱能检测到更多的化合物，尤其是没有紫外吸收的化合物。总离子流图是一个叠加图，叠加了每个质量扫描的离子流。当一个小分子或小肽流出高效液相色

谱柱时，相对强度上升，在总离子流图上出现了一个峰，横轴是时间。

2. 选择离子监测

在选择离子监测时，质谱被设置为扫描一个非常小的质量范围，典型的是一个质量数的宽度。选择的质量宽度越窄，选择离子监测的确定度越高。选择离子监测图就是从非常窄的质量范围中得到的总离子流图。只有被该质量范围选择的化合物才会被画在选择离子监测图中，如图 8-8 所示。

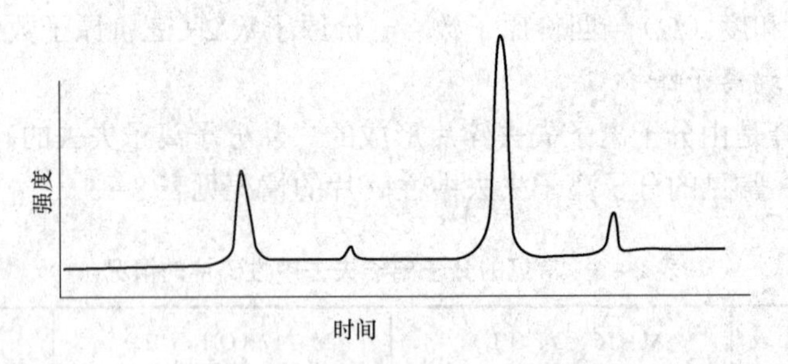

图 8-8　某化合物的选择离子流图

3. 多反应监测

多反应监测被大多数科学家在质谱定量中使用，这种方式可以监测一个特征的唯一的碎片离子，在很多非常复杂的基质中进行定量。多反应监测图非常简单，通常只包含一个峰，这种特征性使多反应监测图成为灵敏度高且特异性强的理想的定量工具，如图 8-9 所示。

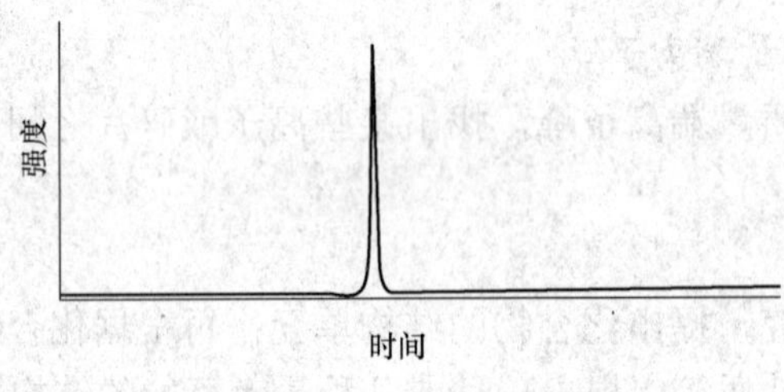

图 8-9　多反应监测离子流图

质谱法测定化合物的结构

【实训目的】

（1）了解质谱分析的基本原理和测试方法。

（2）初步掌握利用质谱图推测化合物结构的基本技能。

【方法原理】

本实验测一未知物，经其他方法初步鉴定是一种酮，其质谱图中分子离子峰质荷比为 100，因此该化合物相对分子质量为 100、质荷比为 85 的碎片离子是由分子断裂 $\cdot CH_3$（$M_r=15$）碎片后形成的。质荷比为57的碎片离子，则可认为是再断裂一个CO（M_r=28）碎片后形成的。质荷比为57的碎片离子峰丰度很高，是标准峰，表示它很稳定，也说明该碎片离子和分子的其余部分是比较容易断裂的，这个碎片离子很可能是

$$C(CH_3^+)(CH_3)(CH_3)$$

所以整个断裂过程可表示为

$$\text{未知物}\xrightarrow{-\cdot CH_3}\text{碎片离子}\xrightarrow{-CO}C(CH_3^+)(CH_3)(CH_3)$$

$$M_r=100 \quad m/z=85 \quad m/z=57$$

所以这个酮的可能结构是

$$CH_3-\overset{\overset{\displaystyle O}{\|}}{C}-C(CH_3)_3$$

【仪器与试剂】

1. 仪器

质谱仪（电子轰击离子源）。

2. 试剂

甲醇（优质纯或提纯）、未知试样（白酒）。

【实训内容】

（1）按操作规程使质谱仪正常工作，并调节至下列实验条件（仅供参考）。

电子轰击源：70 eV；进样口温度：250 ℃；接口温度：250 ℃；离子源温度：230 ℃；扫描方式：质谱扫描；电子倍增器电压：1.0～1.5 kV。

（2）对酮标样、未知试样分别进样检测、记录质谱图。

【数据处理】

（1）根据酮的质谱图，将各离子峰特征归纳至表8-4中。

表8-4 各离子峰特征

质荷比	相应的离子	离子特征或产生的裂解过程

（2）将未知化合物各离子峰特征与标准质谱图进行比较，判断未知物的结构。

【注意事项】

（1）质谱仪属大型精密仪器，实验中应严格按操作规程进行操作以防损坏仪器。

（2）质谱仪在未达到规定的真空度之前禁止开机进行操作。

【思考题】

机化合物在电子轰击离子源中有可能产生哪些类型的离子？从这些离子的质谱峰中可以得到一些什么信息？

实训项目 2

质谱法测定固体阿司匹林试样

【实训目的】

（1）液相色谱法分离样品的原理和操作。

（2）质谱碎片的解析原理和方法。

（3）掌握高效液相色谱－质谱联用仪的使用方法和原理。

（4）掌握用化合物的保留时间和质谱碎片的丰度比进行定性分析，用外标法进行定量分析。

【方法原理】

利用液相色谱对不饱和脂肪酸进行分离，采用电喷雾离子源，在负离子模式下选用多反应监测的质谱扫描方式进行测定，利用内标法进行定量分析。

【仪器与试剂】

1. 仪器

高效液相色谱－质谱联用仪，氮吹仪。

2. 试剂

甲酸、乙腈、苯甲酸、乙酸乙酯。

【实训内容】

1. 样品的制备

称取 0.2～0.3 g 的阿司匹林试样，加入 50 μL1 mol・L^{-1}的盐酸溶液和 200 μL 的苯甲酸内标物，混匀后加入 600 μL 乙酸乙酯，振荡 1 min，静置后，取上层清液，氮气吹干，加入 300 μL 流动相复溶，取 1 μL 进样。

2. 色谱条件

色谱柱：Atlantis C_{18} 柱（4.6 mm × 100 mm，5 μm）；流速：1.5 mL・min^{-1}（分流比 1:9）；流动相：40%含 0.05%甲酸的乙腈和 60%10 mmol/L^{-1} 甲酸（pH＝3.5）；柱温：40 ℃；进样量：1 μL。

3. 质谱条件

电离方式：电喷雾电离源；电离能量：70 eV；离子源温度：250 ℃；母/子离子对：阿司匹林 178.9→136.8，内标物苯甲酸 162.9→118.9。

4. 结果计算

1）相对质量校正因子测定

称取 0.2～0.3 g 阿司匹林标准品加入 50 μL1 mol·L^{-1} 的盐酸溶液和 200 μL 的苯甲酸内标物，混匀后加入 600 μL 乙酸乙酯，振荡 1 min，静置后，取上层清液，氮气吹干，加入 300 μL 流动相复溶，取 1 μL 进样。

计算相对质量校正因子，相对质量校正因子 f' 的计算公式为

$$f' = \frac{A_s W_i}{A_i W_s} \tag{8-4}$$

式中：W_i 为阿司匹林的质量，g；W_s 为所加内标物苯甲酸的质量，g；A_s 为阿司匹林的峰面积；A_i 为所加内标物苯甲酸的峰面积。

2）试样阿司匹林含量测定

试样中阿司匹林含量计算公式为

$$x = f' \frac{A_i}{A_s} \cdot \frac{W_s}{W_i} \times 1\,000 \tag{8-5}$$

式中：x 为试样阿司匹林的含量，g·kg^{-1}；f' 为相对质量校正因子；W_i 为待测试样的质量，g；W_s 为内标物的质量，g；A_i 为待测试样的峰面积；A_s 为内标物的峰面积。

【数据处理】

测定结果按照表 8-5 进行处理。

表 8-5 阿司匹林测定结果

项　　目	1	2
相对质量校正因子		
待测试样的质量		
内标物的质量		
待测试样的峰面积		
内标物的峰面积		
平均值		

【注意事项】

采用内标法定量时，内标物的选择是一项十分重要的工作。理想地说，内标物应当是一个能得到纯品的已知化合物，这样就能以准确、已知的量加到样品中去，它应当和被分析的样品组分有基本相同或尽可能一致的物理化学性质（如化学结构、极性、挥发度及在溶剂中的溶解度等）、色谱相应特征，最好是被分析物质的一个同系物。更重要的是，内标物必须能与样品中各组分充分分离。

【思考题】

本实训项目选用的内标物是苯甲酸，参考内标物的选择原则，还可以选择哪种物质作为本项目可选用的内标物？

实训项目 3

气相色谱–质谱联用法测定植物油中的不饱和脂肪酸的含量

【实训目的】

（1）掌握样品预处理方法（样品乙酯化方法）。

（2）气相色谱法分离样品的原理和操作。

（3）质谱碎片的解析原理和方法。

（4）掌握用化合物的保留时间和质谱碎片的丰度比进行定性分析，外标法进行定量分析。

【方法原理】

试样经乙酯化去除饱和脂肪酸，利用气相色谱对不饱和脂肪酸进行分离，质谱进行定性分析，利用归一化法进行定量分析。

【仪器与试剂】

1. 仪器

气相色谱–质谱联用仪、水浴锅、薄层色谱（硅胶 G 薄层板）。

2. 试剂

二十碳五烯酸甲酯（EPA 甲酯）、二十二碳六烯酸甲酯（DHA 乙酯）、二十二碳五烯酸甲酯（DPA 甲酯）、氢氧化钠乙醇溶液、三氟化硼乙醇溶液、饱和氯化钠溶液、正庚烷、无水硫酸钠、石油醚、乙醚、0.02%若丹明乙醇溶液。

【实训内容】

1. 样品的制备

1）植物油的乙酯化

取样品 80 μL 于带塞刻度试管（5 mL 或 10 mL）中，加 0.5 mol • L^{-1} 氢氧化钠乙醇溶液 1 mL，充氮气，加塞，于 50 ℃水浴中振摇至小油滴完全消失（8～10 min），加三氟化硼乙醇液 1.5 mL，混匀，于 50 ℃水浴中放置 5 min，取出冷却，加正庚烷 1 mL，饱和氯化钠液 2 mL，振摇混匀，静置分层，取上层正庚烷液于另一带塞试管中，加少量无水硫酸钠，充氮气，于 4 ℃冰箱放置，待气相色谱分析。

2）薄层层析法检查乙酯化反应程度

取上述乙酯化样品 5 μL，点于硅胶 G 薄层板（20 cm × 5 cm，110 ℃活化）上，用石油醚（沸程 30～36 ℃）：乙醚 = 90：10 展开，然后喷涂 0.02%若丹明乙醇液，于紫外灯下观察，脂肪酸、甘油三酯和脂肪酸甲酯的比移值依次增大。脂肪酸点和甘油三酯点的消失，说明乙酯化反应完全。

2. 样品的净化

准确移取 5 mL 的待净化滤液至固相萃取柱中，再用 3 mL 水、3 mL 甲醇淋洗，弃淋洗液，抽近干后用 3 mL 氨化甲醇溶液洗脱，收集洗脱液，50 ℃下氮气吹干。

3. 样品的衍生化

取上述氮气吹干残留物，加入 600 μL 的吡啶和 200 μL 衍生化试剂（N，O–双三甲基硅基三氟乙酰胺（BSTFA）＋三甲基氯硅烷（TMCS）（99＋1），色谱纯），混匀，70 ℃反应 30 min 后，供气相色谱–质谱联用法定量检测或确证。

4. 色谱条件

色谱柱：PEG–20 M 石英毛细管柱，30 m × 0.25 mm × 0.25 μm；流速：1.0 mL • min^{-1}；程序升温：40 ℃保持 1 min，以 10 ℃ • min^{-1} 的速率升温至 200 ℃，保持 5 min，再以 30 ℃ • min^{-1} 的速率升温至 210 ℃，保持 2 min；载气：氮气，柱前压 3.0 kPa，分流比为 1:30；进样口温度：250 ℃；进样方式：分流进样；进样量：1 μL。

5. 质谱条件

电离方式：电子轰击电离；电离能量：70 eV；离子源温度：250 ℃；质量扫描范围：350 AmU • S^{-1}。

6. 结果计算

直接从标准曲线上读出试样中不饱和脂肪酸的浓度，代入式（8–6）计算。

$$x=\frac{(C_t-C_b)\times V\times f}{1\,000\times m} \tag{8-6}$$

式中：x 为试样中三聚氰胺含量，g • kg^{-1}；C_t 为从标准曲线上读取的试样溶液中不饱和脂肪酸浓度，μg • mL^{-1}；c_b 为从标准曲线上读取的空白溶液中不饱和脂肪酸浓度，μg • mL^{-1}；V 为试样溶液定容后的体积，mL；m 为试样的质量，g；f 为试样溶液的稀释因子。

【数据处理】

1. 质谱结果

在本实验条件下得到的植物油中不饱和脂肪酸气相色谱–质谱选择离子色谱图，如图 8–10 所示。

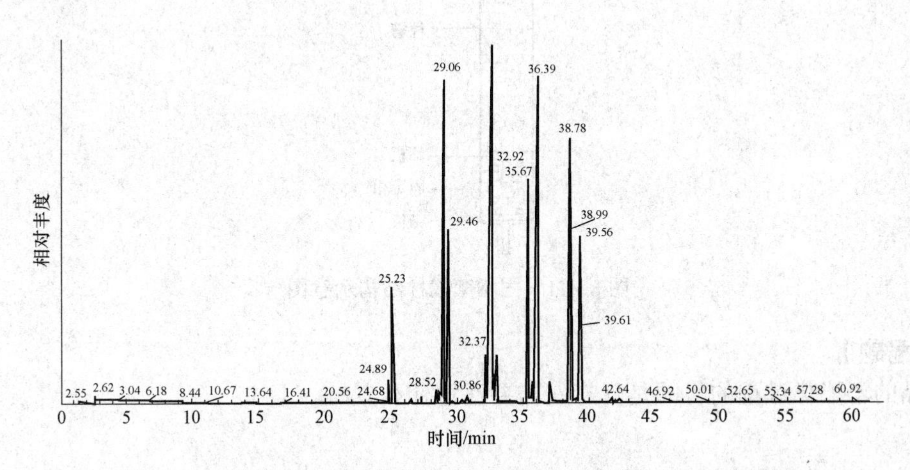

图 8–10　植物油中不饱和脂肪酸气相色谱–质谱选择离子色谱图

2. 结果记录

将测定结果记录于表 8–6 中。

表 8-6 植物油中不饱和脂肪酸的测定结果

项　　目	二十碳五烯酸甲酯	二十二碳六烯酸甲酯	二十二碳五烯酸甲酯
空白溶液性激素峰面积			
试样中穿心莲内酯峰面积			
从标准曲线上测得的空白溶液中穿心莲内酯的浓度/（$\mu g \cdot mL^{-1}$）			
从标准曲线上测得的试样溶液中穿心莲内酯的浓度/（$\mu g \cdot mL^{-1}$）			
称取的样品质量/g			
判定结果（参照限量标准）			

【注意事项】

固相萃取柱是利用选择性吸附与选择性洗脱的液相色谱法分离原理。其分离机理是利用杂质或目标化合物与样品技术基体溶剂和吸附剂之间亲和力的相对大小。较常用的方法是使液体样品溶液通过吸附剂，保留其中待测物质，再选用适当强度溶剂冲去杂质，然后用少量溶剂迅速洗脱待测物质，从而达到快速分离净化与浓缩的目的。也可选择性吸附干扰杂质，而让待测物质流出；或同时吸附杂质和待测物质，再使用合适的溶剂选择性洗脱待测物质。

固相萃取柱装置由固相萃取柱小柱和辅件构成。固相萃取柱小柱由三部分组成：柱管、筛板和固定相，如图 8-11 所示。

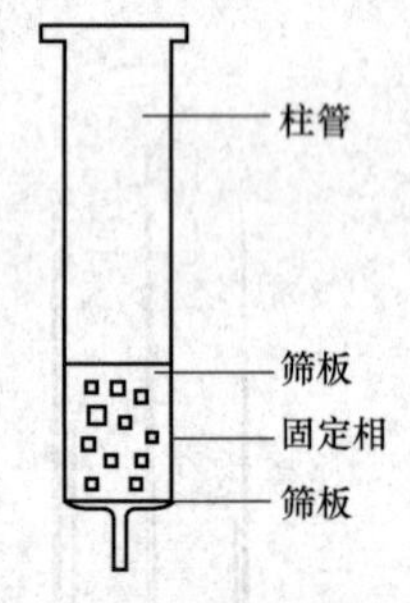

图 8-11　固相萃取柱结构示意图

【思考题】

样品的乙酯化过程的目的是什么？需要注意什么？

项目 9

核磁共振波谱技术

知识目标

- 理解核磁共振波谱的基本原理。
- 了解核磁共振波谱仪的结构和工作原理。
- 熟悉核磁共振波谱图的结构和解读方法。
- 了解核磁共振波谱的新进展及应用。

能力目标

- 能独立操作核磁共振波谱仪。
- 能对核磁共振波谱谱图进行解析。

任务 9.1　核磁共振现象的产生

核磁共振波谱法（nuclear magnetic resonance，NMR）是研究具有磁性质的某些原子核对射频辐射的吸收，对测定有机化合物的结构有独到之处，是有机化合物结构分析常用的四谱（紫外光谱、红外光谱、质谱和核磁共振波谱）之一。

核磁共振波谱法与紫外吸收光谱、红外吸收光谱一样，都是由分子吸收电磁辐射后在不同能级上的跃迁而产生的。紫外吸收光谱和红外吸收光谱是由电子能级跃迁和振动能级跃迁而产生的。核磁共振波谱是分子吸收 10^6～10^9 nm 的波长（视频区）、低能量的电磁辐射后产生的。核磁共振波谱法与紫外吸收光谱法或红外吸收光谱法的不同之处在于待测物质必须置于强磁场中，研究其具有磁性的原子核吸收射频辐射（4～600 MHz）产生核磁共振的现象，从而获取有关分子结构的信息。

核磁共振现象是 1946 年发现的，1953 年第一台商品化仪器问世，20 世纪 70 年代末，高强超导磁场核磁共振技术及脉冲傅里叶核磁共振波谱仪的问世，极大地推动了核磁共振波谱技术的发展，使得对低丰度、强磁旋比的磁性核（如 ^{13}C、^{15}N 等）的测量成为可能。20 世纪 80 年代又出现了核磁共振成像诊断技术（MRI），该技术已成为医学诊断的重要工具。近年来，Ernst 发展了多维核磁共振的理论与技术，已广泛应用于大分子的结构、构象分析，如蛋白质、核酸等生物大分子高级结构。在生物化学、有机分析化学、天然有机物化学、药物化学等研究领域中，核磁共振技术尤其是 ^{1}HNMR 和 ^{13}CNMR 已成为有机化合物结构鉴定中很重要的手段，广泛应用于化学、医学、生物学和农林科学领域。

9.1.1 原子核的自旋

1. 原子核的自旋

原子核由中子和质子组成，质子带正电荷，中子不带电，因此原子核带正电荷，其电荷数等于质子数，与元素周期表中的原子序数相同。原子核的质量数等质子数和中子数之和。通常将原子核表示为 $^{A}X_{Z}$，其中，X 为元素的化学符号，A 是质量数，Z 是质子数，原子核也简化表示为 ^{A}X。质子数相同，质量数不同的核互称为同位素，如 $^{1}H_{1}$、$^{2}H_{1}$，$^{3}H_{1}$，$^{13}C_{6}$ 和 $^{12}C_{6}$ 等。

实践证明，很多原子核和电子一样有自旋现象，称为原子核的自旋运动（如图 9－1 所示）。作为一个带电荷的粒子，原子核的自旋运动会产生一个磁矩 μ。就好比一个通电的线圈会产生磁场，其磁性用磁矩表示。很多同位素的原子核都具有磁矩，这样的原子核称为磁性核，是核磁共振的研究对象。原子核的磁矩 μ 取决于原子核的自旋角动量，核磁矩和自旋角动量成正比，即

$$\mu = \gamma P$$

式中：γ 为磁旋比（gyromagnetic ratio），即核磁矩与自旋角动量的比值，不同的原子核具有不同的磁旋比，它是一个只与原子核种类有关的常数；P 为自旋角动量，其值是量子化的，可用自旋量子数表示其大小，其大小为

$$P = \frac{h}{2\pi}\sqrt{I(I+1)} \tag{9-1}$$

式中：h 为普朗克常量；I 为原子核的自旋量子数，它的取值与原子核中的质量数和中子数有关，$I \neq 0$ 的原子核才有自旋运动，$I=0$ 的原子没有自旋运动，见表 9－1。

表 9－1　各种原子核的自旋量子数

质量数	质子数	中子数	自旋量子数	自旋原子核电荷分布	是否有核磁共振波谱	原子核举例
偶数	偶数	偶数	0		无	$^{12}C_{6}$、$^{16}O_{8}$、$^{32}S_{16}$
偶数	奇数	奇数	1，2，3	伸长椭圆形	有	$^{2}H_{1}$、$^{14}N_{7}$
奇数	奇数	偶数	1/2 3/2，5/2	球形 扁平椭圆形	有	H_{1}、$^{15}N_{7}$、$^{19}F_{9}$、$^{31}P_{15}$、$^{10}B_{5}$
奇数	偶数	奇数	1/2 3/2，5/2	球形 扁平椭圆形	有	$^{13}C_{6}$ $^{33}S_{16}$、$^{17}O_{8}$

① 中子数和质子数均为偶数的原子核，如 ^{12}C、^{16}O、^{32}S 等，其自旋量子数 $I=0$，是没有自旋运动的。中子数和质子数中有一种为奇数，另一种为偶数或两者均为奇数的原子核，其自旋量子数 $I \neq 0$，有自旋运动。

② 自旋量子数 $I=1/2$ 的原子核，如 ^{1}H、^{13}C、^{15}N、^{19}F、^{31}P 等，其电荷均匀分布于原子核表面，检测到的核磁共振波谱谱峰较窄，是核磁共振研究最多的原子核。

③ 自旋最子数 I 等于其他整数或半整数的原子核，由于其电荷在原子核表面的分布是不均匀的，具有电四极矩，形成了特殊的弛豫机制，使谱峰加宽，给核磁共振的检测增加了难度。

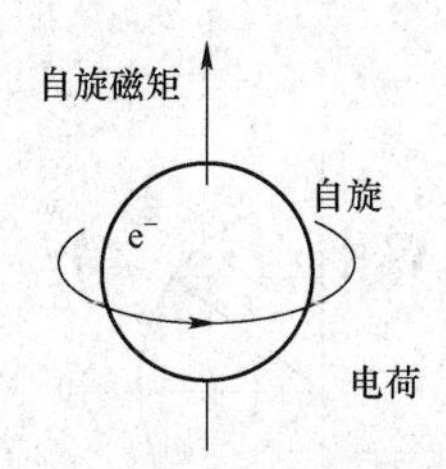

图 9－1 原子核自旋示意图

目前核磁共振波谱主要研究的对象是 $I=1/2$ 的原子核，如 $^{1}H_{1}$、$^{13}C_{6}$、$^{15}N_{7}$、$^{19}F_{9}$、$^{31}P_{15}$ 等，这些原子核的电荷分布是球形对称的，核磁共振波谱的谱线窄，最适合核磁共振检测，其中以 $^{1}H_{1}$ 的研究最多，其次是 $^{13}C_{6}$。

2. 自旋原子核在外磁场中的自旋取向与能级分裂

当有自旋运动的原子核放入磁场强度为 B_0 的外加磁场中时，由于核磁矩与外磁场的相互作用，就不能任意取向，而是沿着核磁矩在外加磁场方向采取一定量子化取向，其取向可用磁量子数 m 表示，m 与自旋量子数的关系式是

$$m=I, I-1, I-2, \cdots, -I \tag{9-2}$$

m 共有（$2I+1$）个取向，每个取向代表原子核的某个特定能量状态，它是不连续的量子化能级。以 $^{1}H_{1}$ 核为例，其 $I=1/2$，则 $m=\pm 1/2$，故存在两种取向，可以认为原子核在外磁场中裂分成能量不同的两个能级：一种与外加磁场方向相反，磁量子数 $m=-1/2$，氢核处于能量较高的能级；另一种与外加磁场方向平行，磁量子数 $m=1/2$，氢核处于能量较低的能级，如图 9－2 所示。

图 9－2 原子核自旋与自旋量子数 I 的关系

而 $I=1$ 的原子核，磁量子数 $m=1, 0, -1$，可以认为原子核在静磁场中裂分成能量不同的三个能级（如图 9－3 所示）。

在低能态的氢核中，外磁场使所有氢核取向于外磁场的方向。在外磁场的作用下，原子核的运动状态除了自旋外，还附加一个以外磁场方向为轴线的回旋，自旋核一面自旋，一面

围绕着磁场方向发生回旋，这种回旋运动称为进动（precession），也称为拉莫尔进动（Larmor precession），类似于陀螺一边自旋，一边沿重力方向进行回旋，产生摇头运动。进动时有一定的频率，称为拉莫尔频率 v，与自旋原子核的角速度 ω 和外加磁场强度 B_0 有关，如图 9-4 所示。

$$\omega = \gamma B_0 = 2\pi v \tag{9-3}$$

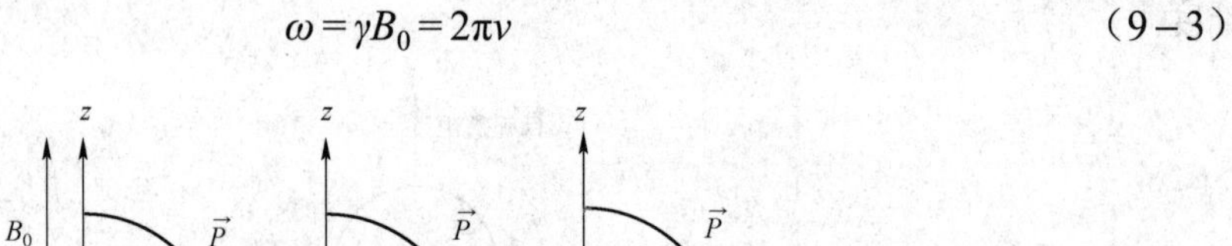
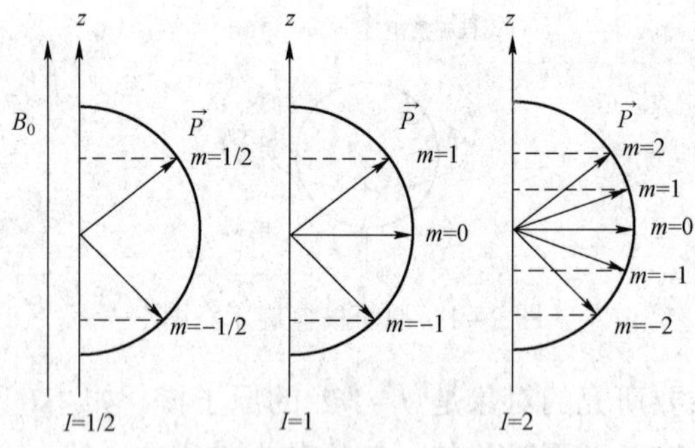

图 9-3　原子核在外磁场中的核自旋能级

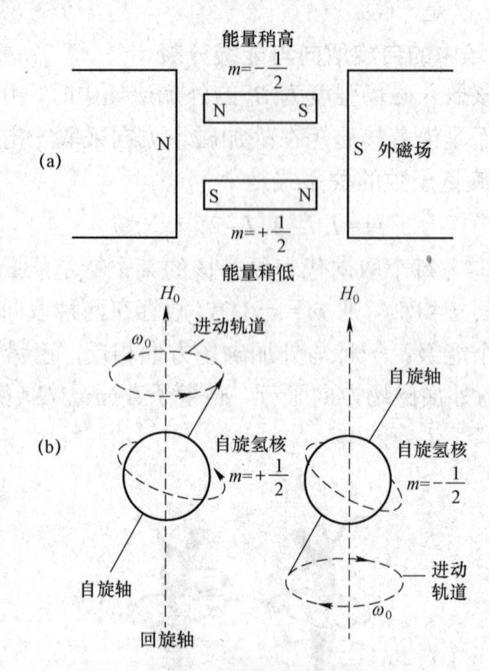

图 9-4　外加磁场中氢核的进动

在无磁场条件下，磁性原子核的自旋取向对能量无影响。外磁场存在时，磁性原子核的自旋取向不同，将产生不同的能级。对氢核来说，两种不同能级的能量差为

$$\Delta E = 2\mu B_0 \tag{9-4}$$

式中：μ 为氢核的磁矩；B_0 为外加磁场的强度。

由式（9-4）可知，对于同一种原子核，核磁矩一定，当外加磁场一定时，共振频率也一定，当外加磁场强度改变时，共振频率也随着改变。

3. 核磁共振现象

由式（9－4）可知，在外磁场条件下从低能态向高能态跃迁，就必须吸收 $2\mu B_0$ 的能量，其所对应的辐射为一定能量的射频电磁波辐射。与吸收光谱相似，当能量向相当的射频电磁波照射氢核时，氢核吸收该能量，产生共振现象，此时氢核由 $m=+1/2$ 的取向跃迁至 $m=-1/2$ 的取向（如图 9–5 所示）。

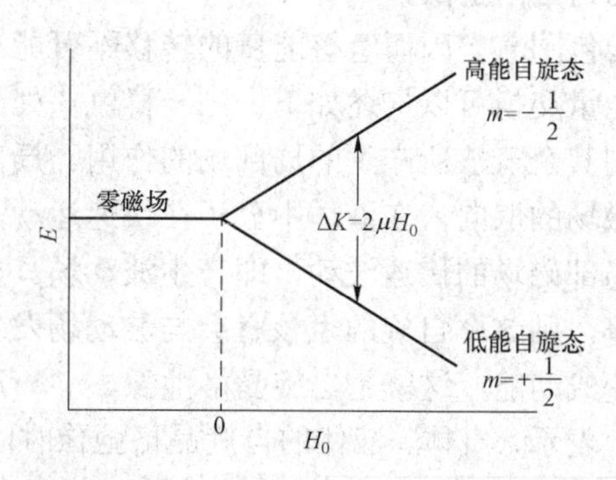

图 9－5　在外磁场的作用下，核自旋能级的裂分示意图

能发生共振的射频电磁波能量为

$$h\nu=\Delta E=2\mu B_0 \tag{9-5}$$

由进动方程式可得射频电磁波与磁性原子核的磁旋比及外加磁场强度有如下关系

$$\nu=\gamma B_0/2\pi \tag{9-6}$$

式（9－6）即为核磁共振发生的条件。对于同一种原子核，当外加磁场发生变化时，共振频率也随着改变，外加磁场越大，核磁共振能级间的能量差越大，则发生核磁共振所需的射频电磁波频率也越大。例如氢核在 1.409 T 的磁场中，共振频率为 60 Hz，而在 2.350 T 的磁场中，共振频率为 100 Hz。

根据量子力学的原理，能级间的跃迁只有当$\Delta m=\pm 1$ 时才是允许的，因此产生跃迁的能级间的能量差为

$$\Delta E=\gamma\eta B_0 \tag{9-7}$$

由（9－7）可知，如用一满足该条件的特定频率电磁波照射原子核时，原子核就会吸收能量从低能级跃迁至高能级，产生共振，这就是核磁共振信号产生的基本条件。

核磁共振谱有扫频和扫场两种方法。固定磁场强度，进行频率扫描，得到在此磁场强度下的吸收频率，称为扫频；固定辐射频率，进行磁场强度扫描，得到在此频率下产生共振吸收所需要的磁场强度，称为扫场。

4. 饱和弛豫现象

由于在射频电磁波的照射下，氢核吸收了能量发生跃迁，其结果是处于低能态的氢核趋于消失，能量的净吸收逐渐减少，若较高能态的氢核没有及时回到低能态，经过一段时间后，从高能态向低能态跃迁的速率将等于从低能态向高能态跃迁的速率，这时两能级的粒子数就趋于相等，就不能观察到核磁共振信号了，这种现象称为饱和。像氢核这样，原子核由高能态回到低能态而不发射原来所吸收能量的过程称为弛豫过程。弛豫过程是核磁共振现象发生

后得以保持的必要条件。

弛豫过程有两种，即自旋晶格弛豫和自旋–自旋弛豫。

自旋晶格弛豫：处于高能态的氢核，把能量转移给周围的分子（固体为晶格，液体则为周围的溶剂分子或同类分子）变成热运动，氢核就回到低能态。于是对于全体的氢核而言，总的能量是下降了，故又称为纵向弛豫。

由于原子核外有电子云包围着，因而氢核能量的转移不可能和分子一样由热运动的碰撞来实现。自旋晶格弛豫的能量交换可以描述如下：当一群氢核处于磁场中时，每个氢核不但受到外磁场的作用，也受到其余氢核所产生的局部场的作用。局部场的强度及方向取决于核磁矩、核间距及相对于外磁场的取向。在液体中分子在快速运动，各个氢核对外磁场的取向一直在变动，于是就引起局部磁场的快速波动，即产生波动场。如果某个氢核的振动频率与某个波动场的频率刚好相符，则这个自旋的氢核就会与波动场发生能量弛豫，即高能态的自旋核把能量转移给波动场变成动能，这就是自旋晶格弛豫。

自旋晶格弛豫时间以 t_1 表示，气体、液体的自旋晶格弛豫时间约为 1 s，固体和高黏度的液体自旋晶格弛豫时间较大，有的甚至可达数小时。

自旋–自旋弛豫：两个进动频率相同、进动取向不同的磁性核，即两个能态不同的相同核，在一定距离内时，它们互相交换能量，改变进动方向，这就是自旋–自旋弛豫。通过自旋–自旋弛豫，磁性核的总能量未变，因而又称横向弛豫。

自旋–自旋弛豫时间以 t_2 表示，一般气体、液体的自旋–自旋弛豫时间也是约为 1 s。固体和高黏度试样中由于各个磁性核的相互位置比较固定，有利于相互间能量的转移，故自旋–自旋弛豫时间极小。即在固体中各个磁性核在单位时间内迅速往返于高能态和低能态之间。其结果是使共振吸收峰的宽度增大，分辨率降低，所以在通常进行的核磁共振实验分析中固体试样应先配成溶液。

9.1.2 核磁共振波谱的特性

1. 化学位移

若磁性核受到电磁辐射作用，辐射所提供的能量恰好等于其能量差时，磁性核就吸收电磁辐射的能量，从低能级跃迁到高能级，使其磁矩在磁场中的取向逆转，这种现象称为核磁共振现象。

假如磁性核只在同一频率下共振，那么核磁共振对结构分析就毫无用处了。实际上，分子中的磁性核外有电子包围，电子在外部磁场垂直的平面上环流，会产生与外部磁场方向相反的感应磁场。因此使磁性核实际“感受”到的磁场强度要比外加磁场的强度削弱。为了发生核磁共振，必须提高外加磁场强度，去抵消电子运动产生的对抗磁场的作用，结果吸收峰就出现在磁场强度较高的位置。人们把核周围的电子对抗外加磁场强度所引起的作用，叫作屏蔽作用，如图 9–6 所示。同类核在分子内或分子间所处化学环境不同，核外电子云的分布也不同，因而受到屏蔽作用也不同。

显然，质子周围的电子云密度越高，屏蔽效应越大，即在较高的磁场强度处发生核磁共振，反之，屏蔽效应越小，即在较低的磁场强度处发生核磁共振。

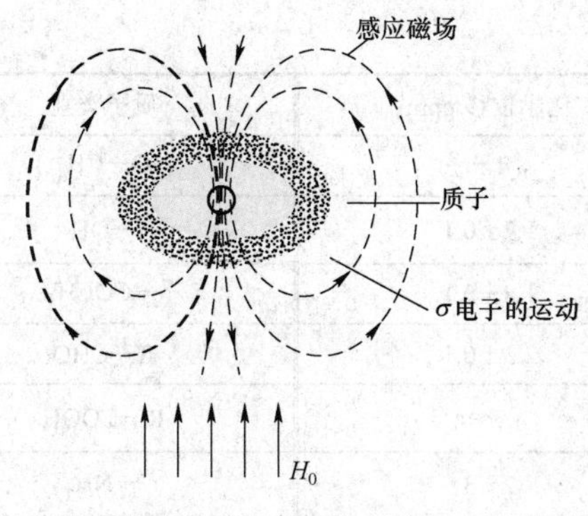

图 9-6 屏蔽作用

在甲醇分子中，由于氧原子的电负性比碳原子大，因此甲基（—CH_3）上的质子比羟基（—OH）上的质子有更大的电子云密度，也就是甲基上的质子所受的屏蔽效应较大，而羟基上的质子所受的屏蔽效应较小，即甲基吸收峰在高场出现，羟基吸收峰在低场出现，如图 9-7 所示。

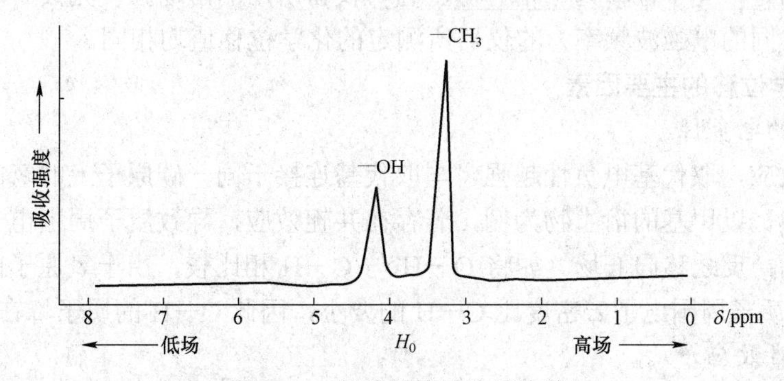

图 9-7 甲醇的核磁共振波谱

2. 化学位移的表示

由于化合物分子中各种质子受到不同程度的屏蔽效应，因而在核磁共振波谱的不同位置上出现吸收峰。但这种屏蔽效应所造成的位置上的差异是很小的，难以精确地测出其绝对值，因而需要用一个标准来进行对比，常用四甲基硅烷$(CH_3)_4Si$ 作为标准物质，人为将其吸收峰出现的位置定为零。某一质子吸收峰出现的位置与标准物质质子吸收峰出现的位置之间的差异称为该质子的化学位移，常以“δ”表示。

$$\delta=\frac{\nu_s-\nu_{TMS}}{\nu_0}\times10^6\,\text{ppm} \tag{9-8}$$

式中：ν_S 为样品吸收峰的频率，ν_{TMS} 为四甲基硅烷吸收峰的频率。在各种化合物分子中，与同一类基团相连的质子，它们都有大致相同的化学位移，表 9-2 列出了常见基团中质子的化学位移。

表 9-2 常见基团中质子的化学位移

质子类别	化学位移/ppm	质子类别	化学位移/ppm
R—CH_3	0.9	Ar—H	7.3±0.1
R_2CH_3	1.2	RCH_2X	3-4

续表

质子类别	化学位移/ppm	质子类别	化学位移/ppm
R_3CH	1.5	$O—CH_3$	3.6±0.3
$=CH-CH_3$	1.7±0.1	—OH	0.5－5.5
$\equiv C-CH_3$	1.8±0.1	$—COCH_3$	2.2±0.2
$Ar-CH_3$	2.3±0.1	R—CHO	9.8±0.3
$= CH_2$	4.5～6	R—COOH	11±1
$\equiv CH$	2～3	$—NH_2$	0.5－4.5

化学位移是一个很重要的物理常数，它是分析分子中各类氢原子所处位置的重要依据。δ 值越大，表示屏蔽作用越小，吸收峰出现在低场；δ 值越小，表示屏蔽作用越大，吸收峰出现在高场。

需要强调的是，化学位移为一相对值，它与仪器所用的磁场强度无关。用不同的磁感强度（也就是用不同的电磁波频率）的仪器所测定的化学位移值均相同。

3. 影响化学位移的主要因素

1）取代基的电负性

由于诱导效应，取代基电负性越强，与取代基连接于同一碳原子上的氢的共振峰越移向低场，反之亦然。以甲基的衍生物为例，若存在共轭效应，导致质子周围电子云密度增大，信号向高场移动；反之移向低场。如将 O—H 与 C—H 相比较，由于氧原子的电负性比碳原子大，O—H 的质子周围电子云密度比 C—H 的要小，因此 O—H 的质子峰在较低场。

2）各向异性效应

分子中质子与某一基团的空间关系，有时会影响质子化学位移的效应，称为磁各向异性效应。它是通过空间起作用的。在外磁场的作用下，诱导电子环流产生的次级磁力线具有闭合性，在不同的方向或部位有不同的屏蔽效应：与外磁场同向的磁力线部位是去屏蔽区（－），吸收峰位于低场；与外磁场反向的磁力线部位是屏蔽区（＋），吸收峰位于高场。例如，在 C═C 或 C═O 中的 π 电子垂直于双键平面，在外磁场的诱导下产生环流，如图 9－8 所示，双键上下方的质子处于屏蔽区（＋），而在双键平面上的质子位于去屏蔽区（－），吸收峰位于低场。

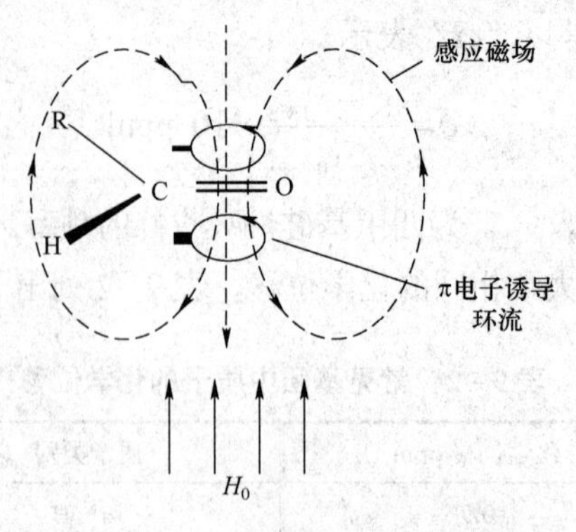

图 9－8　双键质子的去屏蔽

芳环有三个共轭双键，它的电子云可看作是上下两个面包圈似的 π 电子环流，环流半径与芳环半径相同，如图 9－9 所示，在芳环中心是屏蔽区，而四周则是去屏蔽区。因此芳环质子共振吸收峰位于显著低场（化学位移约为 7）。

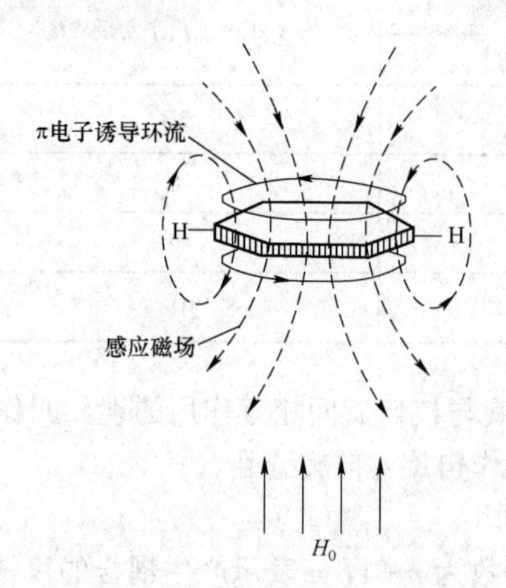

图 9－9　芳环中由 π 电子诱导环流产生的磁场

3）氢键

当分子形成氢键时，氢键中氢的信号明显地移向低磁场，化学位移变大。一般认为这是由于形成氢键时，质子周围的电子云密度降低所致。对于分子间形成的氢键，其化学位移的改变与溶剂的性质以及浓度有关。在惰性溶剂的稀溶液中，可以不考虑氢键的影响。对于分子内形成的氢键，其化学位移的变化与溶液浓度无关，只取决于它自身的结构。

4）溶剂效应

对于核磁共振波谱技术，溶剂选择十分重要，对于质子谱来讲，不仅溶剂分子中不能含有质子，而且要考虑溶剂极性的影响，同时要注意，不同溶剂可能具有不同的磁各向异性，可能以不同方式作用于溶质分子而使化学位移发生变化。

溶剂影响使化学位移发生变化的现象，称为溶剂效应。不同溶剂有不同的溶剂磁导率，使样品分子所受的磁感强度不同，影响化学位移。因此在进行核磁共振波谱分析时，溶液一般很稀，以有效避免溶质间的相互作用。

总之，影响核磁共振波谱化学位移的因素很多，有一定的规律性，且每一系列给定的条件下，化学位移的数值可以重复出现，因此根据化学位移来推测氢核的化学环境很有价值。

9.1.3　自旋－自旋耦合现象与自旋分裂

化学位移理论告诉我们：样品中有几种化学环境的磁性核，核磁共振波谱就应该有几个吸收峰。但在采用高分辨核磁共振波谱仪进行测定时，有些磁性核的共振吸收峰会出现分裂，如 1, 2, 2–三氯乙烷。多重峰的出现是由于分子中相邻氢核自旋耦合造成的。

质子能自旋，相当于一个小磁铁，产生局部磁场。在外加磁场中，氢核有两种取向，与外磁场同向的起增强外场的作用，与外磁场反向的起减弱外场的作用。质子在外磁场中两种取向的比例接近于 1。在 1, 1, 2–三氯乙烷分子中，—CH_2—中的两个质子的自旋组合方式可以有两种，见表 9-3。

表 9-3　1, 1, 2-三氯乙烷分子中—CH_2—质子的自旋组合

取向组合	氢核局部磁场	—CH_2—上质子实受磁场	
H	H—		
↑	↑	2H	H_0+2H
↑	↓	0	H_0
↓	↑	0	H_0
↓	↓	$2H^-$	H_0-2H

在同一分子中，这种核自旋与核自旋间相互作用的现象叫作自旋-自旋耦合，由自旋-自旋耦合产生谱线分裂的现象叫作自旋-自旋分裂。

自旋-自旋耦合有下述规律：

耦合作用产生的谱线裂分数为 $n+1$，n 表示产生耦合的氢核（其自旋量子数为 1/2）的数目，称为 $n+1$ 规律。例如，产生耦合的基团为甲基（—CH_3）时，$n=3$，则谱线裂分数为 4。

每相邻两条谱线间的距离都是相等的。谱线裂分所产生的裂距反映了磁性核之间耦合作用的强弱，称为耦合常数 J，以 Hz 为单位。耦合常数的数值与仪器无关，与参与耦合的磁性核在分子中相隔化学键的数目密切相关，一般相邻的核表示为 ^1J，而—^1H—^{12}C—^{12}C—^1H—中两个 ^1H 之间的耦合常数标为 ^3J。

$n+1$ 规律中，裂分峰的强度之比恰好等于二项式 $(a+b)^n$ 的展开式中各项的系数和。常见质子的自旋-自旋耦合常数见表 9-4。

表 9-4　常见质子的自旋-自旋耦合常数

结构类型	自旋-自旋耦合常数/Hz	结构类型	自旋-自旋耦合常数/Hz
>C<(H)(H)	12~15	>C=C<(—CH)(H)	4~10
>C=C<(H)(H)	0~3	>C=CH—CH=C<	10~13
H>C=C<H	顺式 6~14 反式 11~18	>CH—CH≡CH	2~3
>C—CH< （自由旋转）	5~8	>CH—OH (不交换)	5
环状 H_1		>CH—CHO	1~3
邻位	7~10	—CH<(CH_3)(CH_3)	5~7
间位	2~3	—CH_3 —CH_3	7
对位	0~1		

9.1.4 核磁共振的信号强度

核磁共振波谱上信号峰的强度正比于峰下面的面积，也是提供结构信息的重要参数。核磁共振波谱上可用积分线的高度反映出信号强度。各信号峰强度之比，应等于相应质子数之比。在图 9－10 中，由左到右呈阶梯形的曲线称为积分线，它是将各组共振峰的面积加以积分而得的。积分线的高度代表了积分值的大小。由于谱图上共振峰的面积是和质子的数目成正比的，因此只要将峰面积加以比较，就能确定各组质子的数目，积分线的各阶梯高度代表了各组峰面积。于是根据积分线的高度可计算处和各组峰相对应的质子峰，如图 9－10 所示，c 组分积分线高 24 mm，d 组分积分线高 36 mm，故可知 c 组分为二个质子，是—CH_2I，而 d 组分为三个质子，是—CH_3。

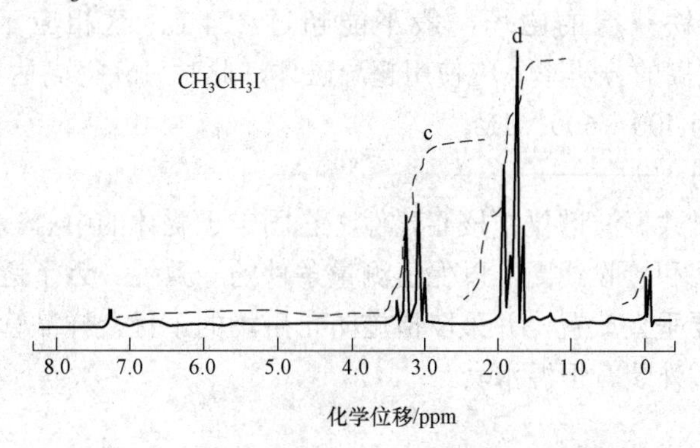

图 9－10 $CDCl_3$ 溶液中 CH_3CH_2I 的核磁共振谱

任务 9.2 核磁共振波谱仪

按照仪器的工作方式，可将高分辨率的核磁共振波谱仪分为两类：连续波核磁共振波谱仪（CW－NMR）和脉冲傅里叶变换核磁共振波谱仪（PFT－NMR）。

9.2.1 连续波核磁共振波谱仪

连续波核磁共振波谱仪结构示意图如图 9－11 所示，主要由磁体、探头（样品管）、射频发生器、扫描单元、信号检测及记录处理系统等组成。

1. 磁体

核磁共振实验是研究原子核在静磁场中的状态变化，因此必须有一个强的磁场存在，目前该磁场通常是由超导磁体产生的，即由超导材料组成的线圈浸泡在温度极低的液氦中，使其处于超导状态，然后对线圈施加电流，由于没有电阻，撤去电源后，电流仍然在线圈中作恒定的流动，也就产生了恒定的磁场。电流越大，磁场越强。

此外，常用的磁铁还有永久磁铁和电磁铁，前者稳定性较好，但用久了磁性要变。磁场要求在足够大的范围内十分均匀。能加多大的电流则取决于线圈的材料以及设计和生产工艺等，因此超导磁体是整个仪器中最基本的部分。

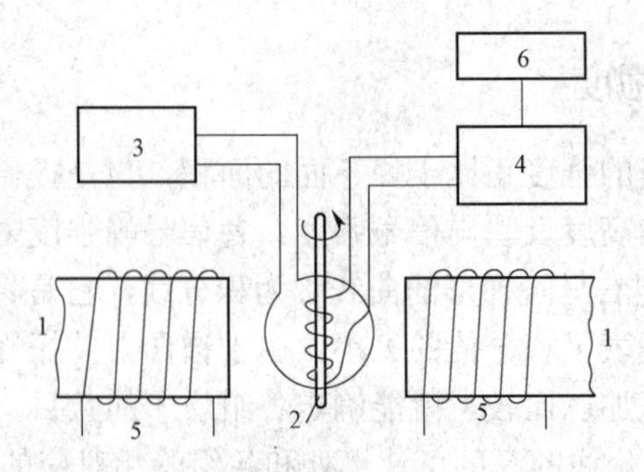

图 9－11　连续波核磁共振波谱仪结构示意图

1—磁体；2—探头（样品管）；3—射频发生器；4—射频接受器及放大器；5—扫描线圈；6—信号检测及记录处理系数

永久磁铁和电磁铁获得的磁场一般不能超过 2.4 T，这相应于氢核的共振频率为 100 MHz。为了得到更高的分辨率，应使用超导磁体，此时可获得高达 10～15 T 的磁场，其相应的氢核共振频率为 400～600 MHz。

2. 探头（样品管）

探头是连续波核磁共振波谱仪的核心元件，它固定于磁体的中心。探头中不仅包括样品管，而且包括扫描线圈和接收线圈，以保证测量条件的一致性。为了避免扫描线圈与接收线圈相互干扰，两线圈要垂直放置，并采取措施防止磁场的干扰。样品管底部装有电热丝和热敏电阻检测元件，探头外装有恒温水套。

3. 射频发生器

射频发生器也称射频振荡器，用于产生一个与外磁场强度相匹配的射频频率，它能提供能量，使磁核从低能级跃迁到高能级。连续波核磁共振波谱仪通常采用恒温下石英晶体振荡器产生基频，经过倍频、调谐及功率放大后馈入与磁场垂直的线圈中。为了获得高分辨率，频率的波动必须小于 10^{-8}，输出功率小于 1 W，且在扫描时间内波动小于 1%。

4. 扫描单元

扫描单元是连续波核磁共振波谱仪特有的一个部件，用于控制扫描速度、扫描范围等参数。在连续波核磁共振波谱仪中，大部分商品仪器采用扫场方式，通过在扫描线圈内加上一定电流，来进行核磁共振扫描。相对于连续波核磁共振波谱仪的均匀磁场来说，这样的变化不会影响其均匀性。相对扫场方式来说，扫频方式工作起来比较复杂，但目前大多数装置都配有扫频方式。

5. 信号检测及记录处理系统

核磁共振产生的射频信号通过探头上的接收线圈加以检测，产生的电信号通常要大于 105 倍后才能记录，连续波核磁共振波谱仪记录处理系统的横轴驱动与扫描同步，纵轴为共振信号。连续波核磁共振波谱仪都配有一套积分装置，可以在连续波核磁共振波谱仪上以阶梯的形式显示出积分数据。由于积分信号不像峰高那样受多种条件影响，所以可以通过它来估计各类核的相对数目及含量，有助于定量分析。

9.2.2　脉冲傅里叶变换核磁共振波谱仪

与连续波核磁共振波谱仪一样，脉冲傅里叶变换核磁共振波谱仪也由磁体、射频发生器、信号检测器及探头等部件组成。不同的是，脉冲傅里叶变换核磁共振波谱仪是用一个强的射频，以脉冲的方式，同时包含了一定范围的各种射频的电磁波，将样品中所有的核激发，等效于一个多通道射频仪，而傅里叶变换则一次性给出所有的核磁共振波谱线数据，相当于多通道接收机。每施加一个脉冲，就能得到一张常规的核磁共振波谱图。脉冲时间非常短，仅为微秒级。为了提高信噪比，可进行多次重复照射、接收，将信号累加。现在生产脉冲傅里叶变换核磁共振波谱仪大多是超导核磁共振仪，采用超导磁铁产生高的磁场。仪器可以达到200～900 MHz，仪器性能大大提高，它能够研究连续波核磁共振波谱仪无法涉足的天然丰度低而又十分重要的稀核（如 ^{13}C、^{15}N 等）。

与连续波核磁共振波谱仪相比，脉冲傅里叶变换核磁共振波谱仪具有以下优点：

① 分析速度快，几秒或几十秒可完成一次 ^{1}H 核磁共振波谱测定；

② 灵敏度高，通过累加可以提供信噪比；

③ 可以测定 $^{1}H_1$、$^{13}C_6$ 及其他核的核磁共振波谱；

④ 通过计算机处理，可以得到新技术谱图。

任务 9.3 核磁共振波谱分析实验技术

9.3.1 常用溶剂

核磁共振波谱分析通常在溶剂中进行，固体试样要选择适当的溶剂来配制成溶液，液体试样以原样或加入溶剂来配制成溶液，由于样品的溶液黏度过高会降低谱峰的分辨率，所以一般溶液的浓度应为 5%～10%。如纯液体黏度大，应用适当溶剂稀释或升温测谱。常用的溶剂有 CCl_3、CD Cl_3、$(CD_3)_2SO$、$(CD_3)_2CO$、C_6H_6 等。对于溶剂的要求是溶剂本身不含有待测原子，对试样的溶解度大，化学性质稳定。

对于低极性、中极性的样品，常采用氘代二氯甲烷做溶剂，因为其价格远低于其他氘代试剂。对一些特殊的样品，也用氘代苯（用于芳香化合物、芳香高聚物）、氘代一甲基亚砜（用于在一般溶剂中难溶的物质）。极性大的样品化合物可采用氘代丙酮、重水等。

例如，进行 ^{1}H 波谱测量时，常用外径为 6 mm 的薄壁玻璃管。测定时样品常常被配成溶液，这是由于液态样品可以得到分辨较好的谱图，而且要求选择采用不产生干扰信号、溶解性能好、稳定的氘代溶剂。

9.3.2 试样的准备

常用的核磁共振波谱仪测定使用的是 5 mm 外径的试样管。根据不同核磁共振波谱仪的灵敏度，取不同量的试样溶解在 0.5～0.6 mL 溶剂中，配制成适当浓度的溶液。对于 ^{1}H 核磁共振波谱和 ^{19}F 核磁共振波谱，可取 2～20 mg 试样配制成 0.01～0.1 $mol \cdot L^{-1}$ 的溶液；对于 ^{13}C 核磁共振波谱和 ^{29}Si 核磁共振波谱，可取 20～100 mg 试样配制成 0.1～0.5 $mol \cdot L^{-1}$ 溶液（相对分子质量以 400 计）。超导核磁共振波谱仪具有更高的灵敏度，试样只需毫克级乃至微克级。

复杂分子或大分子化合物的核磁共振波谱在高磁场情况下往往也难分开，如辅以化学位移试剂来使被测物质的核磁共振波谱中各峰产生位移，从而达到重合峰分开的方法，已为大家所熟悉和应用，并称具有这种功能的试剂为化学位移试剂，其特点是成本低，收效大。常用的化学位移试剂是过渡族元素或稀土元素的络合物，如 $Eu(fod)_3$、$Eu(thd)_3$、$Pr(fod)_3$ 等。

为测定化学位移值，需加入一定的基准物质。若出于溶解度或化学反应等的考虑，基准物质不能加到样品溶液中，可将液态基准物质（或固态基准物质的溶液）封入毛细管再插到样品管中。对于碳谱和氢谱的测量，基准物质最常用的是四甲基硅烷。

9.3.3 谱图解析

从核磁共振谱图上可以获得三个主要的信息：① 从化学位移判断核所处的化学环境；② 从峰的裂分个数及耦合常数鉴别谱图中相邻的核，以说明分子中基团间的关系；③ 积分线的高度代表了各组峰面积，而峰面积与核的数目成正比，通过比较积分线的高度可以确定各种核的相对数目。综合应用这些信息，就可以对所测定样品进行结构分析和鉴定，确定其相对分子质量，也可用于定量分析。

项目小结

一些具有核磁性质的原子核，在高强磁场的作用下，有核磁共振现象，核磁共振现象产生的基本条件包括：

① 原子核必须具有核磁性质，即必须是磁性核，有些原子核不具有核磁性质，不能产生核磁共振波谱，这说明核磁共振的限制性。

② 需要外加磁场，磁性核在外磁场作用下发生核自旋能级的分裂，产生不同能量的核自旋能级，才能吸收能量发生能级的跃迁。

③ 只有那些能量与核自旋能级能量差相同的电磁辐射才能被共振吸收，即 $h\nu=\Delta E$，这就是核磁共振波谱的选择性。由于核磁能级的能量差很小，所以共振吸收的电磁辐射波长较长，处于射频辐射光区。

当外加射频辐射的能量，恰好等于裂分后 2 个能级之差，即引起核自旋能级的跃迁并产生波谱，叫核磁共振波谱。利用核磁共振波谱进行分析的技术，称为核磁共振波谱技术。核磁共振波谱学是利用原子核的物理性质，采用先进的电子学和计算机技术，研究各种分子物理和化学结构的一门技术。就其本质而言，核磁共振波谱与红外及紫外吸收光谱一样，是物质与电磁波相互作用而产生的，属于吸收光谱（波谱）的范畴。根据核磁共振波谱图上共振峰的位置、强度和精细结构可以研究分子结构。

核磁共振技术早期仅限于原子核的磁矩、电四磁矩和自旋的测量，近些年来被广泛地用于对生物在组织与活体组织的分析、病理分析、医疗诊断、产品无损检测、确定分子结构等诸多方面。随着超导磁铁的发展，核磁共振波谱分析技术已经能用来分析和检测离体及活体组织器官的代谢。

己基苯核磁共振氢谱测绘和谱峰归属

【实训目的】

（1）了解核磁共振氢谱的基本原理和测试方法。

（2）掌握核磁共振氢谱谱图的解析技能。

【基本原理】

核磁共振波谱是分析和鉴定化合物结构的有效手段之一。^{1}H 核磁共振波谱图中有几组峰表示样品中有几种类型的质子，每一组峰的强度对应于峰的面积，与这类质子的数目成正比。根据各组峰的面积比，可以推测各类质子的数目比。峰的面积用电子积分器测定，得到的结果在谱图上用积分曲线表示，积分曲线为阶梯形线，各个阶梯的高度比表示不同化学位移的质子之比。

【仪器与试剂】

1. 仪器

Bruke－500 MHz 核磁共振波谱仪，样品管（ϕ=5 mm，长 20 cm）。

2. 试剂

己基苯（分析纯），乙酸乙酯（分析纯），氘氯仿（分析纯），四甲基硅烷（TMS，分析纯）等。

【实训内容】

1. 样品的制备

在样品管中放入 2～5 m 样品，并加入 0.5 mL 氘代试剂及 1～2 滴 TMS（内标），盖上样品管盖子。

2. 测谱

参照核磁共振谱仪说明书，在老师的指导下学习测定有机化合物氢谱的基本操作方法。

3. 谱图解析

① 由核磁共振信号的组数判断有机化合物分子中化学等价（化学环境相同）质子的组数。

② 由各组共振信号的积分面积比推算出各组化学等价质子的数目比，进而判断各组化学等价质子的数目。

③ 由化学位移值推测各组化学等价质子的归属。

④ 由裂分峰的数目、耦合常数（J）、峰形推测各组等价质子之间的关系。对于一级氢谱，峰的裂分数符合 $n+1$ 规律（n 为相邻碳上氢原子的数目）；相邻两裂分峰之间的距离为耦合常数，反映质子间自旋耦合作用的强度，相互耦合的两组质子的耦合常数相同；相互耦合的两组峰之间成“背靠背”的关系，外侧峰较低，内侧峰较高。

【结果处理】

（1）记录化学位移、相对峰面积、峰的裂分数及耦合常数。

（2）讨论核磁共振波谱相关数据，说明推导理由。

【注意事项】

（1）待测样品要纯，样品及氘代试剂的用量要适当，氘代试剂对样品的溶解性要好，而且与样品间不能发生化学反应。

（2）仪器操作严格按照说明书，并在实验指导老师的指导下操作。

【思考题】

（1）乙基苯的 ^{1}H 核磁共振波谱中，化学位移 2.65×10^{-6} 处的峰为什么分裂成四重峰？化学位移 1.25×10^{-6} 处的峰为什么分裂成三重峰？其峰裂分的宽度有什么特点？

（2）利用 ^{1}H 核磁共振波谱图，可否计算两种不同物质的含量？为什么？

根据 ^{1}H 核磁共振波谱法推出有机化合物 $C_9H_{10}O_2$ 的分子结构式

【实训目的】

（1）熟练掌握液体脉冲傅里叶变换核磁共振波谱仪的制样技术。

（2）学会 ^{1}H 核磁共振波谱图鉴定有机化合物的结构。

【基本原理】

化学位移是核磁共振波谱法直接获取的首要信息。由于受到诱导效应、磁各向异性效应、共轭效应、范德华效应、浓度、温度以及溶剂效应等影响，化合物分子中各种基团都有各自的化学位移的范围，因此可以根据化学位移粗略判断谱峰所属的基团。^{1}H 核磁共振波谱各峰的面积比与所含的氢原子个数成正比，因此可以推断各基团所对应氢原子的相对数目，还可以作为核磁共振定量分析的依据。耦合常数与峰形也是核磁共振波谱法可以直接得到的另外两个重要信息，它们可以提供分子内各基团之间的位置和相互连接的次序。对于 ^{1}H 核磁共振波谱，通过相隔三个化学键的耦合最为重要，自旋裂分符合 $n+1$ 规律。根据以上的信息和已知的化合物分子式就可推出化合物的分子结构式。

【仪器与试剂】

1. 仪器

AVANCE300 NMR 谱仪；ϕ5 mm 的标准样品管 1 支；滴管。

2. 试剂

TMS（内标），氘代氯仿，未知样品 $C_9H_{10}O_2$。

【实训内容】

1. 样品的配制

用滴管吸取少量的 $C_9H_{10}O_2$ 样品，然后往ϕ5 mm 核磁共振标准样品管中滴入一滴，再用另一支滴管将 0.5 mL 预先准备好的氘代氯仿也加入此样品管中（溶液高度最好为 3.5～4.0 cm），把样品管帽盖好，轻轻摇匀，然后将样品管放到样品管支架上，等完全溶解后，方可测试。若样品无法完全溶解，也可适当加热或用微波振荡等使其完全溶解。

2. 测谱

（1）开启仪器，使探头处于热平衡状态，做好基础调试工作（提前完成）。

（2）把待测样品的样品管外部用真丝布擦拭干净后再插入转子中，量好高度。严格按照操作规程，按下“Lift on/off”键，此键灯亮。当听到计算机一声鸣叫，弹出原有的样品管，等待探头穴中向上的气流可以托住样品管时，方可将样品管放到探头穴口，放入样品管。立即再按一下“Lift on/off”键，使灯熄灭，样品管徐徐落到指定位置，等待测试。

（3）将仪器调节到可进行常规氢谱测定的工作状态。

（4）建立一个新的实验数据文件。

（5）锁场（以内锁方式观察样品溶液中氘信号进行锁场）。

（6）调匀场（一般只需调节 Z_1 和 Z_2）。

（7）设置采样参数。

（8）自动设置接收机增益。

（9）开始采样。

（10）进行傅里叶变换。

（11）调相位（先使用自动调相位，如果相位还不够理想，再进行手动调相位）。

（12）标定作为标准峰的化学位移值。

（13）根据需要对选定的峰进行积分。

（14）标出所需峰的化学位移值。

（15）做打印前的准备工作。

（16）打印。

【结果处理】

将分析及数据处理结果填在表 9－5 中。

表 9－5　$C_9H_{10}O_2$ 化合物的测定结果

峰号	化学位移（$\times 10^{-6}$）	积分面积	质子数	峰形	结构式

【注意事项】

（1）样品浓度不宜太大。

（2）不能乱改参数，尤其不能乱改功率参数。

（3）一定要仔细调好仪器的分辨率。

（4）根据氢谱和具体样品的要求设定参数。

【思考题】

1. 什么是自旋－自旋耦合的 $n+1$ 规律？

2. 如何运用 $n+1$ 规律解析谱图？

3. 怎样获得一张正确的 ^1H 核磁共振波谱图？

4. 一张 ^1H 核磁共振波谱图能提供哪些参数？每个参数与分子结构如何联系？

实训项目 3

核磁共振波谱法研究乙酰乙酸乙酯的互变异构现象

【实训目的】

（1）了解核磁共振波谱法的基本原理及脉冲傅里叶变换核磁共振仪的工作原理。

（2）掌握 AV 300 MHz 核磁共振谱仪的操作技术。

（3）了解如何使用核磁共振波谱法研究互变异构现象。

（4）学习利用 ^{1}H 核磁共振波谱图进行定量分析的方法。

（5）学会用核磁共振波谱法计算互变异构体的相对含量。

【基本原理】

互变异构体是有机化合物中的一种常见现象，用 ^{1}H 核磁共振波谱法测定异构体的相对含量，既简单又方便，已成为研究有机化合物互变异构体间动态平衡的常用手段。一般情况下温度、溶剂等条件的不同，互变异构体体系中互变异构体相对含量也会有很大的差别。这种方法主要是找出具有代表性的吸收峰，并能准确标出它们的积分面积。

乙酰乙酸乙酯的酮式和烯醇式动态平衡反应如下：

$$\underset{c}{CH_3}-\overset{O}{\overset{\|}{C}}-\underset{d}{CH_2}-\overset{O}{\overset{\|}{C}}-\underset{a}{OC_2H_5} \rightleftharpoons \underset{b}{CH_3}-\overset{O}{\overset{\|}{C}}=\underset{f}{CH}-\overset{O}{\overset{\|}{C}}-\underset{a}{OC_2H_5}$$

酮式　　　　　　　　烯醇式

选择互变异构体中化学位移不同的吸收峰分别代表酮式和烯醇式的氢，利用峰的积分面积，可以计算出一个确定体系中互变异构体的相对含量。

由于酮式中 d 峰代表的氢原子个数为 2，烯醇式中的 f 峰代表的氢原子个数为 1，则有

$$W_{烯醇式}=\frac{A_{烯醇式}}{A_{烯醇式}+\frac{1}{2}A_{酮式}}$$

【仪器与试剂】

1. 仪器

AVANCE300 NMR 谱仪，ϕ5 mm 的标准样品管 1 支，滴管 4 支。

2. 试剂

TMS（内标），氘代氯仿、重水、氘代苯等，样品 $C_6H_{10}O_3$ 等。

【实训内容】

1. 样品的配制

用滴管吸取少量的 $C_6H_{10}O_3$ 样品，分别往 3 根ϕ5 mm 核磁共振标准样品管中各滴入一滴此样品，再分别用 3 根滴管吸取 0.5 mL 的氘代氯仿、0.5 mL 的重水、0.5 mL 的氘代苯加入以上 3 根管中，把样品管帽子盖好，把样品管放到样品管支架上，放置 10 min 左右，轻轻摇匀，即可测试。

2. 测谱

（1）开启仪器，使探头处于热平衡状态，做好基础调试工作（提前完成）。

（2）参照实训项目 2 操作进行测谱。

【结果处理】

（1）对所测得的乙酰乙酸乙酯的 ^{1}H 核磁共振光谱中的各吸收峰进行归属。

（2）列出不同溶剂中烯醇式质量分数表。

【注意事项】

（1）样品浓度不宜配得太大。

（2）根据氢谱和具体样品的要求设定参数。

（3）在测量样品高度时，要求做到准确无误。

（4）把样品放入探头时，一定要严格按照操作规程进行。

（5）扫描宽度要设为 20（$\times 10^{-6}$）。

（6）测试三张谱图都必须在相同的操作条件和相同的参数下迅速完成。

【思考题】

1. 测定乙酰乙酸乙酯的 ^{1}H 核磁共振光谱时为什么要把谱宽设为 20（$\times 10^{-6}$）？

2. 根据测出的三张不同溶剂溶解的乙酰乙酸乙酯的 ^{1}H 核磁共振光谱，指出它们的差别并说明原因。